Quantitative Methods in Political Science

Rによる計量政治学

共著
浅野正彦 Masahiko Asano
矢内勇生 Yuki Yanai

Ohmsha

本書に掲載されている会社名・製品名は、一般に各社の登録商標または商標です。

本書を発行するにあたって、内容に誤りのないようできる限りの注意を払いましたが、本書の内容を適用した結果生じたこと、また、適用できなかった結果について、著者、出版社とも一切の責任を負いませんのでご了承ください。

本書は、「著作権法」によって、著作権等の権利が保護されている著作物です。本書の複製権・翻訳権・上映権・譲渡権・公衆送信権（送信可能化権を含む）は著作権者が保有しています。本書の全部または一部につき、無断で転載、複写複製、電子的装置への入力等をされると、著作権等の権利侵害となる場合があります。また、代行業者等の第三者によるスキャンやデジタル化は、たとえ個人や家庭内での利用であっても著作権法上認められておりませんので、ご注意ください。
本書の無断複写は、著作権法上の制限事項を除き、禁じられています。本書の複写複製を希望される場合は、そのつど事前に下記へ連絡して許諾を得てください。
出版者著作権管理機構
（電話 03-5244-5088, FAX 03-5244-5089, e-mail: info@jcopy.or.jp）

JCOPY ＜出版者著作権管理機構 委託出版物＞

はじめに

　社会科学における実証分析手法は、日々、驚くほど進化している。私たちは6年前『Stataによる計量政治学』を出版し、政治学におけるリサーチデザインとその具体的な実践法を示した。しかし、その後、ビッグデータへの関心の高まりとともに、データサイエンスの分野を中心として、フリーの統計ソフト「R」が驚異的な速度と広がりで世の中に浸透し、今日では様々な分野でRを使った分析方法に関する解説本が多く出版され続けている。

　このような実証政治学を取り巻く環境の変化を踏まえ、本書は、フリーソフトRでの計量分析の手法[†1]を駆使して論文(レポート、ゼミ論文、卒業論文、修士論文、博士論文など)を書く学生のために、リサーチデザインとリサーチメソッド[†2]の手引き書を提示しようという試みである。

　本書は、比較政治学(日本政治を含む)や国際政治学など、政治学における様々な分野でデータを分析する学生にとって、少しでも有益な道しるべとなることを目指している。研究の方法や論文の書き方に関して様々な知識を蓄積することも大切であるが、本書は「知識は不十分でも、実際に論文を完成させてみる」ことを重視する。最初から非の打ち所のない研究論文を仕上げようとするのではなく、必要最小限の知識を動員しながら、常識にとらわれずに、自分が「面白い」と思うテーマを自由に選び、理論を考え、仮説を引き出し、データ分析によって仮説を検証する。そのような経験を通して、実証分析に関する理解を深め、研究の楽しさを実感してほしいと願っている。

　統計ソフトを使って計量分析の方法を解説する書籍はこれまでにも出版されているが[†3]、それらの類書ではあまり取り上げられてこなかった「リサーチデザイン」に重点をおいているのが本書の特徴である。

　本書で解説するのはRというフリーの統計分析ソフトである。Rは、今やア

[†1] Quantitative methods.
[†2] リサーチデザイン(research design)は研究の設計、リサーチメソッド(research methods)は研究方法のことである。
[†3] 巻末の参考文献を参照。

メリカにおける統計学や計量政治学[†4]の教育、研究で最も人気のあるソフトになりつつある。日本における計量分析で最も広範に使われてきたのは SPSS や Stata だが、SPSS や Stata しか使ったことのない読者が本書を手にして R を使い始めれば「データ操作における柔軟さ」と「データを可視化するレベルの高さ」に衝撃を受けるはずである。

計量分析を使った論文を読んで理解することは、ピアノの演奏を鑑賞することに似ている。ピアノの演奏会で素晴らしい演奏に感動しても、自分も素晴らしい演奏ができるとは限らない。同じように、素晴らしい計量分析の論文を読んで理解し感銘を受けたとしても、自分がそのような計量分析を行うことができるわけではない。人々に感銘を与えるようなピアノ演奏をするためには、演奏の「いろは」から始め、訓練を重ねる必要があるだろう。それと同様に、興味深い計量分析の論文を書くためには、計量分析の基礎から計量分析の方法を身につけるためのトレーニングを積む必要がある。

計量政治学でこの「いろは」に相当するのは、統計学の基礎とリサーチデザインである。日本の大学や大学院で、政治学を専攻する学生が独自のテーマについて計量分析を使った論文を書く機会は増えている。しかし、計量政治学の基礎である「統計学」や「リサーチデザイン」についてのアカデミックトレーニングの機会が十分提供されているとはいえないのが現状である。

計量分析の方法は、一朝一夕で習得できるものではない。統計学的な考え方を理解し、適切なリサーチデザインに基づいた正しい分析を実行するまでには、ある程度の時間と努力が要求される。本書では、計量政治分析を行う上で「これだけは知っておくべき」という統計学の重要項目を厳選し、R による分析が行えるよう、テーマ別に解説する。

本書は、カリフォルニア大学ロサンゼルス校（UCLA）政治学部の二人の政治学者の授業内容に依拠している。統計学に関しては James DeNardo 教授が担当する Statistical Methods I を、リサーチデザインに関しては Barbara Geddes 教授が担当する Introduction to Political Inquiry: Research Design を参考にした。著者は、大学院生として両教授の授業を履修し[†5]、わかりやすく、洞察力に富んだ講義に感銘を受けた。著者が両教授から受けた薫陶を、読者の皆さんにお伝えできるよう工夫したつもりである。

[†4] Quantitative Methods or Political Methodology.
[†5] 浅野は 1990 年代、矢内は 2000 年代にそれぞれ履修。

本書の構成

本書は、第Ⅰ部の「リサーチデザイン」と第Ⅱ部の「Rを使った計量分析の方法」から構成されている。第Ⅰ部では、計量政治分析を行う上での「心臓部」ともいえる「リサーチデザイン（研究方法）」について解説している。ここではUCLAの大学院でBarbara Geddes教授が担当しているResearch Designの授業内容を参考に、計量政治学におけるリサーチデザインの解説を試みている。第Ⅱ部では、第Ⅰ部で解説したリサーチデザインに則り、様々な具体例を使いながら、Rを使って計量分析を行う方法を紹介している。

第Ⅰ部　リサーチデザイン

第Ⅰ部は「計量政治学とは（第1章）」「研究テーマの選び方（第2章）」「理論と仮説（第3章）」の三つの章から構成されている。本書では、第Ⅰ部を計量政治学の「核心部」と位置づけている。

第1章の**「計量政治学とは」**では、本書が扱う計量政治学について解説する。日本では「計量政治学」という授業が提供されている大学があまりないので、計量政治学と聞いてもどんなことをするのかよくわからないかもしれない。そこで、計量政治学についてごく簡単に紹介する。

第2章の**「研究テーマの選び方」**では、リサーチクエスチョン（研究の問い）の種類や研究テーマの見つけ方について解説する。リサーチクエスチョンは論文を書く上で最も大切なものであり、素晴らしいリサーチクエスチョンを見つけ、その問いに答えられれば、素晴らしい論文ができる。したがって、研究の初期段階でどのように研究テーマを決め、どんな問いを立てたらよいかを知ることは、研究（論文）を成功に導く鍵である。研究テーマの選び方に加え、学術論文に求められる論文の構成（章立て）についてもこの章で解説する。

第3章の**「理論と仮説」**では、計量政治学でよく使われる前提条件、理論、仮説といった用語の定義と、それぞれの違いについて解説する。また、よい理論の定義や、作業化、分析単位、コントロール変数、変数測定（measurement）に関しても実例を挙げながら具体的に解説する。

第Ⅱ部　Rを使った計量分析の方法

第Ⅱ部は、第4章から第15章までの12の章から構成されている。

第4章の**「Rの使い方」**ではRの基本操作を説明する。ここではRとRStudioの使い方、特にRStudioを使ってRスクリプトを書く方法を解説する。

第 5 章の「**R によるデータ操作**」では、データの読み込みと保存の方法、また読み込んだデータの整形方法を紹介する。初めて R を使う読者が基本的な計量分析が行えるよう、基礎に的を絞って解説する。

第 6 章の「**記述統計とデータの可視化・視覚化**」では、変数の種類ごとの記述統計の示し方や、`ggplot()` の基本的な使い方と変数の特徴を把握する方法、作成した図の保存方法を紹介する。作業仮説を検証する前に分析するデータの全体像を効率的にまとめ、「私はこのような変数を使って仮説を検証する」ということを示す方法を解説する。これは、仮説検証の妥当性を担保する上で不可欠な作業である。また、箱ひげ図やヒストグラムなど、論文中に掲載されることの多い図の作成方法を解説する。

第 7 章の「**統計的推定**」では、計量政治学の基礎となる統計的推定の方法を解説する。統計的推定とは、興味の対象そのもののデータが得られないとき、その一部についてのデータを分析し、部分から得られた情報を利用して全体の特徴についての知識を得ようとすることである。部分から全体を推測することができるのはなぜか、どのように推測を行えばよいかについて解説する。そして、計量分析を使った論文に頻繁に登場する信頼区間の求め方とその意味を解説する。

第 8 章の「**統計的仮説検定**」では、リサーチクエスチョンから引き出された仮説が正しいかどうかを統計的に確かめる方法を解説する。仮説検定のためにどんな仮説を立てたらよいかを解説し、仮説の妥当性を確かめる方法を示す。また、仮説検定を行う際に生じる問題と対処法を紹介する。

第 9 章の「**変数間の関連性**」では、カテゴリ変数間と量的変数間の関連について解説する。χ^2（カイ 2 乗）値を使ってカテゴリ変数どうしの関連を見る「クロス集計表分析」と、相関係数 (r) を使って量的変数どうしの関連を見る「相関分析」を、R を使って実行する方法を学ぶ。

第 10 章の「**回帰分析の基礎**」では、線形回帰の基本的な考え方を紹介する。第 9 章で説明する 2 変数間の「直線」的関係を、散布図に「直線」として表示しようというのが、線形回帰の基本的な考え方である。この章では、そのような直線を実際に求める方法を解説する。また、説明変数が一つだけの単回帰と、説明変数が二つ以上ある重回帰の違いを解説する。

第 11 章の「**回帰分析による統計的推定**」は、第 10 章で求めた回帰直線を使って統計的推定を行う方法を解説する。第 10 章で示す回帰直線は標本（データ）から得られるものであるが、それを利用して母集団（興味の対象）について推測する方法を解説する。

第 12 章の「回帰分析の前提と妥当性の診断」では、回帰分析による推定を行う際に前提とされる条件について解説する。回帰分析による統計的推定では、通常、五つの前提条件が満たされる必要がある。それらの条件について解説し、条件が満たされないとどのような問題が生じるかを解説する。また、条件が満たされているかどうかを診断する方法を示す。

第 13 章の「回帰分析の応用」では、ダミー変数を説明変数に加えたり、説明変数を変換して分析したりする方法を解説する。第 12 章までの回帰分析では、応答変数も説明変数も量的変数である。この章では、カテゴリ変数であるダミー変数を回帰分析の説明変数として利用する方法を考える。また、回帰分析の結果をわかりやすくするために変数を変換する方法について解説する。

第 14 章の「交差項の使い方」では、ある説明変数が応答変数に与える影響の大きさが、他の説明変数の値によって変化する様子をモデル化する方法について解説する。交差項を使うと、単純な重回帰分析では分からなかったことを明らかにすることができるため、極めて有益なツールだといえる。ここでは、交差項を構成する変数が二つとも量的変数の場合における重回帰分析について解説し、分析結果の解釈の仕方や分析結果をわかりやすく可視化する方法も紹介する。

第 15 章の「ロジスティック回帰分析」では、応答変数が二値変数（値が 0 か 1 の変数）のときに利用されるロジスティック回帰分析の基本的な考え方を紹介する。第 10 章から第 14 章で扱う線形回帰では「ビールの売り上げ」「得票数」「得票率」などといった「数量」を予測するが、ロジスティック回帰分析では「ビールが売れるかどうか」「候補者が当選するかどうか」などカテゴリ変数における「確率」を予測する。この章では、ロジスティック回帰分析を理解する上で不可欠なロジスティック関数について解説を行った後、ロジスティック回帰式の精度を示す方法や、説明変数が応答変数に与える影響を視覚的に示す方法を解説する。

本書で利用するデータセットについて

本書では様々なデータセットを分析するが、利用するデータセットはすべて次のオーム社の Web サイトもしくは著者の Web サイトからダウンロードできる。

著者　　　https://github.com/yukiyanai/quant-methods-R
オーム社　https://www.ohmsha.co.jp/

オーム社の「書籍検索」から移動できる本のタイトルごとの Web ページでは、データのダウンロードのサービスを提供している。本書の頭文字である「R」の項から『R による計量政治学』を選び、必要なデータセットをダウンロードすることができる。また本書の分析で使う R コマンドが書かれた R スクリプトや練習問題の解答も、この Web ページからダウンロードすることができる。

謝　辞

本書は、多くの皆さんの協力の賜物である。本書の作成にあたり、担当編集者をはじめとする株式会社オーム社の皆さんには、企画から完成に至るまで貴重な意見をいただいた。立教大学社会学部の村瀬洋一教授にはオーム社の方を紹介していただいた。これらの皆さんに、この場を借りてお礼を申し上げたい。

また、早稲田大学（政治経済学部、社会科学部）、早稲田大学大学院（アジア太平洋研究科）、神戸大学（法学部）、拓殖大学（政経学部）、高知工科大学（経済・マネジメント学群）で「計量政治学」「統計学」「政治分析」「社会調査法」などの授業を履修した 1,000 人を超える学生の皆さんに感謝しなければならない。学生の皆さんから寄せられた素朴かつ鋭い質問なしに、本書が生まれることはなかっただろう。

最後に、著者に本書を執筆させる動機を与えてくれたカリフォルニア大学ロサンゼルス校（UCLA）政治学部の James DeNardo 教授、Barbara Geddes 教授、そして Jeffrey Lewis 教授に謹んで本書を捧げたい。著者が留学中、この三人の政治学者に出会って計量政治学の奥深さと面白さに触れていなかったら、本書が世に出ることはなかった。

2018 年 12 月

浅野　正彦
矢内　勇生

目　次

はじめに iii
　　本書の構成 v
　　本書で利用するデータセットについて vii
　　謝　辞 viii

第 I 部　リサーチデザイン　　　　　　　　　　　　　1

第 1 章　計量政治学とは 3
1.1　政治を計量する？ 3
1.2　数理政治学と計量政治学 4

第 2 章　研究テーマの選び方 6
2.1　リサーチクエスチョンの種類 7
　　2.1.1　実証的問題 8
　　2.1.2　規範的問題 9
　　2.1.3　分析的問題 10
2.2　「よい研究テーマ」の見つけ方 10
　　2.2.1　「よい研究テーマ」の基準 10
　　2.2.2　規範的問題から実証的問題への変換方法 .. 14
　　2.2.3　パズルを探す 16
　　2.2.4　研究論文の構成 16
まとめ 20
練習問題 21

第 3 章　理論と仮説 22
3.1　「よい理論」とは？ 22
　　3.1.1　リサーチデザインのプロセス 22
　　3.1.2　因果法則の三つの条件 24
　　3.1.3　理論とは 25
　　3.1.4　「よい理論」の条件 27

3.1.5　政治学における理論の実例 30
 3.2　仮説と仮説検証 31
   3.2.1　仮説とは 31
   3.2.2　作業仮説と作業化 31
   3.2.3　分析単位の選択 33
   3.2.4　コントロール変数 35
   3.2.5　変数の測定（measurement）の問題 38
   3.2.6　生態学的誤謬 39
 まとめ 40
 練習問題 41

第Ⅱ部　R を使った計量分析の方法　　　　　　　　　　　43

第 4 章　R の使い方 45
 4.1　R と RStudio 45
 4.2　R の基本操作 48
 4.3　パッケージ 52
 4.4　RStudio の使い方 55
   4.4.1　プロジェクト機能の利用 56
   4.4.2　R スクリプトの書き方 58
   4.4.3　R と RStudio の終了 62
 まとめ 62
 練習問題 63

第 5 章　R によるデータ操作 64
 5.1　データセットの読み込み 64
   5.1.1　CSV 形式データの読み込み 64
   5.1.2　Excel 形式データの読み込み 67
   5.1.3　Stata 形式データの読み込み 68
   5.1.4　R 形式データの読み込み 68
 5.2　読み込んだデータの確認 69
 5.3　データの整形 72
   5.3.1　データ操作の基礎 72
   5.3.2　パイプ演算子 76
   5.3.3　横長データと縦長データ 78

        5.3.4　データの結合 81
    5.4　データの保存 86
    まとめ 87
    練習問題 87

第 6 章　記述統計とデータの可視化・視覚化 90
    6.1　変数の種類と記述統計 91
        6.1.1　カテゴリ変数と量的変数 92
        6.1.2　基本的な統計量の確認 94
        6.1.3　カテゴリ変数の内容確認 96
        6.1.4　二つのカテゴリ変数の関係を確かめる 99
        6.1.5　カテゴリ別に量的変数の値を調べる 100
    6.2　変数の可視化・視覚化 101
        6.2.1　ggplot( ) の基本的な使い方と変数の特徴把握 101
        6.2.2　図の保存 110
    まとめ 113
    練習問題 114

第 7 章　統計的推定 115
    7.1　母集団と標本 115
    7.2　標本分布 122
    7.3　母平均の推定と信頼区間 129
        7.3.1　母平均の信頼区間 130
        7.3.2　信頼区間の解釈 135
        7.3.3　R で信頼区間を求める 138
    まとめ 140
    練習問題 140

第 8 章　統計的仮説検定 141
    8.1　統計的仮説検定の基礎 141
        8.1.1　仮説の設定――帰無仮説と対立仮説 142
        8.1.2　有意水準の設定 144
        8.1.3　検定統計量の計算 147
        8.1.4　棄却域の設定 149
        8.1.5　検定統計量と棄却域の比較 150

8.1.6　検定の結論の提示 151
　8.2　統計的仮説検定の諸問題 154
　　　8.2.1　仮説検定における 2 種類の「誤り」と検出力 154
　　　8.2.2　片側検定か両側検定か 163
　　　8.2.3　統計的に有意な結論は学術的に有意か 165
　まとめ 168
　練習問題 169

第 9 章　変数間の関連性 170
　9.1　カテゴリ変数間の関連 170
　　　9.1.1　クロス集計表 170
　　　9.1.2　χ^2 検定 176
　　　9.1.3　R による χ^2 検定 183
　9.2　量的変数間の関連 186
　　　9.2.1　相関関係の種類・散布図・相関係数 186
　　　9.2.2　相関係数を使った統計的仮説検定 188
　　　9.2.3　相関関係と因果関係 191
　まとめ 197
　練習問題 199

第 10 章　回帰分析の基礎 201
　10.1　線形回帰──散布図への直線の当てはめ 202
　10.2　最小二乗法 206
　10.3　単回帰と重回帰 210
　　　10.3.1　衆院選データを使った重回帰 211
　　　10.3.2　単回帰と重回帰の違い 215
　10.4　決定係数 218
　まとめ 220
　練習問題 220

第 11 章　回帰分析による統計的推定 222
　11.1　単回帰による統計的推定 222
　　　11.1.1　単回帰モデル 222
　　　11.1.2　信頼区間と仮説検定 226
　11.2　重回帰分析による統計的推定 233

11.2.1	重回帰モデル 233
11.2.2	信頼区間と仮説検定 234

まとめ 240
練習問題 241

第 12 章　回帰分析の前提と妥当性の診断 242

12.1　回帰分析の前提 242
12.1.1　回帰モデルの妥当性 242
12.1.2　加法性と線形性 244
12.1.3　誤差の独立性 245
12.1.4　誤差の分散均一性 246
12.1.5　誤差の正規性 247

12.2　R による回帰診断 247
12.2.1　残差プロットによる診断 248
12.2.2　正規 QQ プロットによる診断 251

まとめ 252
練習問題 253

第 13 章　回帰分析の応用 254

13.1　ダミー変数の利用 254
13.1.1　ダミー変数 254
13.1.2　ダミー変数を使った回帰分析 258

13.2　変数変換 274
13.2.1　線形変換 275
13.2.2　中心化 278

まとめ 281
練習問題 281

第 14 章　交差項の使い方 282

14.1　交差項で何がわかるのか 282
14.2　交差項を入れた回帰分析の注意点 283
14.3　衆議院選挙結果を事例とした交差項の分析 284
14.3.1　データの読み込み 285
14.3.2　記述統計と散布図の表示 286
14.3.3　交差項を使った重回帰分析 288

14.3.4 交差項を含む回帰分析結果の解釈と可視化 289
まとめ 296
練習問題 297

第15章 ロジスティック回帰分析 299
15.1 ロジスティック関数 299
15.2 ロジスティック回帰分析の手順 302
15.2.1 帰無仮説と対立仮説を設定する 304
15.2.2 説明変数と応答変数の散布図を描く 304
15.2.3 ロジスティック回帰式を推定する 308
15.2.4 ロジスティック回帰モデルの評価 311
15.2.5 回帰係数の有意性検定 316
15.2.6 推定結果の意味を解釈する 317
15.3 衆議院選挙データの分析 321
まとめ 329
練習問題 330

参考文献 332
索　引 336

第 I 部

リサーチデザイン

第1章　計量政治学とは
第2章　研究テーマの選び方
第3章　理論と仮説

第1章

計量政治学とは

1.1
政治を計量する？

　計量政治学[†1]とは政治学[†2]の一分野であり、政治現象を数量データに変換して分析したり、分析方法自体について研究する学問である。統計学の方法を使って政治現象を分析するので、応用統計学の一分野であると考えることもできる。

　計量政治学によく似た学問として、計量経済学[†3]がある。「計量経済学」という言葉は広く知られていると思うが、「計量政治学」という言葉を初めて見たり聞いたりした場合、何らかの違和感を感じるはずである。価格や消費量などにかかわる経済現象を計量化して分析することは当然だが、「政治」を計量化することに何かしら不自然さを感じるからである。

　本書の著者は大学で「計量政治学」の授業を担当しているが、学生に履修した理由を尋ねると、「政治を計量化することが意外であり、興味をもったから」という回答が多い。政治現象を数量化するのは、学生にとってはあまり馴染みのないことのようである。

　日本の大学では、政治経済学部や法学部で「政治学」「政治学原論」「政治過程論」や「日本政治」「アメリカ政治」などという名称の授業が数多く提供されているが、「計量政治学」という授業が開講されることは少ない。大学側にしてみれば、計量政治学を担当できる教員の絶対数が少ないという理由があり、履修する学生にしてみれば「数学が苦手なので政治学科に入ったのに、統計学など勉強したくない」というのが本音なのかもしれない。

　しかし、現代の政治学では、筆者が自らの主張の正当性を示すために数量デー

[†1] 「計量政治学」は Quantitative Political Analysis の訳語である。
[†2] 日本では「政治学」と呼ばれているが、欧米諸国では Political Science（政治科学）と呼ばれ、社会科学（Social Sciences）の一つに分類されている。
[†3] 「計量経済学」はエコノメトリクス（Econometrics）とも呼ばれる。

タの分析を行うことが当たり前になってきている。それは、数量データによる統計的分析を行うほうが、そうでない場合よりも証拠の客観性を保つことが容易になるからだと考えられる[†4]。政治学が科学（Political "Science"）であるためには、誰が分析しても同じ分析結果が再現される必要があり、計量分析はそのような可能性を高めてくれる。

国際的に評価の高い政治学の学術誌である *American Political Science Review* や *American Journal of Political Science* などに掲載されている論文の多くが、政治現象を数値として捉え、計量分析の手法を使って理論の妥当性を示していることがわかる。日本では『選挙研究』や『公共選択』などの学術誌に掲載されている論文の多くが、計量分析を行っている。また、計量政治学の専門誌である *Political Analysis* の被引用回数は非常に多く、政治学を学ぶ世界中の研究者が計量政治学に注目していることがわかる。

既に述べたとおり、計量政治学は政治学の一分野であるが、「計量政治学を身につける」といったとき、比較政治学や国際政治学を身につけるのとは少し意味が違う。計量政治学が専門で、計量分析を行う方法について研究している政治学者ももちろん存在する。彼らにとって、計量政治学と比較政治学は政治学の一分野という意味で同じようなものかもしれない。しかし、計量政治学を身につけようとする者の大部分は、比較政治学や国際政治学を専門としており、それぞれの専門分野での研究を適切に行うために計量政治学を学んでいる。つまり、計量政治学は政治学研究のための道具なのである。

多くの政治学者が計量分析を行っているので、計量分析についての理解がないと、学術誌などに掲載される多くの論文の内容を理解することができない。論文の内容が理解できなければ、先行研究を正当に評価することができず、自らの研究に支障をきたすことになる。したがって、自分が計量分析を行うか否かにかかわらず、計量政治学の基礎を身につけることが必要ということになる。

1.2
数理政治学と計量政治学

政治学の分析方法を取り扱う「政治学方法論」[†5]は、数理政治学と計量政治学の二つから構成されている。数理政治学とは、ゲーム理論やフォーマル理論など

[†4] 数量データだから必ず客観的であるということではない。
[†5] 「政治学方法論」は Political Methodology の訳語である。

のモデルを使って、特定の政治現象がなぜ起こるのかそのメカニズムを示す分析方法である。政治現象を「結果」として捉え、その現象を引き起こす「原因」を特定するのがその主たる目的である。特定の政治現象を説明するために構築された数理モデルの妥当性を確認するため、「その数理モデルが正しければ X が観察されるはずだ」という予測（仮説）を引き出し、データを使ってその予測（仮説）を検証する必要がある。その仮説検証を行うのが、計量政治学の役目である。したがって、政治学方法論を構成する数理政治学と計量政治学の二つは、相互補完的な関係にある。特定の政治現象を説明するメカニズムを示すのが数理政治学だとすれば、その数理モデルの妥当性を検証し、補強するのが計量政治学である。

　実際のデータを使って仮説を検証し、期待した結果が得られないとすれば、三つの原因が考えられる。第1に、仮説を引き出した数理モデル自体が間違っている可能性がある。第2に、数理モデルは正しいけれど、仮説の引き出し方が間違っている可能性がある。これは「作業化」の問題であるが、本書の第3章で詳しく説明する。第3に、数理モデルも作業化もどちらも不適切である可能性がある。仮説検証の結果、どのような結論が得られようとも、研究者は数理モデルの理論的整合性とそこから引き出された仮説とデータの妥当性に留意しつつ、数理モデルと統計モデルとの間を行きつ戻りつしながら、慎重に分析結果を検討することが要求される。

　政治学が「科学」（Political *Science*）であるためには、決められたルールの下で、誰がどこで分析しても、得られる結論は同じでなければならない。計量政治学は、そのような研究の「ルール」を明確にする。かつて政治学で一般的であった、いわゆる規範的政治学に見られたように、個々の研究者がそれぞれ「自分が正しいと思う」方法で政治現象を分析する限り、第三者がその研究成果の妥当性を再現し、検証することは困難である。計量政治学は、リサーチデザインという（完全に統一されているとはいえないまでも）ある程度決められた研究手続きの下で仮説を引き出し、政治現象を数量化し、統計手法を使って仮説を検証する方法を提示する。そのため、同一分野における複数の研究者が研究成果を蓄積し、再現し、検証することが可能となる。このように、ある一定の科学的方法を研究者の間で共有し、研究成果を再現、検証することで政治現象に関する知識を相互に批評しながら蓄積することは、複雑な政治現象に関する理解を深めることにつながるはずである。

第2章 研究テーマの選び方

　研究論文を執筆する上で最も重要なことは、「テーマの選び方」といっても決して過言ではない。本章では「リサーチクエスチョン」をキーワードとして、よい研究テーマの選び方を提示する。

　日本の大学で要求される「レポート」は、アメリカの大学では「タームペーパー」に相当する。レポートやタームペーパーでは、特定のテーマを選び、そのテーマに関連する用語の定義や賛否両論などを書物やインターネットで調べて体裁よくまとめ、自らが設定した問題に対する解答を論理的に導き出すのが目的とされる。特定のテーマに関する意見の寄せ集めに執筆者個人の感想を加えた、いわゆる「感想文」の域を出ないレポートやタームペーパーでは、独創的なものの見方や斬新な結果を提示することは難しい。執筆者のオリジナリティを示すためには、特定のテーマに関連したより具体的なリサーチクエスチョンを注意深く選び、研究論文として仕上げる必要がある。

　よい研究論文を仕上げるためには、よいリサーチクエスチョンが必要である。本章ではよいリサーチクエスチョンを見つけ出すために、次の二つのステップを踏む。

1. 3種類のリサーチクエスチョン（実証的問題、規範的問題、分析的問題）とその違いを解説する。
2. 「よい研究テーマ」の基準を提示することで、よい研究テーマを見つける手がかりを紹介する。

2.1 リサーチクエスチョンの種類

　社会科学におけるリサーチクエスチョン（research question）とは、日本では「研究の問い」と訳されているように[†1]、研究対象である社会現象に関する問いのことである。リサーチクエスチョンは、リサーチデザイン（研究設計）の中枢に位置づけられるもので、研究全体の方向性を決め、研究の質を左右する重要な要素である。そもそも研究の問いがなければ、研究自体が始まらない。社会科学の問題から、いくつかリサーチクエスチョンを挙げてみよう。

- なぜ西欧で、近代資本主義が発生したのか？（Weber, 1920）
- なぜカトリックより、プロテスタントのほうが自殺率が高いのか？（Durkheim, 1897）
- 日本は憲法を改正すべきなのか？
- 日本の参議院は廃止すべきなのか？
- なぜ小選挙区制下の二大政党の政策は類似するのか？
- 2009年の衆議院選挙で民主党による政権交代がなぜ起きたのか？

　いずれも社会科学においては重要な問いであるが、ここに挙げたリサーチクエスチョンを同一の方法で分析することはできない。社会科学には様々な研究の問いが存在するが、分析を始める前に問いの種類を特定し、それぞれの問いに最もふさわしい分析方法を使う必要がある。

　リサーチクエスチョンはその問いのタイプによって、次の三つに分類することができる。

1. 実証的問題（empirical questions）
2. 規範的問題（normative questions）
3. 分析的問題（analytical questions）

　ここでは、それぞれのカテゴリのリサーチクエスチョンについての簡単な説明と、それぞれの分析方法について解説する。

[†1]　King et al. (1994, p.15).

2.1.1 実証的問題

　社会の中で私たちが最も頻繁に触れる機会があるのが、実証的問題である。実証的問題は、現実社会で何が真実で何が真実でないかを問う。私たちが日常生活の中で見聞きする事実によって知り得る問題を取り扱い、個人の観察や経験によって、結論が支持されたり却下されたりする。例えば、衆議院選挙において民主党が自民党の倍の議席を獲得したかどうか、などというのは実証的問題である。実際に選挙結果を調べれば、その正否が判明するからである。

　政治学では実証的問題として、次のような実例を挙げることができる。

- 経済の発展は民主化を促進するか？
→各国の民主化指標（例えば Freedome House [2] など）を使って、各国の経済発展と民主化の関係を分析できるため、実証的問題である。
- 2017 年にドナルド・トランプは合衆国大統領に就任したか？
→ニュース報道などによって、大統領就任の事実を確認できるから、実証的問題である。
- 国民の 20% は民主党内閣を支持しているか？
→世論調査によって、国民の何パーセントが民主党を支持しているかを調べることができるから、実証的問題である。

　実証的問題では、世論調査や投票率などといった「定量的研究」[3] ばかりではなく、「インタビューからの引用」や「自分の観察」などといった「定性的研究」[4] を行うことも可能である。研究の目的に応じて、最も適切な研究手法を選ぶことが肝要である。

　実証的問題を考えるときの主な注意点は、研究者自身の価値判断は行わず「観察した情報を使って」判断を下さなければならないということである。エッセイを書くときには「良いと思う」「悪いと思う」「すべきである」などという感想を

---

[2]　URL: http://www.freedomhouse.org/reports
[3]　定量的研究（quantitative research）とは、分析対象の量的な側面に注目した研究である。主として、数値を用いた記述や分析を伴い、その分析対象は、繰り返し生起する現象や、測定しやすい現象である場合が多い。物理学や化学などの自然科学を始め、経済学、社会学、政治学などでも、分析手法として取り入れられている。
[4]　定性的研究（qualitative research）とは、分析対象の質的な側面に注目した研究である。主として、インタビュー、観察結果、文書、映像、歴史的記録などを通じて、質的データを得るために行われ、主として文化人類学、社会学、社会心理学などでよく用いられる研究方法である。

付け加えることがあるが、実証的問題を考えるときにはこのような価値判断は避け、あくまでも観察した情報をもとにして「事実に語らせる」ことが重要である。

2.1.2 規範的問題

　実証的問題ばかりでなく規範的問題にも、私たちは日常的に頻繁に触れる機会がある。規範的問題では、何が望ましく、何が望ましくないかを問う。いわゆる「べき論」と呼ばれるもので、「こうあるべき」とか「こうすべき」などという表現が典型的である。ここでの判断は、研究者の価値観次第であり、規範哲学や政策議論では一般的に見られる。

　規範的問題としては、次のような実例を挙げることができる。

- 死刑は廃止すべきか？
→犯罪抑止、懲罰、基本的人権などのうち、何を重視するのかという価値判断が必要である。
- 民主主義は最良の政治形態か？
→「最良の」基準に関する価値判断が必要である。
- 安倍晋三は優れた政治家か？
→「優れた」政治家の基準に関する価値判断が必要である。
- 中絶は認められるべきか？
→胎児の権利を尊重するか、母親の選択権を尊重するかという価値判断が必要である。

　規範的問題に結論を出す際には、個人の価値判断を介入させる必要がある。個人の価値判断は、人それぞれ異なる基準を使っている可能性があるので、事の正否を客観的に判断することは難しい。すなわち、規範的問題に結論を出す際には、判断を下す研究者のバイアスを排除できないという問題が残る。「べき論」のような規範的問題は、客観的に検証することが難しいため、客観性を要求する科学的な方法では「直接的に」検証することはできない。しかし、規範的問題を実証的問題に変換し、間接的に科学的な検証を行うことは可能であるが、これに関しては次節で詳しく取り扱う。

2.1.3 分析的問題

　分析的問題は、観察できる事実を直接取り扱わないという点で、実証的問題と大きく異なる。分析的問題は、現実に起こっている事実よりも抽象度の高い命題の妥当性を検討するという点で、数学の証明問題と似ている。社会科学分野ではフォーマル理論（formal theory）という名前で知られており、前提条件と定義にのみ依存して、何らかの結論を出すことが可能である。特に経済学では、抽象度の高い経済理論の妥当性を調べるために分析的問題を使うことが多い。

　経済学と政治学の両学問領域にまたがる分析的問題には、「投票の逆説」として知られている「コンドルセのパラドクス」[†5]や、社会選択理論における「アローの不可能性定理」[†6]などがある。

2.2 「よい研究テーマ」の見つけ方

2.2.1 「よい研究テーマ」の基準

　アメリカの政治学者である Alan Monroe は「よい研究テーマ」とは次の五つの基準を満たすものであると主張する（Monroe, 2000, pp.8-10）。

1. 明快さ（clarity）
2. 検証可能性（testability）
3. 理論的重要性（theoretical significance）
4. 実用性（practical relevance）
5. 独創性（originality）

本節では、これら五つの基準について解説する。

[†5] コンドルセのパラドクス（Condorcet's Paradox）とは、18世紀の社会学者であるニコラ・ド・コンドルセが発見した命題である。投票において投票者の一人ひとりの選好順序は推移的なのに、集団として選好順序に循環が現れる状態があることを明らかにした。「投票の逆理」とも呼ばれる。

[†6] アローの不可能性定理（Arrow's impossibility theorem）は、経済学者であるケネス・アローが1963年に明らかにした、投票ルールをはじめとする集合的意志決定ルールの設計が困難であることを示す定理である。選択肢が三つ以上存在するとき、いくつか挙げられた望ましい条件をすべて満たす社会的厚生関数（social welfare function）を見つけることはできない、という主張である。

(1) 明快さ

　第1の基準は、「明快さ」である。リサーチクエスチョンは、明快で具体的でなければならない。例えば、「日本では、なぜ投票率が下降傾向にあるのか？」というリサーチクエスチョンは、抽象的すぎて、どこから研究を始めていいのかわからない。衆議院や参議院のような国政選挙の投票率なのか、都道府県議など地方選挙の投票率なのか明確ではない。むしろ、「日本の参議院選挙における選挙は3年に一度行われるが、投票率が12年に一度大きく下がるのはなぜか？」[7]というように、より具体的にリサーチクエスチョンを設定することで、研究の方向性が示され、解決の糸口がつかみやすくなることもある[8]。

(2) 検証可能性

　第2の基準は「検証可能性」である。リサーチクエスチョンは実証的に検証される必要があるが、その際に使うデータは当該研究者以外の誰であっても入手可能であり、第三者によって検証される可能性が担保されなければならない。例えば、「北朝鮮の政治的意志決定は、軍部を含む集団意志決定ではなく、金正恩（キム・ジョンウン）の独裁によって行われているのか？」というリサーチクエスチョンを設定し、何らかの秘密情報を得て研究者が金正恩による独裁制を実証したとしても、当該研究者以外の人が同様の方法で情報を得て検証することができなければ、その研究の社会科学的な価値は低いということになる。そのため、情報入手に制限がある非民主主義諸国を研究対象に選ぶ際には、注意が必要である。

　また、世論調査などの「二次データ」を使って検証可能性を担保することもできる。大規模な世論調査を行うためには高額な研究費の助成を必要とするため、世論調査を行う研究者は国から科学研究費補助金（科研費）などの競争的研究資金を得て、数百万円から数億円規模の世論調査とその分析を定期的に行っている。これまでも社会科学者によって様々な世論調査が実施され、研究論文が多数出版されている。これらの世論調査結果は、東京大学社会科学研究所のSSJデータアーカイブ[9]などを通じて研究者から寄稿され、広く研究者や大学院生にも公開されている。これは、データ公開によって第三者による検証が可能になる

---

[7] このリサーチクエスチョンに関する研究成果については石川・山口（2010）、浅野（1998）、今井（2009）を参照。
[8] 適切なリサーチデザインを設定するためには、当該テーマに妥当な記述的推論や因果的推論を行うための学問的な研究の進め方についての知識が必要であるが、詳細はKing et al.（1994）を参照。
[9] URL: http://ssjda.iss.u-tokyo.ac.jp/

一例である。大学の学部学生や大学院生は、自分で高額な世論調査をしなくても、適切なリサーチクエスチョンを設定し、データアーカイブの二次データを使って興味深いゼミ論文、修士論文、そして博士論文を仕上げることもできる。

(3) 理論的重要性

　第3の基準は「理論的重要性」である。社会科学において様々なリサーチクエスチョンを設定し、データを使って実証分析する理由は「これまでに生産された学術的な業績に何か新しい知識を付け加え（高根，1979, p.25）、特定のテーマに関する一般的な理解を深め、何らかの新たな知識を付与するためである。ユニークで斬新な研究成果を得るためには、これまでに誰がどのような研究成果を残しているか（これを先行研究という）を丹念に調べる必要がある。

　先行研究を調べていくと、研究者には二つの大きな選択肢があることに気づく。一つ目の選択肢は、先行研究の主張（理論）に同意して、新たなデータや方法で、既存の理論を支持する研究を行うことである。そして、二つ目の選択肢は、先行研究を読み、「どうもこの結果はおかしい」と違和感を覚え、従来の主張（理論）や研究結果そのものに全面的に（あるいは部分的に）疑念をもつことである。この場合、独自のリサーチクエスチョンとリサーチデザインを組み、研究をやり直すことになる。先行研究を受け入れるにせよ、受け入れないにせよ、既存の研究成果に何らかの新たな知識を付与するのであれば、どちらも立派な研究であるといえる。科学技術が日々進歩する社会の中で、先行研究が現状を十分に説明できないことも考えられる。したがって、既存の研究成果に対して疑問をもつことから、研究のモチベーションが生まれることも多いはずである。

　蓄積された先行研究を調べた上で、誰も取り上げていない研究テーマを見つけ出したとしよう。ようやくテーマが見つかったと喜び、「まだ誰もやってないテーマだから、やってみよう」と思ったら、早い段階で第三者の意見を聞くべきである。今までに誰もそのテーマに関して分析しなかった理由は、ただ単にそのテーマが重要でないから、ということも十分あり得る。このような事態を避けるために、ある程度取り組むテーマが決まったら、リサーチデザインについて大学の教員や大学・大学院の友人たちに相談すべきである。「そのテーマに関しては既に…さんが分析していて…という結果が得られている」など、適切なアドバイスが得られるはずである。「このテーマでやってみたい」と指導教授に提案して、一回目で自分の希望が通ることはめったにないものである。気が遠くなるくらい何度も指導教授からだめ出しをされて、ようやくリサーチクエスチョンやリサー

(4) 実用性

　第4の基準は「実用性」である。科学的な研究成果が、私たちの生活に大きな影響を与えていることは周知の事実である。2011年9月、欧州原子核研究機構（CERN）は、国際共同実験の科学者チームが「ニュートリノは光より60ナノ秒高速で進むことが判明した」と発表した。あわや「タイムマシンが実用化されるのでは？」と報道されたが、結局、実験装置による誤差などを考慮して実験データを見直した結果、ニュートリノの速度は光を「超えたとはいえない」ことが確認された。もし繰り返し行われる実験によって、ニュートリノが光より60ナノ秒高速で進むことが実証されていたら、この研究成果は、アインシュタインの相対性理論と矛盾するという点で高い理論的重要性をもつ[†10]と同時に、私たちにタイムマシンの可能性を開くという点で高い実用性をもっていたといえる。

　物理学で進行していることと基本的に同様のことが、社会科学においても起こり得る。したがって、社会科学者も研究の重要性とともに、これから取り組もうとしている研究成果が、私たちの社会生活においてどのような実用性があるのか、という観点をもつことも必要である。

(5) 独創性

　独創性を追求するからといって、今まで誰も思いもつかなかった斬新なリサーチクエスチョンを要求しているわけではない。ここでいう独創性というのは、あまりにも常識的で結果が誰にでも容易に予想できるようなものではない程度の斬新さを意味している。例えば、米国では教育レベルが上がるにつれて投票率は高くなる、という理論は既に常識として確立されているため、学部生であってもこのようなあまりにも当然すぎると思われるテーマを選ぶのは賢明とはいえない。同じようなテーマであっても、「昔と比較すると、なぜ昨今の大学生の投票率は低いのか？」などと、分析の視点を変えることによって、研究に独創性が生まれ、研究する価値が高くなることもある。

　学術論文を仕上げる際に最も大変なのは、よい研究テーマ、すなわち、明瞭で、検証可能で、理論的に重要で、実用的かつ独創的なリサーチクエスチョンを考え出すことである。それができれば、あとは最も適切なリサーチデザインに基づいてデータを集め、統計ソフトを使ってデータ分析をするだけである。しかし、そのようなよいリサーチクエスチョンはそう簡単には見つからないものである。

---

† 10　ただし、測定結果の解釈について、相対性理論と矛盾しない説もいくつか提示された。

専門分野が異なる知り合いの研究者から「今月は第1章、来月は第2章をまとめ、年末に終章まで書き終えれば論文が完成する」などという話を聞くと、「実証研究とはずいぶん研究手法が違うな」と思う。実証研究では、事実をまとめることより、むしろ適切なリサーチクエスチョンを中心にバランスのとれた研究を設計することのほうが重視される。したがって、例えば、論文を半年で完成させる場合、最初の5か月間をリサーチクエスチョン探しなどのリサーチデザインに費やし、残りの1か月でデータを集めて統計分析を行い、論文に仕上げる、などということが十分に起こり得る。

UCLAで「リサーチデザイン」のクラスを担当するBarbara Geddes教授から、私たちは次のようなアドバイスを受けた。「テーマを選ぶ際の条件は二つあります。一つは、あなたの研究が専門分野において理論的に貢献するということ。そしてもう一つは、そのテーマが好きだということです」

アメリカの大学院で政治学のPh.D.（博士号）を取得した人を対象に、ワシントン大学が行った調査の結果、9年以内に学位を取得したのは53%であり、47%の学生は9年以上費やしているという実態が明らかにされた[†11]。博士論文を仕上げるのにこれほど長い年月が必要な理由は、「適切なリサーチクエスチョンを中心にバランスのとれた研究を設計すること」の難しさにある。当初、「これでいける」と思って研究を進めていっても、想定したデータが入手できなかったり、研究設計上で深刻な問題を発見したり、様々な理由で研究を実行できなくなってしまうからである。一旦、博士論文の研究テーマを選んでしまえば、10年もの間、寝ても覚めてもそのテーマと付き合わなければならないことを考えると、「あなたがそのテーマを好きである」かどうかをよく考えるべきだというGeddes教授のアドバイスも頷ける。

2.2.2 規範的問題から実証的問題への変換方法

社会科学における多くの重要なトピックは、「社会はどうあるべきか」という規範的問題に関連している。しかし、最近では、実証的問題に関心を向ける社会科学者が増えてきている。だからといって、規範的問題が重要ではないということではない。むしろ、社会は多くの重要な論点を提示している「べき論」で溢れているともいえる。

前節では、「べき論」のような規範的問題は客観的に検証することが難しいた

---

† 11　Center for Research & Innovation in Graduate Education (2003, p.3).

め、客観性を要求する科学的な方法では直接的に検証することができない、と書いた。本節では、直接的に検証できない規範的問題を、検証可能な実証的問題に変換する二つの方法を紹介する。このようにすれば、「べき論」が提起する多くの重要な論点から、その核心的な論点を実証的問題として抽出し、検証することが可能となる。

(1) 参照枠組み（frame of reference）を変える

例えば「今の日本は美しい国か？」という問いは規範的問題であるが、「日本国民は、今の日本が美しい国だと考えているか？」という問いに変換すれば、実証的問題として検証することが可能になる。世論調査を行い、現時点でどの程度の日本人が日本を美しい国であると考えているか判明すれば、今の日本が美しい国だといえるかどうか、日本国民の考えを手がかりとして、ある程度のことが判断できる[†12]。

(2) 規範的問題の背後にある前提条件に注目する

例えば「消費税を減らすべきだ」という規範的記述の背後には、次の三つの前提条件が隠れている。

1. 消費税を減らせば、経済を刺激して消費が伸びる。
2. 消費が伸びれば、雇用が増えて好景気になる。
3. 好景気になれば、税収が増える。

これら三つの前提条件は、個人の価値判断なしでその真偽を検証できるため、すべて実証的記述ということなる。したがって、「消費税を減らすべきだ」という規範的記述からは、次の三つの実証的なリサーチクエスチョンを導くことができる。

i. 消費税を減らせば、経済を刺激して消費が伸びるのか？
ii. 消費が伸びれば、雇用が増えて好景気になるのか？
iii. 好景気になれば、税収が増えるのか？

[†12] しかし、わからないことは何でも「聞けばよい」というわけではない。世論調査では、とりわけ答えにくい問に関して人々は「嘘をつく」ことも考慮しなければならない（詳細に関してはImai（2011）を参照）。日本の国政選挙報道を見ていると、投票者に対する出口調査を行った結果を使って、特定の候補者に関して開票早々に「当選確実」などという報道が行われているが、マスメディアによる「当落予測」も万能ではない。テレビ局が「当確」を出した候補者が、開票後半で相手候補に追い抜かれ、結局落選、などということもまれに起こることは、世論調査において留意すべきことである。

2.2.3 パズルを探す

「常識で考えるとAのはずなのにBである」といった不思議な現象（パズル）から、面白いリサーチクエスチョンが見つかることが多い。例えば、欧米の民主主義諸国では地方選挙よりも国政選挙の投票率が高いのに、日本では逆で、国政選挙よりも地方選挙の投票率が高い。それはなぜか、といった小さな疑問から始まり、最終的には博士論文にまで発展させた研究がある (Horiuchi, 2005)。比較政治学の分野では、通常、民主主義は貧しい人々の福祉を増進すると考えられているが、実はそうではないという研究がある (Ross, 2006)。一般的に考えられている常識とは異なる点に注目して分析した結果生まれた、民主主義と福祉に関する興味深い研究成果である。また、国内政治と国際政治を融合した分野においては、国の予算に占める軍事費の割合に関する研究がある。アジア各国の予算に占める軍事費の割合を時系列的に見ると、ほとんどの国では、他国の戦争などといった外的要因によって軍事費の割合が上下する。しかし、日本の軍事費だけがGDPの1%以内に止まり一定である。それはなぜか、という疑問から研究を発展させ、その理由が中選挙区制にあると主張する（永久, 1995）。

以上の三つの研究成果に共通するのは、ちょっとしたパズルをきっかけにして研究が始まった、という点である。その着想を温めながら、よく考えられたリサーチクエスチョンを設定し、適切なリサーチデザインを使って分析して得られた、政治学における貴重な学術業績である。

2.2.4 研究論文の構成

実証的な研究を研究論文として仕上げるためには、科学論文としての「形」が要求される。次に紹介するのは、UCLA大学院政治学部で「リサーチデザイン」の授業を担当しているBarbara Geddes教授が、博士論文を作成する大学院生に対して要求する、研究論文の構成に関するガイドラインである。Geddes教授は、論文を次の八つの節で構成することを勧めている。

1. イントロダクション
2. 先行研究（previous studies）
3. 理論（theory）の提示
4. 仮説（hypotheses）の提示

5. 対抗仮説（rival hypotheses）の提示
6. 作業化（operationalization）の説明
7. 証拠（evidence, specific facts）の提示
8. 結論（conclusions）

　Geddes 教授は、ラテンアメリカの政治を専門とする比較政治学者であり、政治学における実証研究の方法論に関する様々な問題を指摘している。Geddes 教授の授業を履修しているのは、比較政治学、国際政治学、そしてアメリカ政治学の分野で博士論文を仕上げようとしている大学院生なので、このガイドラインは、政治学において研究論文を執筆するための一つの基準と考えて差し支えないと思われる。

　ここでは、Political Science 292B（Introduction to Political Inquiry: Research Design）の授業で、Geddes 教授が博士論文を作成するためのリサーチデザインとして学生に要求しているガイドラインを要約し[†13]、著者の解説を加えている。

1. イントロダクション

　イントロダクションでは、自分が解明したいリサーチクエスチョンを、明快かつ簡潔に述べる必要がある。それを解明することがどれだけ興味深く、誰にとってなぜ重要なのか、政治学を専門としない読者に対してもわかりやすく説明することを求められる。自分の研究の問いが、誰もが興味をもつような規範的問題と関連するのであれば、ここでその関連を紹介する。また、自分の研究の問いが、広く受け入れられている既存の理論に挑戦するのであれば、その旨を述べる。分析の結果、どのような結論が得られると期待し、実際にどのような結論が得られたか、簡単に紹介する。論文全体のロードマップとして、各章で具体的にどのようなことを行うか示す必要もある。

　論文のイントロダクションは、落語でいうところの、いわゆる「つかみ」に相当する。観客の注意を惹きつけるために発せられる出だしの部分をちょっと聞いただけで、観客は「面白そうだ」と思うか「面白くなさそうだ」と思うか、大きな分水嶺だともいえる。ただし、落語と異なるのは、「落ち」まで最初に披露することである。結果の重要性をここで示すことができなければ、残りは読んでもらえない。

[†13] Geddes 教授からは、Political Science 292B の授業で配布している最新版の資料を、2012 年 9 月 4 日に提供していただいた。

2. 先行研究

　先行研究では、自分が論文で取り組んでいるリサーチクエスチョンに関連した既存の研究を紹介する。自分の主張をサポートする文献だけでなく、自分の主張とはまったく異なる理論や仮説（rival theory）も含める。先行研究の紹介は論文の核心部分ではないし、読者は、特定分野の研究成果の詳細について知りたいわけではないので、自分のリサーチクエスチョンに関連した内容に限定し、できるだけ「簡潔に」紹介すべきである。ここで大事なことは、自分のリサーチクエスチョンを解明することが、既存の知識体系に対してどのように関連し、どのような理論的貢献をするのか、という点を明らかにすることである。

　これまでに生み出された学術的な業績に何か新しい知識を付け加えるためには、先行文献を批判的に読んで考えることは重要であるが、その際に特に注意すべきことは、以下のとおりである。

　第1に、研究論文の種類を特定することである。研究論文を規範的・実証的・分析的、いずれの種類に分類できるかを最初に特定することは、どこを重点的に読むべきかを決める上で、極めて重要な作業である。

　第2に、著者が最もいいたいこと、つまり著者のリサーチクエスチョンは何か、そしてそれに対する著者の答えは何か、の二つを探すことである。この作業は、説明されるべき結果と、その結果を説明する原因を特定することでもあり、また、研究論文の心臓部分を確認することでもある。加えて、著者が使っているリサーチデザインを確かめることで、その研究成果がどのような方法で生み出されたのかが明確になる。また研究論文は、端から端まですべて読む必要はない。テーマにもよるが、通常、研究論文は膨大な量に及ぶことが予想される。その膨大な資料を、文字どおり、端から端まで丁寧に読むことは時間の浪費となり得る。

　第3に、著者が行っている説明以外に、別の説明ができないかどうか考えながら読むことである。例えば、著者はXがYを引き起こすといっているが、実はXがZを引き起こし、ZがYを引き起こすのではないか、などと考えることである。著者の主張に知的刺激を受け、それとは異なる因果関係を自分で考え出すことは、オリジナリティという点でとても有益である。

　第4に、研究論文の主張が、著者が使っていない他のケースに応用できるかどうかを考えることである。もし、他のケースにも著者の主張が応用できるようなら、著者が使ったデータとは異なる独自のデータを使って、著者の理論をサポー

トする研究成果を生み出せる可能性がある。

3. 理論の提示

　理論は、自分のリサーチクエスチョンを解明するために依拠するメカニズムであり、論文の「心臓部分」ともいえる。自分のリサーチクエスチョンに関連して、説明したい特定の社会現象に関連し、その結果（応答変数）とその原因（説明変数）を明示し[†14]、特定の社会現象や anomaly（例外的な事例）が引き起こされているメカニズムを説明する。その際「論理的飛躍がない」ことが最も大切である。

4. 仮説の提示

　ここでは、理論から引き出された仮説を明示する。通常、仮説は「もし、この理論が正しければ、…のはずである」と記述される。自分が提示する理論から、どのようにして仮説が引き出されたかを説明する必要がある。自分の主張する理論とそこから引き出された仮説の有効性を支持するためには、具体的にどのような証拠（specific facts）が必要かを述べる。

5. 対抗仮説の提示

　自分が説明しようとしている社会現象や例外的な事例を、まったく異なる方法や視点から説明している仮説があればそれを提示する。ここでは、どのような証拠があれば、対抗仮説ではなく、自分の主張する理論や仮説の正当性が支持されるのか述べる。

6. 作業化の説明

　自分が検証しようとしている仮説の中で使われている説明変数と応答変数を、それぞれどのように測定（measure）して観察可能な変数（＝データ）に変換するか、その具体的な方法を説明する。対抗仮説が存在する場合には、対抗仮説で使われている説明変数と応答変数を測定して観察可能なデータに変換する方法も同様に示す。

7. 証拠の提示

　自分の仮説を検証するための証拠として、インタビュー、アーカイブ調査、統計分析のためのデータなどが想定されるが、誰が、どこで、どのような方法で、どのような証拠を入手したのかを説明する。

---

†14　応答変数と説明変数に関しては、第3章で詳しく説明する。

8. 結論

　分析によって得られた証拠によって、自分が主張している仮説が正しいといえるのかどうかを評価する。その際、その結果がどのような理論的含意（theoretical implication）あるいは政策的含意（policy implication）をもつかを説明する必要がある。すなわち、既存の知識体系に対して自分の研究成果がどのような貢献をするのか、あるいは具体的な政策に対してどのような貢献をするのか、という説明が必要である。

まとめ

- よい研究論文を仕上げるためには、よいリサーチクエスチョンが必要である。
- リサーチクエスチョンとは、研究対象である社会現象に関する問いである。
- リサーチクエスチョンは、リサーチデザイン（研究設計）の中枢に位置し、研究全体の方向性を決め、研究の質を左右する。
- リサーチクエスチョンはその問いのタイプによって、実証的問題、規範的問題、そして分析的問題の三つに分類できる。
- 規範的問題は、何が望ましく、何が望ましくないかを問う、いわゆる「べき論」である。
- 「べき論」が提起する多くの重要な論点からその核心的な論点を実証的問題として抽出し、検証することは可能である。
- 分析的問題は、現実に起こっている事実よりも抽象度の高い命題の妥当性を検討する。
- 実証的問題を考えるときには、研究者自身の価値判断は行わず「観察した情報を使って」判断を下す。
- 「よい研究テーマ」は明快さ、検証可能性、理論的重要性、実用性、そして独創性の五つの条件を満たす。
- 研究論文を構成するのは、イントロダクション、先行研究、理論の提示、仮説の提示、対抗仮説の提示、作業化の説明、証拠の提示、そして結論の八つの要素である。

練習問題

Q2-1 次のリサーチクエスチョンは規範的問題と実証的問題のどちらか答えなさい。

- **Q2-1-1** 近年における日中関係は良好か？
- **Q2-1-2** 日本の国会は参議院を廃止して一院制にすべきか？
- **Q2-1-3** 宮城県登米市の市長は辞任したのか？
- **Q2-1-4** 衆議院選挙小選挙区における一票の格差はどの程度なのか？
- **Q2-1-5** 衆議院選挙小選挙区における一票の格差は2倍以上あるが、格差を縮小するために選挙制度を変えるべきか？？

Q2-2 次の規範的問題を実証的問題に変換しなさい。その際、(A) 参照枠組みを変える、(B) 規範的問題の背後にある前提条件に注目する、という二つのの方法でそれぞれ変換すること。

- **Q2-2-1** 日本の参議院は廃止して、一院制にすべきか？
- **Q2-2-2** 日本の衆議院議員総選挙では小選挙区比例代表並立制（小選挙区289議席・比例区176議席）が採用されているが、比例区を廃止して小選挙区だけにすべきか？

第3章

理論と仮説

　実証分析で最も重要なことは、きちんとしたリサーチデザイン（研究設計）を作り上げることである。本章では、よりよいリサーチデザインを構築するために、「理論と仮説」に焦点を合わせ、実証分析を行う上で最も必要かつ重要と思われる項目に絞って解説する。まず、実証分析の大きな枠組みとして、リサーチデザインのプロセスと因果法則の三つの条件を明示した上で、「よい理論」の定義とその条件を示す。次に、理論、作業化、作業仮説、仮説検証それぞれの定義と違いを説明し、因果関係を考える際に直面するであろう分析単位の設定、コントロール変数の選択、変数測定（measurement）の問題や生態学的誤謬（ecological fallacy）など、実践的な諸問題について解説する。

3.1 「よい理論」とは？

3.1.1 リサーチデザインのプロセス

　実証分析は通常、次のような手順で実行される。

1. パズルを見つける。
2. パズルを説明するため複数の前提条件[†1]を使って理論[†2]を作る。
3. 理論から作業仮説[†3]を引き出す。

[†1] 前提条件は assumption, proposition とも呼ばれ、「本当かどうかわからないが、とりあえず本当と考えること」である。
[†2] 理論（theory）は理論仮説（theoretical hypothesis）と呼ばれることもある。
[†3] 作業仮説（working hypothesis）は単に、仮説（hypothesis）と呼ばれることもあるが、理論仮説と作業仮説のどちらを指しているか、文脈から判断する必要がある。

4. 作業仮説を検証するためのデータを集める。
5. データを使って作業仮説を検証し[†4]、理論の妥当性を確かめる。

　私たちの祖先は、夜空に浮かぶ月を見上げながら、月が満月、半月、三日月とその形を次々に変えることを、不思議なことだと考えたに違いない。この不思議なことがパズルである。このパズルから月の満ち欠けという自然現象についての実証分析を行ってみよう。

　このパズルを説明するためには、このパズルが生じる原因を特定する理論が必要であるが、そのためには前提条件、つまり「本当かどうかわからないが、とりあえず本当と考えること」をいくつか想定する必要がある。一つ目の前提条件は「太陽の周りを地球が楕円運動している」というもの。そして二つ目は「地球の周りを月が楕円運動している」というものである。これら二つの前提条件があれば、太陽と地球と月の円運動に関する理論を作ることができる。地球は24時間で自転しながら、365日かけて太陽の周りを一周するため、太陽と地球と月の相互の位置関係が原因となって、満月や半月や三日月が地球から見える、という理論が考えられる。

　ここで、この理論が本当に正しいのか、という問題が残る。一応、それなりに論理的で説得力のある説明ではあるが、その理論の妥当性を検証（test）する必要がある。そこで行うのが仮説検証である。仮説検証を行うためには、理論から、検証可能な作業仮説を引き出す必要がある。作業仮説は、通常、「もしこの理論が正しければ、…のはず」という形式をとる。したがって、この場合だと、「もしこの太陽、地球、月に関する理論が正しければ、○月○日には満月が、△月△日には半月が、そして×月×日には三日月が見えるはず」という作業仮説が引き出される。

　次にやるべきことは、作業仮説で指定された日の夜に空を見上げ、作業仮説が予測するとおり月の形が観測できるかどうか確認することである。これが仮説検証である。作業仮説は理論から引き出されたものなので、予想どおりに月の形が見えなければ理論自体の妥当性が怪しい、ということになる。他方、予想どおりに月の形が見えたとすれば、理論の妥当性は担保され、その信憑性は高まる。

　ここでは自然科学における事例を使って仮説検証プロセスを解説したが、社会科学における実証分析でも、基本的には同様のプロセスを経る。

[†4] 仮説検証は hypothesis testing と呼ばれる。

3.1.2 因果法則の三つの条件

　因果関係（causality）とは、ある物事が他の物事を引き起こす結びつきのことである。因果関係とよく似たものに相関関係（correlation）があるが、両者は似て非なるものである。例えば、「ビールの売り上げ数」と「溺死者数」の間には、一方が増えればもう一方も増えるという関係（これを正の相関という）がある。しかし、この二つの変数の間に、直接的な因果関係があるとは考えにくい。ビールの売り上げ数が、どのようなメカニズムで溺死者数を増やすのであろうか？　実は、ここでは第3の変数の存在を見落としている可能性がある。それは「気温」である。気温が高ければビールはよく売れるだろうし、海水浴に出かける人も増えるので溺死者数も増えるはずだ。図 3.1 はこの関係を示したものである。

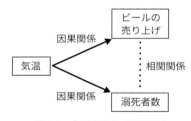

図 3.1　相関関係と因果関係

　ここで「相関関係」と「因果関係」を明確に区別する必要がある。「気温」と「ビールの売り上げ数」、「気温」と「溺死者数」、そして「ビールの売り上げ数」と「溺死者数」、これら三つの関係には「相関関係」がある。しかし、因果関係が存在するのは「気温とビールの売り上げ数の間」と「気温と溺死者数の間」だけである。ビールの売り上げ数と溺死者数の関係は、「相関関係」ではあるが、「因果関係」ではない。

　実証分析においては、変数間の関係が因果関係なのか、それとも直接的な因果関係のない相関関係なのかを区別する必要がある。そこで、よく用いられるのが、因果法則を確定するための三つの条件（高根，1979, p.83）である。

1. 原因が結果より先に起こる。
2. 原因と結果が共変する。
3. 原因以外の重要な要因が変化しない。

例えば、上の例の「気温」（原因）と「ビールの売り上げ数」（結果）に当てはめれば次のようになる。まず、「原因が結果より先に起こる」というのは、気温が上がり、その後にビールの売り上げ数が増える現象が確認されなければならないということである。

次に、「原因と結果が共変する」というのは、気温が下がればビールの売り上げ数が減り、気温が上がればビールの売り上げ数が増えるという変数の共変現象が確認されなければならないということである。気温が下がった（あるいは上がった）のにビールの売り上げ数は変わらない、というのは因果法則の条件に反することになる。

第3に「原因以外の重要な変数が変化しない」というのは、結果（ビールの売り上げ数）に影響を与えていると思われる他の要因、例えば「ビール価格」や「発泡酒が発売された事実」などの変数が一定であることを確認する必要があるということである。ビールの価格が高騰したり、ビールと類似した発泡酒などが市場に出回れば、ビールの売り上げ数は減ると予想される。

また、ある現象が結果になるか原因になるかは、理論次第である。例えば、「選挙が接戦になればなるほど、投票率が上がる」という理論では、「選挙の接戦度」が原因で、「投票率」が結果である。しかし、「投票率が高いほど、自民党の得票率が下がる」という理論では「投票率」が原因で、「自民党の得票率」が結果である。つまり、ほとんどの現象は基本的に他の現象の原因にも結果にもなり得る。ある現象が原因か結果かを特定する場合に重要なのは、因果関係を背景にした理論的整合性である。

3.1.3 理論とは

実証分析の心臓部は、何といっても論理的な整合性を重視する理論である。科学的には、理論と仮説に違いはなく、両者は明確に区別されずに使われている。ほとんどの理論はとりあえず受け入れられた仮の説、すなわち仮説である。

理論の定義は「原因と結果についての一般的な論述」であり、理論は「原因」と「結果」を含み、両者を論理的に結びつける。原因と結果の関係は、通常、それぞれ「説明変数」と「応答変数」の関係として表現され、Xが起これば、Yが続いて起こるという関係を示す。例えば、酒を飲めばその結果として酔っぱらう、というのも因果関係の一つである。

$X =$ 説明変数（explanatory variable）[†5]
$Y =$ 応答変数（response variable）[†6]

原因（X） $\Longrightarrow$ 結果（Y）

　上記の「月の満ち欠け」という自然現象のところで書いたように、理論を作るためには前提条件、つまり「本当かどうかわからないが、とりあえず本当と考えること」をいくつか想定する必要がある。つまり、**理論とは「複数の前提条件の束」**だと考えることができる。本当かどうかわからない前提条件が複数組み合わさって理論を構築しているということは、理論構築という作業は、複数の「もし」に依存しているといえる。したがって、理論を作る際には、**どれだけ説得力があり納得できる前提条件を設定するかが重要**になる。

　例えば、政治家と官僚に関する理論を考える場合、次のような2種類の前提条件を想定できる。

前提条件1
「政治家にとって最も重要なことは、国民の生活である」
「官僚にとって最も重要なことは、国民の生活である」
前提条件2
「政治家にとって最も重要なことは、選挙で再選されることである」
「官僚にとって最も重要なことは、省内での昇進である」

　どちらの前提条件を置くほうが、政治の現実をよりよく説明できるだろうか。政治家や官僚が何を最も大切と考えているか、その真相を知ることはできないが、「こう考えているのではないか」と想定することはできる。それが「前提条件」である。もちろん、政治家や官僚といっても、個人によって考え方も価値観も異なるため、すべての政治家や官僚が考えていることを完璧に一般化することは難しい。しかし、大部分の政治家や官僚がどのように考えているか想定することで理論が簡潔になり、より正確な予測が行えるなら、理論構築のための前提条件としてはそれで十分なのである。

[†5] 説明変数は、独立変数（independent variable）と呼ばれることも多いが、ほとんどの場合、説明変数は確率論の独立性の条件を満たしておらず、「独立変数」という呼び名は誤解を生みやすい。したがって、本書では「独立変数」ではなく「説明変数」という呼称を使う。理論における「変数」は「異なる状態を取り得る概念」と定義できる。

[†6] 応答変数は、従属変数（dependent variable）とも呼ばれるが、本書では「応答変数」という呼び名を使う。

従来、日本の政治分析においては、政治家ではなく、官僚が日本の政治を動かしているのだという「官僚優位論」が支配的であった。しかし、1990年代前半に、アメリカの政治学者である J. Mark Ramseyer と Frances McCall Rosenbluth が、前提条件2に基礎を置いたプリンシパル＝エージェント理論を使い、日本において官僚が政治家を支配しているとはいえないと主張した（Ramseyer and Rosenbluth, 1993）。その後、「官僚優位論」の可否をめぐり様々な研究成果が生み出され、日本政治分析が活性化することになる。

理論が社会現象を100パーセント説明することは期待されていない。理論は反証されながら修正され、進化するというのが、その宿命なのである。

3.1.4 「よい理論」の条件

「よい理論」の条件としては次の四つを挙げることができる。

1. 「誤り」の可能性があること
2. 「観察可能な予測」（observable implications）が多いこと
3. 具体的であること（specificity）
4. 単純であること（simplicity）

1.「誤り」の可能性があること

「よい理論」の条件の筆頭に「誤り」の可能性を挙げるのは意外だと思うかもしれないが、実はこれが最も重要な条件である。そもそも理論は、社会現象を100パーセント説明することを期待されていないのであり、**理論はその誤りを指摘され、反証されながら修正されることで進化する**のである。この誤りの可能性を「反証可能性」（falsifiability）という。ただ、理論を反証する際、具体的にどのような証拠があればその理論が間違いだといえるかを明確にする必要がある。例えば、「明日は一日中晴れる」という理論を反証する場合、明日雨が降るという事実があれば、その理論が間違いであることが確定する。

また、反証可能性は高いほどよい。どちらの理論がより反証可能性が高いか考えながら、次の二つの理論を比較してもらいたい。

a. 「金星は太陽の周りに楕円軌道を描く」
b. 「太陽系[†7]の惑星は太陽の周りに楕円軌道を描く」

[†7] 水星・金星・地球・火星・木星・土星・天王星・海王星の8個の惑星のこと。

理論が含む情報量という観点からaとbの二つの理論を比較すると、aの理論は金星についてのみ述べているのに対し、bの理論では八つの太陽系惑星について述べているため、bの理論のほうが情報量が多いことがわかる。すなわち、aの理論を反証するためには、金星が太陽の周りに楕円軌道を描いていないことを示す必要があるが、bの説明では太陽系8個のうち一つでも太陽の周りに楕円軌道を描いていないことを示せば反証できるため、bの理論のほうが反証可能性が高いといえる。このように**反証可能性は理論が含む情報量を示すため、情報量を多く含むbの理論のほうが反証される可能性が高くよりよい理論**ということになる。

　このような理論に関する反証可能性の考え方は反証主義と呼ばれ、反証主義は「反証不可能な理論は科学ではない」（Popper, 1959）と主張する。カール・ポパーに代表される反証主義は、今日でも様々な分野で、多くの科学者によって受け入れられている。

2.「観察可能な予測」が多いこと

　一般的に、**観察可能な予測**[†8]**が多いほど、反証可能性が高い**といえる。上記の金星と太陽系に関する理論との関連でいえば、理論aよりも理論bのほうが、観察可能な予測が多い。金星に関してだけ予測する理論aよりも、水星・金星・地球・火星・木星・土星・天王星・海王星の8個の太陽系惑星に関して予測する理論bのほうが、より汎用性が高く、したがって、よりよい理論ということになる。

3. 具体的であること

　理論から導かれる予測は具体的であるほどよい。次の予測を、理論の具体性という観点から評価してみよう。

a. 明日は天気が悪い。
b. 明日は雨が降る。
c. 明日の降水量は1時間あたり100 mmだ。

予測の具体性という観点からすると、c＞b＞aの順番でよい理論ということになる。

予測が具体的であるほど、観察可能な予測が多くなり、反証可能性が高くなる。

4. 単純であること

　理論はできるだけシンプルでなければならない。その理由は、理論が単純であ

[†8] 「観察可能な含意」（observable implications）とも呼ばれる。

れば、理解しやすいだけでなく、理論の適用範囲が広がり、それだけ反証可能性が高まるからである。理論はしばしば条件付きで与えられる。「A, B, C という条件の下で、X が原因となって Y が生じる」などと表現されることが多い。この場合、**条件が A, B, C と三つあるより、条件が A だけのほうが、理論が適応できるケースが増えるので反証可能性が高まり、よい理論の条件を満たすことになる**。理論を単純にすることは、「条件を緩める」と表現されることもある。

　また、理論の単純化は、目的に応じて異なるということも重要である。例えば、これから富士山に登頂しようとしている人に必要なのは、富士山の登山道を単純にわかりやすく要約した地図である。富士山の美しい光景を録画した DVD はより現実に近いかもしれないが、残念ながら登山者の役には立たない。地図の作成は、富士山という複雑な現実を単純化し、登山者にとって有用なものだけを残す行為である。いうまでもなく、登山者にとって有用なものとは、富士山の麓から頂上までの登山行程である。「単純化された地図は、富士山という現実を十分反映していない」という批判は、的外れである。登山地図は富士山登頂という目的を達成するために極めて有用なものであり、その目的を果たすためには十分なものである。地図作成者が富士山を単純化するように、社会科学者は、複雑な社会現象の中である結果を引き起こすと考えられる変数だけを残し、それら変数の間に因果関係を見出して理論化する。**社会現象を単純化し理論化することで、社会現象への理解がより深まる**といえる。

　ショーウィンドーに展示されるマネキンは、人間の「形」であればそれで十分であり、内臓は不要である。農村の田んぼでカラスを追い払うために必要なかかしであれば、マネキンを使うまでもなく、棒 2 本を交差させ、麦わら帽と軍手をつけただけで十分にカラスを追い払う役割を果たしてくれる。

　「政治は複雑である。その複雑な政治現象を理論によって単純化しても、複雑な政治現象をすべて理解することはできない。複雑な政治は複雑なまま理解すべきである」と主張する人がいるが、それは知的怠惰である。そもそも複雑なものを複雑なまま理解するとは、具体的にどのような作業なのであろうか。**複雑な現象を単純化することで、初めて私たちは物事を理解できる**はずである。いかに複雑な政治現象であろうと、その複雑さの中に因果関係を見出して原因と結果を特定し、単純化して理論化することで、私たちは政治現象のすべてでないにしても、現象の一面（a slice of reality）を理解することができるし、一つの見方を提示できる。もともと完璧な理論など想定していないし、理論は反証可能性が高いほどよい理論であることを考えれば、様々な理論を提示し、反証を繰り返すこと

で社会科学は進歩するのであり、政治現象への理解も少しずつ深まるはずである。

3.1.5 政治学における理論の実例

デュヴェルジェの法則（Duverger's Law）

　政治学の分野において最も信頼されている理論の一つは「デュヴェルジェの法則」である。モーリス・デュヴェルジェ（Maurice Duverger）はフランスの社会学者であり、選挙制度と政党制に関する仮説を 1950 年代に提示した（Duverger, 1954）。

　仮説、理論、法則の間には明確な区別が存在するわけではないが、それぞれの説の「信頼度」に応じて、使い分けられているように思われる。通常、提唱されたばかりの新しい説は「仮の説」という意味で「仮説」と呼ばれ、ある程度の検証が蓄積されるとその信頼度が上がって「理論」に昇格する。さらに長期間、様々な検証を経ると「法則」へと昇格する。デュヴェルジェが提唱した仮説が今日「法則」と呼ばれるのは、彼の仮説が様々な検証に耐えたためである。デュヴェルジェは選挙制度と政党制に関して、「小選挙区制は二大政党制を生む」という仮説を提示した。

　多くの研究者が様々な検証を行った結果、小選挙区が二大政党制を促す傾向が確認され「法則」として位置づけられた。デュヴェルジェの法則を現在の民主主義諸国家における選挙制度と政党制の実態に当てはめてみると、三つの例外（カナダ、インド、イギリス）が確認できる。これら 3 か国はいずれも小選挙区制を導入しているが、カナダでは新民主党、イギリスでは自民党という第三党が存在し、インドにおいては多数の政党が存在している。

　カナダやインド、イギリスではデュヴェルジェの法則が適用できないように見えるが、実は、これらの国々には二大政党に収斂しない理由が存在する。カナダやイギリスにおける第三党である新民主党や自民党は、特定の地域や選挙区で第二党あるいは第一党として支持されて票を獲得するため、明確な二大政党制にはならない。また、インドは極度に多様な社会であり、カナダやイギリスと同様、地域政党が議席を獲得するため、二大政党制に収斂しない。

　確かに、全国規模では二大政党制にはならないが、いずれの国においても各選挙区内の候補者数は二人に絞られる傾向が確認されている。したがって、デュヴェルジェの法則は、デュヴェルジェが想定した全国規模では正しくなくとも、選

挙区レベルでは正しいと考えられる[†9]。

デュヴェルジェの法則が「よい理論」である理由は、前述の「よい理論」の条件のほとんどを満たしていることにある。二大政党制が全国レベルでは確認されず、「選挙区レベルの二大政党制」に修正されるというのは、小選挙区制を採用しながら全国レベルで二大政党制が実現されていない国があれば、デュヴェルジェの法則は反証されるということが明確だったからである。さらに仮説が具体的で単純であるため、誰にでも理解しやすいという点も重要である。

3.2 仮説と仮説検証

3.2.1 仮説とは

科学的には、理論と仮説に違いはない。ほとんどの理論は、とりあえず受け入れられた仮の説という意味では、仮説ともいえる。「仮説」という言葉には「理論」とほぼ同様に使われる「理論仮説」と、理論を検証するために理論から引き出される「作業仮説」の2種類があるので、どちらを意味するのか注意する必要がある。ここでは、後者の「作業仮説」に焦点を合わせ、理論と仮説の関係を明らかにするのが目的である。作業仮説には次のような特徴がある。

1. 作業仮説の定義：作業仮説とは、「理論から引き出された、特定の変数に関する論述」である。
2. 「もしこの理論が正しければ…のはず」と記述する。
3. 理論よりも具体的である。
4. 理論から引き出される観察可能な予測について述べる。

3.2.2 作業仮説と作業化

例えば、「学歴が高いほど政治に参加する」という理論から、どのような作業仮説を引き出すことができるだろうか？ 作業仮説は上記四つの条件を満たす必要がある。また、検証されることが目的なので、検証に必要なデータを入手でき

[†9] さらに、小選挙区制に限らず、選挙区定数が M の選挙制度では、各選挙区の候補者の数が $M+1$ 人になるという研究がある（Reed, 1990）。小選挙区制（$M=1$）での候補者が二人の候補に絞られるというのは、$M+1$ の特殊事例であると考えることができる。

なければならない。そうなると、例えば、次の三つの作業仮説が考えられる。

　もしこの理論が正しければ、
A. 学校に通った年数が長いほど、国政選挙での投票率が高い。
B. 大卒のほうが、高卒よりもデモに参加しやすい。
C. 卒業大学の偏差値が高いほど、都道府県議会議員に立候補する確率が高い。

　ここで、理論の中にある説明変数と応答変数が、それぞれより具体的な変数へと変換されていることに注意してほしい。ここでの理論、作業化、そして作業仮説の関係をまとめたのが図 3.2 である。例えば、理論の中では説明変数である「学歴」は、作業仮説 A では「学校に通った年数」へ変換され、応答変数である「政治に参加する」ことは「国政選挙での投票率」へそれぞれ変換されている。「学校に通った年数」も「国政選挙での投票率」もいずれも「学歴」や「政治に参加する」よりも具体的かつ観察可能であるため、作業仮説としては適切であると考えられる。同様に、作業仮説 B と作業仮説 C でも変数の変換が行われている。このような観察可能な変数への変換作業は「作業化（operationalization）」と呼ばれている[†10]。

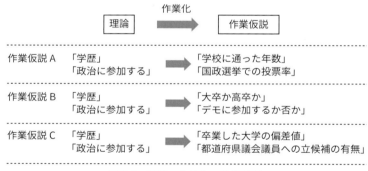

図 3.2　理論・作業化・作業仮説

　作業化とは、理論中の変数を計量可能かつ観察可能なより具体的な変数に置き換えることである。例えば、「人間の知性」は観察できないが、IQ のような「知能テスト」を使えば観察と計量が可能になる。「政治家の選挙動員」は、国政選挙ごとに候補者が総務省に届け出る「選挙費用報告書」を見れば観察可能になる。「都市度」は「人口密度」で代替できる。「国家の民主化度」に関しては、

---

†10 「操作化」とも呼ばれる。

様々な方法で測定された指標が提供されている[†11]。

　作業化において注意すべきことは、作業化の方法は一つではないということである。例えば「国の発展度」を作業化するのであれば、少なくとも次の四つの方法が考えられる。

1. １人あたりの GDP
2. 自動車所有率
3. 携帯電話の普及率
4. 平均エンゲル係数

作業化において大切なことは、理論で使われている説明変数と応答変数にできる限り近く、それぞれの概念を適切に測定している変数を選ぶことである。作業仮説が理論から乖離すると、たとえ作業仮説を上手に検証したとしても、理論を検証したことにはならないので、作業仮説で使う変数の選定には細心の注意が必要である。

3.2.3　分析単位の選択

　理論を構築し、理論から作業仮説を引き出した後で問題になるのが「分析単位」(unit of analysis) である。分析単位の問題とは、変数を観測する際に「どのレベルに注目するか」という問題である。社会科学の分析単位の例としては、個人、政党、市町村、選挙区、都道府県、国などが考えられるが、選んだ分析単位によって、上述した作業化の方法が異なる。

　分析単位を選ぶ際に気をつけなければならないのは**「作業仮説で使われるすべての変数の分析単位は、同一でなければならない」**ということである。分析単位を変えることで、一つの理論から複数の作業仮説を引き出すことができる。例えば、次の理論から分析単位のレベルを変えて複数の作業仮説を引き出してみよう。

[†11] Freedom House は「市民の自由度」(civil liberties) と「政治的権利」(political rights) という二つの指標を使って、7 段階に分けて国々の民主化度を分類している。詳細は Freedom House の Web サイト (http://www.freedomhouse.org/reports) を参照。また、Polity IV Project では 1800 年以降、今日に至るまでの国々の「安定度」と「民主化度」に関する独自の指標を提供している。詳細は http://www.systemicpeace.org/polity/polity4.htm。
ほかにも Adam Przeworski らの民主主義ダミー (Przeworski et al., 2000) とそれを補完した Carles Boix のデータ (Boix, 2003) や、潜在変数としてデモクラシーを測定する Shawn Treier と Simon Jackman の業績 (Treier and Jackman, 2008) がある。

理論「収入が少ないほど、共産党を支持する」

表 3.1 は分析単位によって、それぞれ適切な説明変数と応答変数が異なることを示している。理論の説明変数が「収入」、応答変数が「共産党支持」、そして分析単位が「有権者個人」の場合、これら二つの変数を観察可能な変数に変換するには、世論調査が最も適切である。世論調査で「家族の年間所得は？」と「前回の選挙で共産党に投票しましたか？」という二つの質問に対する回答[12]を集めることで、説明変数と応答変数を作業化し、観察可能な2種類のデータを同時に得ることができる。

表 3.1　分析単位ごとの説明変数と応答変数

分析単位	説明変数（収入）	応答変数（共産党支持）
有権者個人	「家族の年間所得は？」	「前回の選挙で共産党に投票しましたか？」
都道府県	「県別の平均所得」	「県別の共産党の得票率」

分析単位が「都道府県」の場合、世論調査は使えない。その代わり、都道府県別に集計されたデータ[13]を使って作業化することができる。通常、都道府県別のデータは、総務省の Web サイトから入手可能である[14]。説明変数の「収入」には「県別の平均所得」[15]を使い、応答変数の「共産党支持」には「県別の共産党の得票率」[16]を使うことで、観察可能な2種類のデータを得ることができる。

ここで注意する必要があるのは、「参議院選挙」のデータを使うということである。分析単位が 47 の「都道府県」なので、全国 289 の小選挙区単位で実施される衆議院選挙のデータは使えない。前述したように「作業仮説で使われるすべての変数の分析単位は、同一でなければならない」ため、分析単位が 47 の「都道府県」と 289 の「衆議院の小選挙区」は、どちらかの分析単位に統一しなければならない。

分析単位を「衆議院の小選挙区」に統一すると、289 の小選挙区それぞれにおける共産党の支持率は入手できるが、「平均所得」は入手できない。その理由は、総務省が提供しているのは「都道府県」単位の平均所得だけであり、「衆議

---

[12] 世論調査によって得られたデータをサーベイデータ（survey data）と呼ぶ。
[13] 集計されたデータをアグリゲートデータ（aggregate data）と呼ぶ。
[14] URL: http://www.stat.go.jp/
[15] 上記の総務省の国勢調査データから入手可能。
[16] 上記の総務省の選挙データから入手可能。

院の小選挙区」別の平均所得データは存在しないからである[†17]。

　他方、分析単位を47の「都道府県」に統一すると、47の「都道府県」ごとの平均所得は入手できる。しかし、都道府県ごとの「共産党の支持率」をどのようにして入手するか考えなければならない。幸いなことに、参議院選挙は都道府県を単位とした「選挙区」と全国を一つの単位とした「比例区」の二つがあるため、都道府県を単位とした「選挙区」選挙における共産党への支持率を使うことができる。また、都道府県議会選挙や知事選挙も都道府県を単位として選挙を行っているため、参議院選挙の「選挙区」以外にも、これら二つの地方選挙データも使うことが可能である。どのデータを使うのかは、リサーチの種類とその目的によって、分析者が決めなければならない。

3.2.4　コントロール変数

　私たちの身の周りでは様々な社会現象が観察されるが、たった一つの原因がある社会現象を引き起こしているというより、むしろ複数の原因がその現象を引き起こしていることが多い。ここでは、応答変数（結果）に影響を与えていると思われる、複数の説明変数（原因）について考察する。次の理論を考えてみよう。

　　理論「人間の容姿は遺伝する」

この理論から、次の二つの作業仮説を引き出すことができる。

　　もしこの理論が正しければ、
　　作業仮説1「母親の身長が高ければ、子供の身長も高い」
　　作業仮説2「父親の身長が高ければ、子供の身長も高い」

　この理論に含まれている「容姿」というコンセプトは、作業仮説ではより具体化されて「母親の身長」「父親の身長」「子供の身長」という検証可能な変数に作業化されている。これら三つの変数はいずれも観察可能な変数なので、検証可能である。図3.3と図3.4は架空のデータを使い、それぞれ横軸に「母親の身長」と「父親の身長」、縦軸に「子供の身長」を設定したものである。

　母親の身長と子供の身長には右肩上がりの傾向があり、母親の身長が高いほど、子供の身長も高い「正の相関」があることを示している。また、父親の身長

[†17] ただし、市区町村別のデータを入手し、自分で小選挙区単位のデータを作ることはできる。

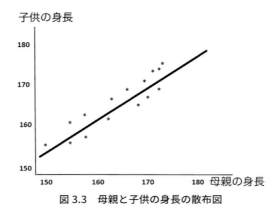

図 3.3　母親と子供の身長の散布図

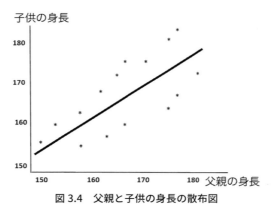

図 3.4　父親と子供の身長の散布図

と子供の身長の間にも同様の正の相関が見られるが、母親の身長と子供の身長の関係のほうがデータの散らばり具合が小さく、データの「あてはまり」がよいことがわかる。この正の相関が、作業仮説1と作業仮説2の予測である。

「子供の身長」が「両親の身長」によって影響を受けると考えられるが、それ以外に「子供の身長」に影響を与えていると考えられる原因はないだろうか？例えば、子供が幼児期から青年期にかけてどれだけ睡眠時間をとったか、また栄養状態はどうだったのか、などといった要因が子供の身長に影響を与えている可能性は十分考えられる。これが「対抗仮説」である。対抗仮説をコントロール変数としてモデルに加えることで、自分が主張する作業仮説と、それとはまったく異なる対抗仮説を同時に検証できる。したがって、「子供の身長」を応答変数にしたモデルは図 3.5 のように表すことができる。

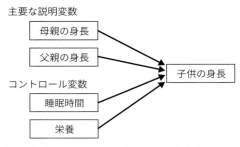

図 3.5 「子供の身長」を応答変数にしたモデル

　ここでは「子供の身長」という応答変数に影響を与えていると思われる説明変数が四つあるが、厳密にいうと、説明変数は自分が主張する作業仮説を検証するための「主要な説明変数」と、対抗仮説を検証するための「コントロール変数」[18] の 2 種類に分類できる。それぞれの変数の定義は次のとおりである。

主要な説明変数：　理論から引き出された作業仮説中で使われている変数
コントロール変数：主要な説明変数以外に、応答変数に影響を与えていると思われる変数

　この定義に従うと、ここでは先ほど述べて作業仮説に含まれる「母親の身長」と「父親の身長」の二つの変数が「主要な説明変数」であり、作業仮説に含まれていない「睡眠時間」と「栄養」が対抗仮説が想定する説明変数（＝コントロール変数）である。コントロール変数を説明変数としてモデルに含める理由は、「原因以外の要因が変化しない」という因果関係の 3 番目の条件を満たすためである。先行研究を調べれば、子供の身長に影響を与えていると思われる様々な原因が指摘されていることが多い[19]。それらの原因を、自分のモデルの中にコントロール変数として含めた分析を行ってもなお「両親の身長」が「子供の身長」に影響を与えているという事実が確認されれば、自分の主張する理論の妥当性が担保されることになる[20]。なお、具体的な統計分析とその結果の解釈方法に関しては、第 9 章から第 15 章で説明する。

---

[18] コントロール変数（control variable）は統制変数とも呼ばれる。
[19] このような先行研究によって提示されている理論を分析者が否定したいのであれば、その理論を「対抗理論」（rival theory）、そこから引き出された仮説を「対抗仮説」（rival hypothesis）と位置づけ、作業化した変数を統計モデルの中に「コントロール変数」として含めて統計分析を行えばよい。その仮説検証の結果を見れば、自分の理論と対抗理論のどちらの妥当性が担保されるかが明らかになる。
[20] 分析の結果、自分の作業仮説と対抗仮説が両立することもあり得る。

3.2.5　変数の測定（measurement）の問題

　前項では、コントロール変数として「睡眠時間」と「栄養」という変数を使って、これらの変数が「子供の身長」にどのような影響を与えているか検証するというモデルを提示した。主要な説明変数である「母親の身長」や「父親の身長」は、数値として観察することができる。しかし、「睡眠時間」や「栄養」という変数は、このままではデータとして入手できないため、何らかの作業化を施して観察可能な変数に変換する必要がある。

　例えば、分析対象である子供が中学生の場合、「小学校時代の平均睡眠時間」と作業化することが妥当であろう。しかし、分析対象である子供が大学生の場合、背が伸びる時期を広げて「小・中・高校時代の平均睡眠時間」と作業化することもできるし、直近の「高校時代の平均睡眠時間」と設定することもできる。どのように作業化するかは研究者に任されており、かなり自由に設定できる。自由裁量が大きいがゆえ、最も適切な作業化のレベルと方法を慎重に考え、実行する必要がある。

　「栄養」が「子供の身長」に影響を与えているのは当然と考えられるが、この変数を観察可能な変数に作業化することはそれほど容易ではない。一般的には、カルシウム摂取量が身長に影響を与えているといわれるが、自分がどれだけのカルシウムを摂取したか記録する人はあまりいないはずである。

　睡眠時間や栄養に関する個人情報は、分析対象者にアンケートを実施して入手するのが一般的である。しかし、その際、小・中・高校時代の「睡眠時間」や「摂取したカルシウム量」などを、分析対象者が正確に覚えているかどうか、という点も配慮しなければならない。

　今一度、次の理論を考えてみよう。

　　　理論「人間の容姿は遺伝する」

　ここで次のような作業仮説を考えたとしよう。

　　　もしこの理論が正しければ、
　　　作業仮説1「母親が美人なら、その娘も美人である」
　　　作業仮説2「父親がイケメンなら、その息子もイケメンである」

　この理論に含まれている「容姿」というコンセプトは、作業仮説ではより具体化されて「母親が美人」「娘が美人」「父親がイケメン」「子供がイケメン」とい

う変数に作業化されている。確かに、作業仮説は理論よりも、より具体的な記述であり、両者の論理的整合性もあるが、これら三つの変数をどうやって客観的に観察し、計量するかが問題となる。

「母親や娘がどの程度美人であるか」そして「父親や息子がどの程度イケメンなのか」を測定する方法が明らかにされない限り、上の作業化が適切だとはいえない。

「美人やイケメンの候補者のほうが、選挙で当選する確率が高いと思う」と考えたとしても、候補者の美人度やイケメン度を測定することができない限り、残念ながらこの仮説は検証できそうにない。しかし、2009年に発表された論文で、「イケメンは選挙に強い」という仮説が検証された（Atkinson et al., 2009）。この論文の著書らは、数人の学生でグループを作り、彼らに候補者の写真を見せて「イケメン度」を測定し、データ分析に利用する変数を手に入れたのである。もちろん、この方法で「イケメン度」を測定するとバイアスが生じると考えられ、様々な批判が寄せられることが予想されるが、前向きな試みとしては興味深い研究成果といえる。

3.2.6　生態学的誤謬

生態学的誤謬（ecological fallacy）とは、集計データだけに基づいて個人の行動に関して誤った判断をしてしまうことをいう。社会科学で有名な例は、イリノイ州立大学の学生が行った分析である。学生たちは、アメリカ南部州のカウンティ（郡）における「アフロアメリカンの割合」と「1968年に大統領候補のジョージ・ウォレスが獲得した得票率」という二つの変数の相関を調べたところ、両者の間に強い正の相関があることを発見した。このことから、学生たちは「アメリカ南部州のカウンティにおいて、ウォレス候補に投票したのはアフロアメリカンである」と結論づけた。

学生たちの分析結果を表にすると、表3.2のようになる。アメリカ南部州にはカウンティ1、カウンティ2、そしてカウンティ3の三つのカウンティがあるとしよう。学生たちは、それぞれのカウンティに占めるアフロアメリカンの割合とウォレス大統領候補が獲得した得票率の間に強い正の相関があるため、カウンティ1でウォレス大統領候補の得票率20%の得票はカウンティ1に住んでいる20%のアフロアメリカンによるものであり、カウンティ2やカウンティ3においても同様、と判断してしまったのである。

表 3.2 カウンティごとのアフロアメリカンの割合と大統領候補者の得票率

	アフロアメリカンの割合	ウォレス大統領候補の得票率
カウンティ 1	20%	20%
カウンティ 2	30%	30%
カウンティ 3	40%	40%

　この推論は一見正しいように見えるが、カウンティ 1 でウォレス候補が獲得した 20% の票は、カウンティ 1 に住んでいる 20% のアフロアメリカンが投じたとは限らないことを見落としている。カウンティごとの得票数を分析しただけでは、カウンティ 1 でウォレス候補が獲得した 20% の票がすべて白人によって投じられたものである可能性も否定できない。「ウォレス候補が獲得した 20% の票がカウンティ 1 に住んでいる 20% のアフロアメリカンによるものである」ことを確かめるためには、集計データではなく、個人の投票行動を観測した個票データを分析する必要がある。

　個人の行動に関する情報を世論調査によって入手することが不可能であったり、たとえ入手可能であってもその信頼性が低かったり、もしくは巨額の費用を必要とする場合など、集計データしか入手できないときにはこのような生態学的誤謬が生じる可能性があるので、注意が必要である。

まとめ

- 複数の前提条件で理論を構成し、理論から仮説を引き出し、データを使って検証するというのが、実証分析の手続きである。
- 相関関係があるからといって、因果関係があるとは限らない。
- 理論とは「原因と結果についての一般的な論述」であり、「原因」と「結果」を含み、両者を論理的に結びつけるものである。
- 原因と結果の関係は、通常、それぞれ「説明変数」と「応答変数」の関係として表現される。
- 「因果法則を確定するための条件」とは、原因が結果より先に起こる、原因と結果が共変する、原因以外の重要な要因が変化しない、の三つである。
- 「よい理論」の条件は、誤りの可能性がある、観察可能な予測が多い、具体的である、単純である、の四つである。
- 理論を作る際には、どれだけ説得力があり納得できる前提条件を設定するかということが重要になる。

- 仮説には「理論仮説」と「作業仮説」の2種類がある。
- 作業仮説は「もしこの理論が正しければ、…のはず」と記述する。
- 「作業化」とは、理論中の変数を、計量可能かつ観察可能なより具体的な変数に置き換えることである。
- 作業仮説で使われるすべての変数の分析単位は、同一でなければならない。
- 分析単位が変わると、分析で使うデータも変わる。
- どのような分析単位とデータを使うのかは、リサーチの種類とその目的によって分析者が決める。
- 説明変数には「主要な説明変数」と「コントロール変数」の2種類がある。
- 「コントロール変数」とは、応答変数に影響を与えていると思われる変数のうち、主要な説明変数以外のもののことである。
- 先行研究によって提示されている理論を分析者が否定したいのであれば、その理論を「対抗理論」、そこから引き出された仮説を「対抗仮説」と位置づけ、作業化した変数を統計モデルの中に「コントロール変数」として含めて統計分析を行う。
- 変数を観察可能な変数に作業化する際には、その変数が分析したいコンセプトを適切に測定しているかどうか留意する必要がある。
- 生態学的誤謬とは、集計データだけに基づいて個人の行動に関して誤った判断をしてしまうこと。

練習問題

Q3-1 次の理論から、検証可能な作業仮説を引き出しなさい。その際、作業仮説中の応答変数、説明変数、分析単位を特定すること。なお、コントロール変数が存在する場合には、説明変数を「主要な説明変数」と「コントロール変数」に分類し、それぞれ作業化すること。

Q3-1-1 候補者が選挙にお金を使うほど選挙は成功する（衆議院選挙を事例に）。

Q3-1-2 経済的な豊かさをコントロールすると独裁国家は多くの軍事費を使う。

第 II 部
Rを使った計量分析の方法

- 第 4 章　Rの使い方
- 第 5 章　Rによるデータ操作
- 第 6 章　記述統計とデータの可視化・視覚化
- 第 7 章　統計的推定
- 第 8 章　統計的仮説検定
- 第 9 章　変数間の関連性
- 第 10 章　回帰分析の基礎
- 第 11 章　回帰分析による統計的推定
- 第 12 章　回帰分析の前提と妥当性の診断
- 第 13 章　回帰分析の応用
- 第 14 章　交差項の使い方
- 第 15 章　ロジスティック回帰分析

第4章

Rの使い方

　本章では、本書で統計分析に使うRの基本操作について解説する。Rは、統計解析のためのプログラミング言語であると同時に、その実行環境でもある。オープンソースでフリーな言語であり、誰でも自由に利用することができる。データ分析だけでなく、データの前処理や、レポートや論文で使用する図表の作成もできる。統計学分野において最もよく利用される言語であり、政治学を含む社会科学分野でも広く利用されている。

　Rは、計量政治学で用いられる様々な分析手法に対応可能な優秀な言語であるが、日本の利用者にとって不便な点もある。それは、Rの利用には英語が必要であるという点である。Rのヘルプなどは基本的に英語で書かれており、使い方をマスターするには多少の英語力が必要である。ただし、それほど難しい英語は使われていないし、本書の範囲で必要となる事項については詳細に解説するので、心配は無用である。むしろ、Rを使いながら統計学に必要な英単語を覚えられると前向きに考えてほしい。

4.1
RとRStudio

　Rは、CRAN（Comprehensive R Archive Network）のミラーサイトで無料で入手できる。日本には統計数理研究所（ISM）のミラーサイト[1]があり、そこで各自のOSに合わせたバージョンのRをダウンロードし、インストールすることができる。Rを使う際は、Rそのものを開いて使うのではなく、RStudioと呼ばれるRの統合開発環境（IDE）を使うことを推奨する。RStudioもフリーソ

---
[1] https://cran.ism.ac.jp/

フトなので、無料でダウンロードしてインストールすることができる[†2]。

RとRStudioのインストールが済んだら、RStduioを起動してみよう。RStudioを起動すると、図4.1のように、いくつかのウィンドウに分割された画面が表示される。初めてRStudioを開くと、左上の画面（Source）は何も表示するものがないので畳まれていて、左下にConsole、右上にEnvironment、右下にFilesが表示されているはずである。各ウィンドウにどの役割をさせるかは、環境設定（メニューからPreferencesまたはGlobal Options）のPane Layoutで自由に変更できる。お勧めは、左上をSourceのみ、左下をHistoryのみ、右上をConsoleのみにして、残りすべてを右下に集める使い方である。そして、左下のHistoryは常に畳んでおいて、左側画面ではSourceだけを開く。こうすると、Sourceが広く使えて便利である[†3]。図4.1にはそのように設定した画面が示されている。以下では、RStudioのPane Layoutがこの図と同じように設定されていると想定して解説する。

図4.1　Pane Layout カスタマイズ後の RStudio のスクリーンショット

[†2] RStudio の Web サイト（https://www.rstudio.com/）から、自分の OS にあったバージョンの RStudio Desktop を選んでダウンロードし、インストールする。RとRStudio の導入については、浅野・中村（2018）に詳しい解説がある。

[†3] 以下で説明するとおり、Rで統計分析を進めていくときはSourceに命令を書き加えていくので、主に使うウィンドウはSourceであり、この領域が広いほうが使いやすい。

左上の画面に設定した Source は、R のコードを入力、編集する際に使う。基本的に、この画面に統計分析や作図に必要な R の命令を書き込んでいく。Source で使うファイルの種類はいくつかあるが、本書では、R スクリプトを使うことを前提に解説する。

左下ウィンドウの History には、R で実行したコマンドの履歴が残る。Console に直接コマンドを入力して実行し、後で自分が行った処理を振り返りたい場合には便利である。しかし、R スクリプト（あるいは R マークダウン）を使って分析する場合、R スクリプト（またはマークダウンファイル）に必要なコマンドをすべて保存するので、この画面の価値はあまりない。したがって、このウィンドウは畳んでおくことにする[4]。

右上の Console は、R の命令を直接入力する場所であるとともに、実行結果が表示される画面である。> という記号が入力待ちであることを表しており、この記号の後に R の命令を書いて Return（Enter）キーを押せば、命令が実行される。この記号が表示されていないときは、前の命令の処理中なので、処理が終わって新たに > が表示されるまで待つ。後で説明するように、R スクリプトを書いて分析する場合、この画面に直接命令を入力する機会はあまりない。しかし、グラフ以外の結果はこの画面に表示されるので、常に開いておく必要がある[5]。

右下のウィンドウには、いくつかのタブがある。まず、Environment タブは、現在起動中の R に存在するデータや変数とそれぞれの中身の概要を表示している。例えば、データセット（R では「データフレーム（data frame）」と呼ばれる）が R に読み込まれているときは、そのデータセットに含まれる変数の数と観測個体数を示してくれる。"12 obs. of 3 variables" と表示されていれば、観測個体が 12 で、変数は三つあるという意味である。リストについてはリストの長さを、ベクトルについては要素の種類、長さ、中身の例を示してくれる。

Environment タブの右側には、Files タブがある。ここには、現在の作業ディレクトリ[6]に含まれるファイルが表示される。これから使おうとしているデータセットのファイルがディレクトリ内に存在するか、あるいは、ファイルの名前が正しいかどうか、作った図が思いどおりの場所に保存されたかどうかなどを確

---

[4] 各ウィンドウの右上にある 2 つのボタンのうち、左側にあるボタンをクリックすると、ウィンドウを開いたり畳んだりできる。

[5] 右上には Terminal も設置される。通常のターミナルまたはコマンドプロンプトと同じように利用することができる。本書で Terminal は使わないので、使い方がわからなければ無視してよい。

[6] Console に getwd() と打つと、現在の作業ディレクトリが表示される。

認するときに使うと便利である。

その右側には、Plots タブがある。R で作った図はここに表示される[†7]。一度に一つの図しか表示されないので、新たに作図すると前に作った図が見えなくなるが、矢印ボタンを押すことで、前に作った図を確認し直すことができる。Packages タブは、パッケージ（パッケージについては後述）の管理や現在読み込んでいるパッケージを確認するために利用する。Help タブには R のヘルプが表示される。Viewer タブは、R マークダウンを html や pdf に変換した結果を確認するときなどに使う[†8]。

4.2 R の基本操作

R を動かすには、決められたコマンド（命令）を Console に入力する。統計分析に必要な命令や、実行後の結果の読み方についての詳細は次章以降で扱うことにして、ここでは基本的なコマンドについてのみ説明する。

まず、R は電卓のように使うことができる。例えば、四則演算は Console に次の内容を直接入力することで実行できる。

```
> 1 + 2
> 5 - 10
> 3 * 8
> 1 / 2
```

基本的に、一つの命令は 1 行に書き、コマンドを実行するには Return (Enter) キーを押す。掛け算には *、割り算には / という記号を利用する。また、数字、演算記号、スペースは**必ず半角**で入力する。このほかに、べき乗

```
> 2^3
```

平方根

```
> sqrt(2)
```

[†7] R マークダウンを使う場合は、Source ウィンドウ内の作図の命令を書いた後に表示される。

[†8] RStudio の詳細については、松村他 (2018) を参照。

自然対数

```
> log(2)
```

などが簡単に計算できる。

コマンドを実行した結果は、Console に表示される。1 + 2 という命令に対しては、以下のような結果が表示されるはずだ。

```
[1] 3
```

当然、結果に表示されている「3」が計算結果である。数字の前についている[1]は結果のインデクスで、これが一つ目の結果であることを示している。

複数の結果が表示される例を示そう。R では、c() という関数でベクトルを作ることができる[9]。例えば、(1, 3, 5) というベクトルは、c(1, 3, 5) で作れる。このベクトルの各要素に 1 を足すという計算は、次のコマンドで実行できる[10]。

```
> c(1, 3, 5) + 1
```

この結果は、

```
[1] 2 4 6
```

と表示される。結果として三つの数字が表示されるが、インデクスは一つしか表示されない。実は、このインデクスは、結果の表示に複数行必要なとき、複数表示される。例えば、1 から 100 までの整数を表示するために、次のコマンドを実行してみよう。

```
> 1:100
```

どのような結果が出ただろうか。1 から 100 までの整数が複数行にわたって表示され、各行の先頭の数字にインデクスがつけられているはずだ。1 行にいくつの

---

[9] c は concatenate（連結させる）の頭文字。

[10] 長さが異なるベクトル（この例では片方の長さが 3 でもう一つの長さは 1）の演算を行うとき、R は短い方をリサイクルして使う。したがって、この計算は、c(1, 3, 5) + c(1, 1, 1) と同じ。ただし、長い方の長さが短い方の長さの整数倍でないとエラーが出る。

数値を表示できるかはウィンドウの幅に依存するので、ウィンドウの幅を変えると、結果が改行される位置が変わり、インデクスのつき方も変わる。

Rでは、変数（オブジェクト）を自分で作ることができる。変数の名前は自由に決めてよい。ただし、数字から始まる名前や、Rがはじめから用意している関数と同じ名前（例えば、cやmeanなど）はつけられない。また、ハイフン"-"はマイナスと区別できないので使えない[†11]。例えば、

```
> a <- 1
> b <- 2
```

とすると、aとbという二つの変数[†12]ができる。ここで、<-という記号は、記号の左側にある変数に、記号の右側の内容を割り当てる（代入する）ために使われる[†13]。RStudioでは、Option（またはAlt）キーを押したままマイナス"-"キーを押す（以後、同時押しは"+"キーを使ってOption（Alt）+"-"キーと表記する）と入力できる。変数の中身を表示するには、表示したい変数の名前をそのまま打ち込めばよい[†14]。したがって、単に、

```
> a
```

と打てば、aの中身である「1」が表示される。大文字と小文字は別の文字として扱われるので、

```
> A
```

と打つと、

```
Error: object 'A' not found
```

[†11] 厳密には、バックティック`で囲めば使えるが、入力が面倒になるので避けたほうがよい。日本語の変数名（オブジェクト名）も使えるが、日本語を使うと全角と半角の入力切り替えが面倒な上に、誤って全角スペース使ってしまうというミスが起こりがちなので、本書で日本語の変数名は使わない。

[†12] 一つ数値が入っているだけなので厳密には変数ではないが、便宜上そのように呼ぶ。「変数」ではなく「オブジェクト」と呼ぶほうが正確である。

[†13] <- の代わりに = を使うこともできる。

[†14] ただし、表示できる値の数には限度があるので、変数に含まれる値の個数が多いときは最後まで表示されない。例えば、a <- 1:10000 とした後にaの中身を表示するとどうなるか、各自で確認してもらいたい。

4.2 Rの基本操作

という答え（オブジェクトAが見つからないというエラー）が返ってくる[†15]。これは、aというオブジェクトは定義済みだが、Aというオブジェクトは作っていない（右下のEnvironmentタブの中に表示されていない）からである。

変数は、計算に使うことができる。例えば、

```
> a + b
> a / b
> a ^ b
```

などと書けば、aとbの代わりにあらかじめ割り当てた数値を使った計算結果が表示される。

Rの基本的なコマンドは、実際に行いたい動作を表す英単語の場合が多い。例えば、算術平均（加算平均、英語ではmean）を求めたいときは、mean()という関数を使い、中央値（median）を求めるには、median()を使う。また、平方根（square root）はsqrt()、対数（logarithm）はlog()である[†16]（以後、関数名()というように、中身のない括弧がついているものはすべてRの関数を表す）。1から100までの整数の平均値は、

```
> mean(1:100)
```

で求めることができる。

関数の括弧の中で指定されるものを引数（arguments）と呼ぶが、Rの関数には複数の引数をとるものがある。例えば、2以上20以下の偶数の数列（sequence）は、次のように作ることができる。

```
> seq(from = 2, to = 20, by = 2)
```

[†15] 慣れないうちはエラーメッセージが鬱陶しいと感じたり、怖いと思ったりするかもしれないが、プログラミングをするならエラーメッセージとの付き合いは避けて通れないものである。この例からわかるとおり、エラーメッセージはコマンドの何が悪いかを丁寧に教えてくれる。慣れるまでは、「エラーがなるべく出ないように」するのではなく、「どんどんエラーを出してコマンドを改善しよう」という気持ちをもつことが大切である。「なぜエラーが出ないコードを書けなかったか」ではなく、「表示されているエラーが出る原因はコードのどこにあるか」を考えるほうが効率がよい。

[†16] log()の底の既定値はネイピア数 e（Rではexp(1)）である。つまり、log()は自然対数を計算する。底10の対数はlog10()、底2の対数はlog2()で計算できる。それ以外の底を使うときは、log()でbaseを指定する。例えば、log(a, base = 5)とする。

この例では、seq() という関数が三つの引数をとっている。それぞれの引数を区別するために、from、to、by という名前がつけられている。

seq() でどのような引数が指定できるかを確認するため、関数のヘルプを見てみよう。関数のヘルプは、Console に ? 関数名と入力することで表示できる。seq() のヘルプを読むために、

```
> ?seq
```

と入力してみよう。右下の Help タブに関数の説明が表示されるはずだ。ヘルプを読むと、引数（Arguments）として、from, to, by, length.out, along.with などが指定できることがわかる。関数が想定した順番どおりに引数を指定する場合は、引数名を省略することができる。ヘルプで確認すると、from, to, by という順番に引数が並べられているので、次のコマンドも先ほどと同じ結果を返す。

```
> seq(2, 20, 2)
```

また、引数名を明示的に指定すれば、引数の順番を変えてもかまわない。したがって、次のコマンドも同じ結果を返す。

```
> seq(to = 20, by = 2, from = 2)
```

基本操作についてより詳しくは、浅野・中村（2018）や著者の Web サイト[17]を参照されたい。

4.3 パッケージ

R には、統計分析でよく使われる基本的な関数があらかじめ用意されている。例えば、既に説明した mean() や median() などは、R さえインストールすればすぐに利用することができる。しかし、R が私たちの分析で必要な関数をすべて用意してくれているわけではない。

---

[17] http://yukiyanai.github.io/jp/classes/rm1/contents/R/introduction-to-R.html
　　https://www.asanoucla.com/ 講義一覧 /keiryo2017/

分析で繰り返し必要になる機能がRで利用できないときは、function() を使って新たに自分専用の関数を作ることができる。例えば、Rには変数の最小値を求める min() と、最大値を求める max() という関数があらかじめ用意されているが、最小値と最大値を並べて（ベクトルにして）表示したいなら、そのような関数があったほうが便利である。そんなとき、次のコマンドを実行すれば mm という名前の新しい関数を作成できる。

```
> mm <- function(x) {
+   c(min(x), max(x))
+ }
```

このコマンドを一度実行すれば、R（RStudio）を終了するまでは、mm() という関数を利用することができるようになる[18]。試しに、次のコマンドでこの関数を使ってみよう。

```
> a <- c(1, 5, 100, 2, -8, 7)
> mm(a)
```

すると、次の結果が表示される。

```
[1]  -8 100
```

このように、必要な機能を自分で追加できるところが、Rの大きな魅力である。

しかし、必要な機能をすべて自分で用意するのは難しい。そんなときは、他人が作った関数を利用させてもらおう。Rには、便利な関数をまとめたパッケージ（packages）というものが多数存在する。これまでに世界中のたくさんのRユーザや開発者が便利なパッケージを作り、公開してきた。Rを使うと、これらの追加的なパッケージ（の大部分）も自由に使うことができる。

CRANで公開されているパッケージは、install.packages() でインストールすることができる。例えば、本書で図を作るために利用する ggplot2 というパッケージは、次のようにすればインストールできる。

```
> install.packages("ggplot2")
```

---

[18] RStudio の Environment タブ内に Functions という欄が表示され、そこに mm が存在すれば、この関数が利用可能である。

この例のように、パッケージ名を引用符 " で囲むことが必要である[19]。ここで、本書で使うパッケージをまとめてインストールしてしまおう。ただし、複数のパッケージをインストールするので、それなりに時間がかかることに注意してほしい[20]。

```
> install.packages(c("tidyverse", "devtools", "haven",
+                    "readxl", "coefplot", "interplot",
+                    "ROCR", "margins"))
```

このように、c() の中に複数のパッケージ名を書けば、一挙にインストールすることができる。また、この例で示されているように、R のコマンドは複数行にわたって書かれていても、括弧（または引用符）が閉じられるまでは一つのコマンドとして正しく認識される。したがって、コマンドが長くなるときは適当な位置で改行したほうがよい。**改行した 2 行目以降は、行の先頭から書き始めるのではなく、この例のようにわかりやすい位置で整列させる（字下げ [indent] する）。**

インストールしたパッケージを利用するときは、library() でパッケージを読み込む必要がある。例えば、tidyverse パッケージを利用するには、

```
> library("tidyverse")
```

とする[21]。インストールは 1 度すれば済む[22]が、library() を使ってパッケージを読み込む作業は、新しい R のセッションを始めるたびに（つまり、一旦 R を終了すると、R を起動するたびに）実行する必要がある。

CRAN で公開されているもの以外にも、有用なパッケージは多い。特に、GitHub[23] で使いたいパッケージが公開されていることがよくある。GitHub で公開されているパッケージは、devtools パッケージに含まれる install_github() でインストールできる（これ以降、追加したパッケージに含まれる関数に言及するときは、devtools::install_github() のように、二重コロ

---

[19] パッケージのインストールがうまくいかない場合は、浅野・中村（2018）を参照。
[20] 安定したインターネット接続を確保して実行すること。
[21] tidyverse は 1 つのパッケージではなく、複数のパッケージから構成されているので、これだけで複数のパッケージが読み込まれる。tidyverse の詳細については、松村他（2018）を参照。また、パッケージ名は引用符で囲まなくてもよいが、囲んでおいたほうが安全である。
[22] R 自体をインストールし直したり、R をバージョンアップしたりした場合には再度インストールすることが必要になることがある。
[23] GitHub（https://github.com）は、コンピュータコードのホストで、コードを管理、共有するために使われる。

ン::を使ってパッケージ名::関数名()と表記する)。例えば、GitHubでtoshi-araというユーザ（Toshiaki Araさん）が公開してくれているmakedummiesというパッケージをインストールするには、次のコマンドを実行する。

```
> devtools::install_github("toshi-ara/makedummies")
```

このように、`library("devtools")`を実行しなくても、関数名の前にパッケージ名と二重コロンを書けば、インストール済みのパッケージを使うことができる[†24]。

パッケージを使うと、Rでできることの範囲が大きく広がる。優れたRユーザになるには、パッケージとうまく付き合うことが大切である。「こんなことができる関数はないかな」と思ったら、パッケージを検索してみること。大抵のことは、先人たちがパッケージにしてくれている。どうしても必要な関数が見つからないときは、自分でパッケージを作ってしまおう[†25]。自らの力でRをより便利なツールにできるところも、Rの魅力の1つである。

4.4
RStudio の使い方

Rのコマンドは、RStudioのConsoleに直接入力し、実行することができる。しかし、この方法でコマンドを実行することは勧めない。その代わり、本書ではRスクリプトと呼ばれる拡張子[†26]が".R"のファイルを作成し、そのファイル

[†24] パッケージは様々な人が作って公開しているので、異なるパッケージにまったく同じ名前で異なる動作をする関数が存在することがある。同じ名前の関数をもつパッケージを複数読み込んだ場合、その名前の関数を使おうとすると、最後に読み込んだパッケージの関数が呼び出されることになる。どのパッケージの関数を使うか指定したいときは、パッケージ名::関数名()という書き方をすればよい。常にこの書き方をするのがより安全な使い方である。

[†25] パッケージ開発についてはWickham（2015）を参照。

[†26] 拡張子（extension）とは、ファイル名の最後に"."とともに表示されるもので、ファイルの種類を表す。Microsoft Wordのファイルであれば、`file-name.docx`、Excelのファイルであれば`file-name.xlsx`のようにファイル名がつけられており、".docx"や".xlsx"の部分が拡張子と呼ばれる。コンピュータによっては、拡張子が見えないように設定されている場合があるが、ファイルの取り違えをなくすために、拡張子は常に表示する設定にしたほうがよい。Macの場合、"Finder" → "環境設定" → "詳細"で"すべてのファイル名拡張子を表示"にチェックを入れる。Windows 10の場合、エクスプローラーを開き、"ファイル" → "オプション" → "表示"の"詳細設定"で"登録されている拡張子は表示しない"のチェックを外す。

にコマンドを入力し、ファイルに保存したコマンドを実行する方法を推奨する。この方法を使うとコマンドの微調整や再分析が容易に行えるからである[†27]。科学的な分析では、「同じ方法で分析をすれば誰が分析しても同じ結果が出る」という「再現可能性」が求められる。分析を再現可能なものにするためには、分析過程を**すべて記録**することが重要である。常にRスクリプトを使うようにすれば、Rで行った分析についてはすべてを記録することが可能になる[†28]。

　自分の研究であっても、時間が経てば細かいことは忘れてしまうことも多い。Rスクリプトを書いておけば、後でスクリプトを見直すことで分析内容を細部まで再確認できる。また、他人に自分の分析内容を説明する際に実際に使ったコマンドを示して説明できるので、スクリプトがあったほうが便利である。スクリプトを共有することで、共同研究も円滑に進められるだろう。また、異なるデータに対して同じような分析を繰り返す場合には、以前作ったスクリプトを再利用すれば、ゼロからすべてのコマンドを書くよりも効率がいい。慣れないうちはRスクリプトを「面倒な」ものと思うかもしれないが、長期的に見れば「楽をするための」ものである。

4.4.1 プロジェクト機能の利用

　Rスクリプトについて説明をする前に、RStudioに用意されているプロジェクト機能を説明する。この機能を使うと、プロジェクトの管理が容易になる。

　Rを実際に使うとき、データセットをファイルで用意してそのファイルを読み込むことが多い。また、分析を進めていくと、Rスクリプトが複数できる。データを修正・加工した場合、新しいデータセットをファイルに保存することもある[†29]。さらに、分析結果を図や表として出力して論文等で使う場合、図表のファイルを出力することになる。つまり、Rを使った分析では、一つのプロジェク

[†27] Rスクリプトの代わりに、Rマークダウン（拡張子が".Rmd"のファイル）を使う方法もあり、こちらのほうがより望ましいが、紙幅の都合により本書では説明しない。Rマークダウンも使えることが当たり前になりつつあるので、本書を読んだ後あるいは本書と同時に浅野・中村（2018）や高橋（2018）、Xie et al.（2018）を読むことを強く勧める。

[†28] Rで行った部分だけでなく、論文執筆過程すべてを再現可能にするために、Rマークダウンを使うことが望ましい。Rを使った研究で再現可能性を確保する方法についての詳細は、高橋（2018）を参照。

[†29] このとき、元のデータは一切改変せずに残しておくことが重要である。オリジナルデータを上書きしてしまうと、研究の再現性が損なわれる。

トでたくさんのファイルを扱うことになる。ファイルがバラバラの場所に存在すると、ファイルを探すのに時間をとられ、効率が悪い。

　RStudio のプロジェクト機能を使えば、ファイルがどこにあるかを探す手間がなくなる。プロジェクトを作った時点で手持ちのファイル（データなど）をプロジェクト内に保存し、プロジェクトを開いた状態で作業すれば、ファイルの読み込みが簡単にできる。これは、プロジェクトを使うと、プロジェクトのディレクトリが作業ディレクトリ（working directory）になるためである。プロジェクト内にどんなファイルがあるかも、RStudio の Files タブで確認できる。出力したデータや図表などはプロジェクト内に保存される[30]ので、後でどこに保存したかわからなくなるという心配もない。

　例として、quant-methods というプロジェクトを作ってみよう。まず、RStudio 右上の "Project: (None)" と書かれている部分をクリックし、"New Project..." を選択する[31]。次に、"New Directory（新規ディレクトリ）" を選択する。Project Type（プロジェクトの種類）を選択する画面が出てくるので、"New Project" を選択する。すると、Create New Project（新規プロジェクトの作成）画面が出てくる。ここで、"Directory name" に quant-methods[32] と入力する。また、"Create project as subdirectory of" の項目でプロジェクトの設置場所を選べるので、好きな場所を選ぶ。下のチェックボックスは二つともチェックなしでよい。あとは "Create Project" をクリックすれば、プロジェクトが作成され、RStudio がそのプロジェクトを開く。

　プロジェクトが開かれると、先ほど "None" と表示されていた右上の部分に、"quant-methods"（または自分でつけたプロジェクト名）が表示される。右下のウィンドウで Files タブをクリックすると、Home からこのプロジェクトまでのパス（path）[33]が表示される。プロジェクトの中身を確認すると、"quant-methods.Rproj" というファイルのみが存在しているはずである。このファイルが、プロジェクトを管理するファイルである。

　以後、RStudio を起動したら、まずは自分が利用するプロジェクトを開くという習慣をつけよう。本書では、たった今作ったプロジェクトを利用することにす

---

[30] 指定さえすれば、他の場所に保存することもできる。
[31] 上部のメニューから "File" をクリックし、"New Project..." を選んでもよい。
[32] または好きなプロジェクト名。ただし、アルファベットと数字または特定の記号（"-" または "_"）のみで、最初の文字はアルファベット。スペースは使わない。
[33] プロジェクトのディレクトリ（フォルダ）がどのディレクトリ内の、どのディレクトリ内の、…にあるかということ。

る。プロジェクトさえ開けば、作業ディレクトリも自動的にプロジェクトのディレクトリに設定される。RStudio を起動した後にこのプロジェクトを開くには、メニューから "File" → "Open Project" でこのプロジェクトを選べばよい。あるいは、Mac の Finder または Windows のエクスプローラーから "quant-methods.Rproj" をダブルクリックすれば、このプロジェクトを開いた状態で RStudio が起動する。プロジェクトに必要なデータのファイルなどを保存する場合は、このプロジェクト内に保存しよう[34]。また、新しいデータ分析プロジェクトを始めるときは、新しいプロジェクトを作成しよう。本書では、常にプロジェクトを開いて作業しているという前提で説明を進める。

4.4.2　R スクリプトの書き方

プロジェクトを開いた状態で、R スクリプトを作ってみよう。RStudio で R スクリプトを新規作成するには、左上にあるボタン（紙の上に「+」が書かれているボタン）をクリックして「R Script」を選ぶか、Command（または Control）+ Shift + n キーを押す。すると、画面左の Source ウィンドウに、"Untitled1" というタブができるので、Command（Control）+ s キーで、名前をつけて保存する。例えば、`practice-ch04.R` という名前で保存する[35]と、タブの表示も "Untitled1" から "practice-ch04.R" に変わる。右下ウィンドウの Files タブを確認すると、新たに作成した R スクリプトが表示されているはずである。保存が確認できたら、R スクリプトのタブの右側にある × 印をクリックしてスクリプトを一旦閉じる。

保存したスクリプトを再び開くには、右下の Files タブで開きたいスクリプトをクリックする。ここでは、"practice-ch04.R" をクリックしてスクリプトを開こう。左上のウィンドウに再びスクリプトが表示されるはずである。既に説明したように、左下の History ウィンドウは使わないので、左下ウィンドウ右上の右から 2 番目のボタンを押して畳んでしまおう。すると、画面左側は R スクリプ

---

[34] プロジェクト内に data という名前の新しいディレクトリを作り、そこにまとめて保存するとよい。

[35] 様々なエラーを避けるため、R スクリプトに限らず、コンピュータ上に保存するすべてのディレクトリ（フォルダ）とファイルの名前は、アルファベットと数字のみでつけたほうがよい。そのとき、最初の文字はアルファベットにすべきである。また、ファイル名にスペースを使う（例："my R script.R"）ことは絶対に避けるべきである。

トだけになる。この状態で RStudio を使っていく。

　このスクリプトに R の命令を書き込んで実行する。基本的には、1 行に一つのコマンドを書く。試しに、次のコマンドを書き込んでみよう。

```
a <- 9
sqrt(a)
```

　コマンドを書いたら、Command（Control）＋s キーで保存する習慣をつけよう。
　スクリプトにコマンドを書いただけでは R は何もしないので、上のコマンドの結果も表示されない。スクリプトに書いたコマンドは、Console に送って実行する必要がある。**コマンドを実行するには、R スクリプト上で実行したい行にカーソルを合わせた状態**[36]**で、Command（Control）＋ Return（Enter）キーを押す**。すると、その行が Console に送られ、実行される。R スクリプト上では、自動的に次のコマンドの行にカーソルが移動しているので、もう 1 度 Command（Control）＋ Return（Enter）キーを押すと、2 行目が実行される。このように、R スクリプトからコマンドを Console に送ることができるので、コマンドを Console に直接入力することはあまりない。複数行を同時に実行するには、実行したい行をハイライトすればよい。上で書いた 2 行目のコマンドをすべてハイライト（Command［Control］＋a キー）した状態で Console にコマンドを送ると、2 行とも実行される。また、特定の部分だけ実行したい場合も、ハイライトで選択できる。例えば、2 行目の括弧内の a のみハイライトして実行すれば、結果として 9 が表示される。

　R スクリプトには、R のコマンドだけでなく、作業内容に関するメモなどの「コメント」を書き加えることができる。R が実際に読み込んで実行するのはコマンドのみであり、R にとってコメントは不要である。しかし、R スクリプトを読むのは R だけではない。スクリプトは人間にも読まれるものである。R のコマンドは自然言語[37]ではないので、人間にとって必ずしもわかりやすいものではない。また、コマンドを実行する順番や特定の分析方法を選択した理由など、R スクリプトを編集しているとき（あるいは編集している本人）には自明であるようなことであっても、後でスクリプトを見直すとき（あるいは他人が確認するとき）には理解できないという事態がしばしば発生する。そんなとき、自然言語

---

[36] 実行したい行にカーソルがありさえすれば、場所は行頭でも、行の途中でも、行末でもよい。

[37] 日本語や英語など、人間が日常生活で使用する言語。

で書かれた「コメント」がコマンドに添えられていれば、スクリプトの内容を把握するのに大いに役立つ。そこで、**Rスクリプトを書くときにはコメントを書き加える習慣を身につけてほしい**[38]。コメントは、コマンドと一緒に入力されてもRには無視される[39]。

Rでは、一つの行の中で#（ハッシュ）記号より後の部分はコメントとして扱われる[40]。

```
# heightの平均値を計算したい
mean(height)
```

のように書いておけば、Rは最初の行はコメントとして無視し、`mean(height)`の部分のみ実行する。あるいは、次のように書いてもよい。

```
mean(height)   # heightの平均値を計算
```

このように、Rはコメントを実行しないので、スクリプトに書いたが実行したくない（後で使うかもしれないので削除したくはない）コマンドがあるときは、そのコマンドがある行の先頭に#マークを入れてコメントに変えてしまえばよい[41]。例えば、

```
# mean(height)
```

とすれば、この行は実行されない。

以下、（ほぼ）すべてのコマンド[42]は、Rスクリプトに記述、保存してから実行することにする。初めのうちはわざわざRスクリプトに入力してからコマンドを実行するのが面倒だと感じるかもしれないが、繰り返しRを使ううちに、Rスクリプトの利便性がわかってくるはずである。

---

[38] コメントの付加は、Rのコマンドを書くときだけでなく、プログラミングを行う際には一般的に行われる。

[39] コメントは日本語で書いてもかまわない。

[40] #は半角で入力すること。

[41] コマンドをコメント化して実行されないようにすることを「コメントアウト（comment out）」という。

[42] 例外は、ヘルプを表示する?、パッケージをインストールする`install.packages()`、データを表形式で表示する`View()`などのコマンド。

Rスクリプトに分析に必要なコマンドとコメントを書き込むのは当然であるが、ファイルの先頭に次の内容を書き込む習慣をつけると、後でスクリプトを見直すときに便利である。

- ファイル名
- ファイルを作った目的、分析の内容
- 作成者
- 作成日
- 最終更新日（あるいは更新日のリスト）と更新者の名前

これらの内容を書き込んでおけば、そのスクリプトを最後に利用した日から数か月後あるいは数年後にファイルを見直したとき、ファイルの先頭部分を読むだけでそのファイルの中身をある程度知る（思い出す）ことができる[†43]。これらの情報はコマンドではないので、コメントとして記述するということに注意してほしい。例えば、図 4.2 の 1 行目から 7 行目までのようにコメントを書けばよい。

また、パッケージを読み込むときは、上の内容の直後に（つまり、コマンドの中では先頭に）まとめて書いておく。そうすることで、後で（あるいは他人が）スクリプトを見たとき、そのスクリプトの実行に必要なパッケージがすぐわかるようになる。

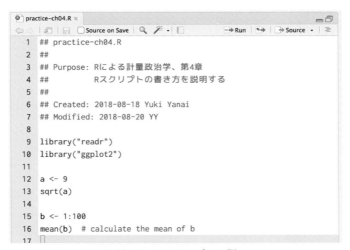

図 4.2 R スクリプトの例

---

† 43 理想としては、Git などのバージョン管理システムを利用すべきだが、本書では説明しない。

4.4.3 R と RStudio の終了

R（RStudio）を終了するときは、q() を使う。このコマンドは、Console に直接入力する。R の実行環境にオブジェクトが存在するとき（RStudio 右下ウィンドウの Environment タブが空でないとき）、このコマンドを引数なしで実行すると、実行環境を保存するかどうか尋ねられる。ここで実行環境を保存すると、RStudio を再起動したとき、現在の作業内容が引き継がれた状態で RStudio が起動する。R スクリプトに必要なコマンドをすべて記録している場合、すべての作業が再現できるので、通常は実行環境を保存する必要はない[†44]。実行環境を保存せずに終了するには、

```
> q("no")
```

と、する。

まとめ

- R は、データの管理、分析、図表の作成を行うことができる、統計分析のためのプログラミング言語である。
- R は日本語に翻訳されていないので、英語で使用する。
- RStudio を使うと、R による分析が楽になる。
- RStudio の画面は、Source、Console、Environment などの画面に分かれていて、画面構成は自由に変更できる。
- 実際に R を動かすには、コマンドと呼ばれる命令を入力する。
- コマンドは Console ウィンドウに直接入力することもできるが、ほとんどのコマンドは R スクリプトに一度書き込んでから実行する。
- R スクリプトにはコマンドだけでなく、コメントも書き加える。
- RStudio で統計分析を行う際は、プロジェクト機能を利用して、プロジェクトに必要なファイルを一箇所で管理する。

[†44] 計算に膨大な時間がかかる場合などは、計算結果を保存しておいたほうがよい。

練習問題

Q4-1 RStudio を起動し、本文の説明に従って本書の内容を練習するためのプロジェクトを作りなさい（既に作成済みならもう一度作成する必要はない）。プロジェクト名は、本章で説明したルールに則ってつけること。

Q4-2 プロジェクトを作成したら、Console に q("no") と入力し、実行環境を保存せずに RStudio を終了しなさい。その後 RStduio を再び起動し、上で作ったプロジェクトを開きなさい。

第5章

Rによるデータ操作

　本章では、Rでデータをどのように扱うか説明する。まず、データファイルをRで読み込む方法を解説する。Rは、R専用のデータ形式で保存されたファイルだけでなく、汎用的な形式のファイルや、他の統計ソフト用のファイルも読むことができる。次に、読み込んだファイルの中身を確認する方法を解説する。データが正しく読み込まれたか、読み込んだデータが本当に自分が使いたいデータかどうかを、分析前に確認する。その後、データの編集や変形、結合などを行う方法を説明する。データの編集や結合には `dplyr` パッケージを、変形には `tidyr` パッケージを利用する。最後に、編集を加えた後にデータセットを保存する方法を解説する。R専用のデータファイルだけでなく、他の統計ソフトでも開けるようにファイルを保存することもできる。

5.1　データセットの読み込み

5.1.1　CSV形式データの読み込み

　まず、CSV形式のデータを読み込む方法を説明する。データセットを保存するためのファイル形式は複数あり、ソフトウェアごとに異なるのが普通である。したがって、あるソフト（アプリ）で作成、保存されたデータセットが、他のソフトでそのまま使えるとは限らない。世界中の人々が共通のソフトを使っているわけではないので、別のソフトで作られたデータセットが使えないというのでは、互いに情報を共有することができず、不便である。そのような不便を解消するためには、ソフトの特性に依存しない、汎用的な形式でデータを保存する必要

がある。ここで紹介するCSV（comma separated values：カンマ区切り）形式のファイルは、そのような汎用的形式の中でも代表的なものであり[1]、データ分析を行うために利用されるほぼすべてのソフトがCSV形式のデータセットを扱うことができる。Rも例外ではなく、他のソフトで作成されたデータセットであっても、CSV形式で保存されていれば問題なく読み込むことができる。

CSV形式のデータセットをRに読み込むには、readr::read_csv() を利用する[2]。foo.csvという名前のファイル[3]を読み込み、そのデータをR内でmydという名前で使うには、次のコマンドを実行する。

```
myd <- readr::read_csv("foo.csv")
```

ただし、CSVファイルの1行目には変数名が書かれているものとする。1行目に変数名が書かれていない（1行目からデータの中身である）ファイルを読み込むときは、

```
myd <- readr::read_csv("foo.csv", col_names = FALSE)
```

というように、col_names（column names：列名）にFALSEを指定する。既定値（デフォルト）ではcol_names = TRUEなので、何も指定しなければファイルの第1行に列名（変数名）があるものとみなされる。

例として、本書が提供する衆議院議員総選挙の得票データファイル、hr96-17.csvを読み込んでみよう。Rでデータを読み込む前に、このデータファイルをダウンロードし、プロジェクト内に保存する必要がある[4]。既にデータのファイルをもっているなら、ファイルをプロジェクトのディレクトリに移動すればよい。プロジェクトの管理を容易にするため、dataという名前のサブディレクトリをプロジェクト内に作り、そこにデータファイルを保存することにしよう。Rで新たにディレクトリを作るときは、dir.create() を使う。ディレクトリ名をdataにしたいので、

---

[1] Tab区切り形式ファイルもよく使われる。
[2] read.csv() でもいいが、本書では説明しない。
[3] foo.csv の "foo" の部分は、ファイルによって変わる。本章には "foo" という名前のファイルが何度か出てくるが、実際にはプロジェクト内にそのような名前のファイルは存在しないはずなので、そのまま実行するとエラーが出る。
[4] 実際には、Web上のデータを直接読み込むこともできる。

```
> dir.create("data")
```

を実行する[5]。この作業は、1度実行すれば次回は実行する必要がないので、Rスクリプトではなく、Console に直接入力する。このコマンドを実行したら、右下ウィンドウの Files タブに、data という名前のディレクトリができていることを確認しよう。

次に、新たに作成したディレクトリにデータをダウンロードしよう。ファイルのダウンロードは、download.file() で実行できる。この関数を実行するには、少なくとも二つの引数を指定する必要がある。1つ目は url で、ダウンロードしたいファイルの URL を指定する。2つ目は destfile で、ダウンロードしたファイルをどこにどんな名前で保存するか決める。ここでは、次のコマンドを実行する。

```
download.file(url = "https://git.io/fAnI2",
              destfile = "data/hr96-17.csv")
```

ここで、destfile で指定したファイル名は hr96-17.csv である。ファイル名の前についている data/ は、ファイルを data というディレクトリに保存するということを意味している。このように、ファイルがディレクトリの中にあるときは、"/"（スラッシュ）記号を使って、ファイルがどこにあるか[6]を示すことができる。AAA というディレクトリの中にある BBB というディレクトリの中にある CCC.txt というファイルまでのパスは、AAA/BBB/CCC.txt である[7]。このコマンドを実行したら、Files タブの data をクリックして開き、その中に hr96-17.csv が表示されていることを確認しよう。

[5] R を使わずに、Mac の Finder や Windows のエクスプローラーで新しいフォルダを作り、data という名前をつけてもよい。

[6] これをファイルのパス（path）という。通常、ファイル名そのものまで含めてパスと考える。したがって、download.file() の destfile は、保存するファイルのパスを指定している。

[7] RStudio でプロジェクト（Project）を利用している場合、プロジェクトのディレクトリがファイルパスの起点になる。したがって、プロジェクトのディレクトリがどこにあるか（プロジェクトがあるディレクトリまでのパス）は考えなくてよい。つまり、プロジェクトのディレクトリから見て、ファイルがどこにあるかを指定すれば十分である。このように、現在地（**作業ディレクトリ**と呼ばれる）が決まっているとき、特定の現在地からのパスを**相対パス**と呼ぶ。これに対し、コンピュータ内での絶対的位置を示すパスを**絶対パス**と呼ぶ。絶対パスを使えば、プロジェクトの外にあるファイル（他のプロジェクトで使われているファイルなど）を指定することも可能である。

5.1 データセットの読み込み

ファイルのダウンロードができたら、データを読み込むために次のコマンドを実行する。

```
HR <- readr::read_csv("data/hr96-17.csv", na = ".")
```

データのファイルは data ディレクトリの中にあるので、ファイル名の前に `"data/"` が必要である。また、**na は欠測値（値が観測できなかったもの）がどのように保存されているかを指定している**。このファイルでは、欠測が"."と記録されているので、それを R に伝える。CSV ファイルの欠測の既定値は「空欄」なので、**欠測が空欄になっているファイルでは、na を指定しなくてもよい**。空欄を明示的に指定するには、`na = ""` とする。ファイル内で欠測値が 999 または 9999 と記録されているなら、`na = c("999", "9999")` とする。欠測は、R 内では NA（引用符なし）とされる。このコマンドを実行すると、右下ウィンドウの Environment タブに、HR という名前のデータが表示される[8]。

5.1.2 Excel 形式データの読み込み

Microsoft Excel で作成されたデータセット（拡張子が .xlsx または .xls のもの）は、`readxl::read_excel` で読み込める[9]。

```
myd <- readxl::read_excel("foo.xlsx")
```

Excel ファイルに複数のシートがあり、特定のシートを読み込みたいときは、`sheet` 引数でシート名またはシート番号を指定する。例えば、foo.xlsx ファイルの sec-round というシートを読み込みたいときは、

---

[8] ファイルを読み込む際は、文字コードに注意が必要である。本書では、文字コードが UTF-8 になっていることを前提に説明する。UTF-8 は R のデフォルトなので、UTF-8 を使っていれば、文字コードを指定する必要はない。Windows の Microsoft Excel で UTF-8 の CSV ファイルを作ると BOM 付の CSV ファイルができてしまう。そのようなファイルを読むときは、`fileEncoding = "UTF-8-BOM"` と指定する必要がある。

[9] Excel のスプレッドシート第 1 行には変数名が入力されているものとする。変数名が入っていないときは、`col_names = FALSE` を指定。

```
myd <- readxl::read_excel("foo.xlsx", sheet = "sec-round")
```

とする。

5.1.3 Stata 形式データの読み込み

　R 以外によく利用される統計分析ソフトに、Stata がある[†1]。Stata も社会科学者に人気があり、Stata 形式でデータが配布されることがよくある。Stata のデータセットはファイルの拡張子が .dta である。Stata データは、haven::read_dta() を使って、次のように読み込むことができる．

```
myd <- haven::read_dta("foo.dta")
```

5.1.4 R 形式データの読み込み

　R 固有のデータ形式には、Rds と Rda（RData）がある。Rds ファイルは、readr::read_rds() で読み込める。

```
myd <- readr::read_rds("foo.Rds")
```

Rda（RData）ファイルは少し特殊で、ファイルに 1 つのオブジェクトが保存されている。そのため、新しいオブジェクトにファイルの中身を割り当てるのではなく、ファイルに保存されたオブジェクトをそのまま読み込む。読み込みには load() を使う。

```
load("foo.Rda")
# myd <- load("foo.Rda") ではない
```

元のオブジェクトが myd という名前なら myd が読み込まれるが、他の名前、例えば mydataset というオブジェクト名で保存されているなら、mydataset が Environment タブに表示される。

[†1] Stata については浅野・矢内（2013）を参照。

5.2 読み込んだデータの確認

データを読み込んだら、データの中身を確認する。本書が提供する身長データをダウンロードし、myd という名前で読み込んでからその中身を確認しよう。まず、ファイルをダウンロードする。

```
download.file(url = "https://git.io/fAnIr",
              destfile = "data/height.csv")
```

次に、データを読み込む。

```
myd <- readr::read_csv("data/height.csv")
```

このデータを読み込むと、RStudio 右下の Environment タブに myd が現れ、"100 obs. of 5 variables" と表示されるはずだ。ここから、このデータセットには五つの変数があり、観測数は 100 であることがわかる。

このデータセットの中身をもう少し詳しく見てみよう。まず、names() で、このデータに含まれる変数名（列名）を確認しよう。

```
names(myd)
```

を実行すると、

```
[1] "ht"       "female"   "father"   "metfather" "infather"
```

という結果が表示され、五つの変数があることがわかる。

続いて、head() でデータの先頭 6 行を表示してみよう。

```
head(myd)
```

とすると、次の結果が Console に表示される。

```
# A tibble: 6 x 5
    ht female father metfather infather
   <dbl>  <int>  <dbl>     <dbl>    <dbl>
1  145.       1   173.      1.73     68.2
2  159.       1   166.      1.66     65.2
3  172.       0   184       1.84     72.4
4  186        0   175.      1.75     68.9
5  189.       0   166.      1.65     65.2
6  157.       1   171.      1.71     67.2
```

最初の行に表示される、"A tibble: 6 x 5" は、myd が 6 行 5 列の tibble であることを示している。tibble とは、R におけるデータセット（データフレーム）の 1 種である[†11]。2 行目には先ほど確認した変数名が表示されている。3 行目には、各変数の型（type）が表示されている。dbl は実数（doubles）、int は整数（integers）である[†12]。それ以降の、左側に数字が振られている行が、データセットの中身を示す。**"145." のように数字の後に "." がついているのは、小数の桁が記録されていることを示す**。小数の桁をすべて表示すると煩雑になるので、tibble が自動的に省略してくれている。6 行目以外の行数を表示したいときは、引数 n で指定する。例えば、最初の 8 行を表示したいときは、

```
head(myd, n = 8)
```

とする。最後の n 行を表示したいときは、tail() を使う。

同様の作業は、dplyr::glimpse() でもできる。dplyr パッケージは何度も使うので、library() で読み込んでしまおう[†13]。

```
library("dplyr")
```

パッケージが読み込めたら、dplyr::glimpse() を使ってみよう。パッケージが読み込み済みなので、パッケージ名は省略できる。

[†11] 詳しくは、Wickham and Grolemund（2017, 第 7 章）や松村他（2018, pp.82-84）を参照。

[†12] 詳しくは、Wickham and Grolemund（2017, 第 16 章）や R サポーターズ（2017, pp.67-76）を参照。

[†13] パッケージの読み込みは、必要になったときにそのつど行うのではなく、R スクリプトの冒頭部分にまとめて書いておいたほうがよい。

5.2 読み込んだデータの確認

```
glimpse(myd)
```

を実行すると、Console に次の結果が表示される。

```
Observations: 100
Variables: 5
$ ht        <dbl> 145.4, 158.8, 171.6, 186.0, 188.6, 157.1, 158.6, ...
$ female    <int> 1, 1, 0, 0, 0, 1, 1, 0, 0, 0, 0, 0, 0, 0, 0, 1, 0...
$ father    <dbl> 173.3, 165.6, 184.0, 175.1, 165.5, 170.6, 173.1, ...
$ metfather <dbl> 1.733, 1.656, 1.840, 1.751, 1.655, 1.706, 1.731, ...
$ infather  <dbl> 68.22835, 65.19685, 72.44095, 68.93701, 65.15748,...
```

最初の行に観測個体数、2行目に変数の数が表示された後、各行に各変数の名前、型、冒頭のいくつかの値が表示される。先ほどとは異なり、小数まで表示されている。このように、glimpse() を使うと、データセットの中身をある程度把握することができる。**自分が思ったとおりにデータが読み込まれているか、必ず確認しよう**[†14]。

データセット全体をスプレッドシート形式で表示したいときは、View() を使う。このコマンドは、Console に直接入力する。

```
> View(myd)
```

これを実行すると、左側の Source ウィンドウに新しいタブができ、そこにデータセット全体が表示される。確認ができたらこのタブは閉じよう。View() の代わりに、Environment タブにある myd の右側のボタンを押しても、同様にデータの確認ができる。

[†14] 例えば、身長を数値で測っているはずの ht の型が chr（文字列）になっていたら、データの読み込みがうまくいっていないということがわかる。その場合、元のファイルで ht の列に数値以外の情報が紛れ込んでいないか確認することになる。

5.3 データの整形

5.3.1 データ操作の基礎

データの整形は、`dplyr` パッケージを使うと簡単にできる[15]。先ほど data フォルダに保存した衆院選の得票データ `hr96-17.csv` を使って、基本的なデータの整形方法を説明する。まず、衆院選データを、HR という名前で読み込む。

```
HR <- readr::read_csv("data/hr96-17.csv", na = ".")
```

データを読み込んだら、とりあえず中身を確認する。

```
glimpse(HR)
```

観測個体数が 8,803、変数の数が 17 であることがわかる。

この結果の最後の列（`glimpse(HR)` の実行結果では最後の行）に `exp`（expenditure）という変数がある。この変数は、各候補者が選挙の際に使った選挙費用を円単位で保存している。`exp` の値を見ると、1 つ目が 9,828,097、2 つ目が 9,311,555 というように、桁が大きな数字が並んでいる。百万円以上の金額を比べるとき、1 円単位の差にはあまり興味がないだろう。そこで、この選挙費用を 100 万円単位で測る `expm` という変数を作ることにする。**新しい変数を作るには、`dplyr::mutate()` を使う**。1 円単位から 100 万円単位に変更するには、元の変数を 100 万（$1{,}000{,}000 = 10^6$）で割ればいいので、次のようにする。

```
HR <- mutate(HR, expm = exp / 10^6)
```

ここで、もう一度 `glimpse(HR)` を実行すると、HR に `expm` という変数が追加されていることが確認できる。

同様に、得票率 `voteshare` はパーセントで保存されているので、0 から 1

---

[15] データ分析の前に行う処理についてより詳しく知りたい読者は、松村他（2018, 第 3 章）や本橋（2018）を参照されたい。

の間の値（つまり 20 の代わりに 0.2）に変換した vs という変数を作ろう。また、選挙費用 exp を有権者数 eligible で割って、有権者一人当たり選挙費用 exppv を作ろう。複数の変数の作成も、次のように1度に実行できる。

```
HR <- mutate(HR,
             vs = voteshare / 100,
             exppv = exp / eligible)
```

ある変数の値に応じて異なる値をとる変数を新たに作るときは、`mutate()` と `ifelse()` を一緒に使うのが便利である。`ifelse()` の第 1 引数は条件、第 2 引数は条件が満たされたときの処理、第 3 引数は条件が満たされないときの処理である。例として、小選挙区で当選した場合は 1、落選した場合は 0 という値をとる smd という名前の変数を作ってみよう。データフレーム HR には、選挙結果を示す wl という変数がある。wl の値は落選なら 0、小選挙区での当選は 1、小選挙区で落選し比例で復活当選した場合は 2 である。したがって、次のコマンドで、小選挙区での当選を示す変数 smd を作ることができる。

```
HR <- mutate(HR, smd = ifelse(wl == 1, 1, 0))
```

このように、特定の条件を指定するときは、二重等号 "==" を使う。次のコマンドで smd と wl の対応関係を確認してみる。

```
with(HR, table(smd, wl))
```

すると、次の結果が表示される。

```
     wl
smd     0    1    2
  0  5563    0  861
  1     0 2379    0
```

wl の値が 1 のときに smd も 1 になり、それ以外のときには smd が 0 になっていることが確認できる。

データセットの中から、特定の条件に合致する部分だけを取り出すときは、`dplyr::filter()` を使う。このデータセットには、1996 年から 2017 年ま

での8回の衆院選の得票結果が含まれており、yearという変数で区別されている。1996年のデータだけ取り出したいときは、

```
HR96 <- filter(HR, year == 1996)
```

と、する。

同様に、partyという変数の値がLDPという値（つまり自民党）以外の政党だけを残したい（LDPを取り除きたい）ときは、次のようにする。

```
HR_nonLDP <- filter(HR, party != "LDP")
```

このように、!=（not equal）を使うと、特定の条件「以外」のものを選ぶことができる。つまり、**party != "LDP"** というのは、「partyの値がLDPではない」という意味である。政党partyという変数の型が文字列（chr）なので、LDPを引用符[†16]で囲む必要がある。

二つ以上の条件を指定するときは、条件式を ","または&で繋ぐ。例えば、2017年の自民党以外の結果を取り出したいときは、

```
HR07_nonLDP <- filter(HR, year == 2017, party != "LDP")
```

または、

```
HR07_nonLDP <- filter(HR, year == 2017 & party != "LDP")
```

と、する。

データフレームの中にある特定の変数を選んで新たなデータフレームを作りたいときは、dplyr::select()を使う。例えば、party、vs、exppvだけを残したいときは、

```
HR_sml_1 <- select(HR, party, vs, exppv)
```

[†16] Rで使う引用符は、" " でも ' ' でもよい。ただし、引用の開始と終了は同じ記号でなければいけない。引用の中で引用をする必要があるときは、"引用中の '引用' " のように、2つの記号を使い分けるとよい。

とすると、3変数のみを含むデータフレームができる。残したい変数ではなく、**取り除きたい変数を指定する場合は、"-"（マイナス）を使う**。例えば、voteshare と exp を取り除くには、

```
HR_sml_2 <- select(HR, -voteshare, -exp)
```

と、する。

データフレームから変数を一つだけ取り出すときは、dplyr::pull() を使う。例えば、

```
age_vec <- pull(HR, age)
```

とすると、age_vec に HR 内の age 変数が代入される[†17]。

並んでいる列を残す（あるいは取り除く）ときは、":"（コロン）を使って、

```
HR_sml_3 <- select(HR, party:status)
```

とすると、party から status までの変数が選択できる。変数名の冒頭（末尾）が特定の文字列から始まる変数名を選択するときは、tidyselect::starts_with()（tidyselect::ends_with()）が使える。例えば、変数名が v から始まるものは、

```
HR_sml_4 <- select(HR, starts_with("v"))
```

で選択できる。

データの並べ替えは、dplyr::arrange() でできる。例えば、データ全体を得票率が小さい順（昇順）に並べ替えたいときは、

```
HR_sorted_1 <- arrange(HR, voteshare)
```

と、する。得票率が大きい順（降順、<u>descending order</u>）にしたいときは、desc() を使い、

[†17] tibble ではないデータフレームなら、age_vec <- HR$age でもよい。

```
HR_sorted_2 <- arrange(HR, desc(voteshare))
```

と、する。

変数名を変えたいときは、`dplyr::rename()` を使う。例えば、ku（選挙区）という変数を `district` という名前に変えるには、

```
HR_sorted_3 <- rename(HR_sorted_2, district = ku)
```

と、する。

5.3.2 パイプ演算子

R でデータの操作をするときに非常に便利なツールとしてパイプ演算子がある。この演算子は、%>% で表される。記号 3 文字からなるが、RStudio では、Command（Control）＋Shift＋m キーで入力できる。もともとは magrittr というパッケージに含まれる演算子だが、dplyr を読み込むと magrittr も読み込まれるので、dplyr を使うときはこのパイプ演算子が使える。

パイプ演算子の基本は、演算子の左側の処理結果を、演算子右側の関数の第 1 引数として利用するということである。例えば、

```
(10 - 6) %>% sqrt()
```

とすると、結果として 2 が返される。処理の順番としては、まず 10 − 6 が計算され、その結果である 4 が `sqrt()` の引数として使われるので、`sqrt(4)` が計算されて 2 が返ってくる[18]。この例のように単純な計算を行う場合、パイプ演算子を使うメリットはない。

パイプ演算子が便利なのは、複数のデータ操作処理を連続して行うときである。例えば、衆院選データで、

1. 2009 年の選挙だけ抜き出す（`filter`）
2. 小選挙区での得票率順に並べ替え（`arrange`）、第 1 位から最下位まで順位 order をつける（`mutate`）

[18] 括弧なしで 10 - 6 %>% sqrt() とすると、10 - sqrt(6) が計算される。

3. 選挙区ごとに、政党順に並べ替える（arrange）
4. 年齢が40歳以下の候補を除外する（filter）
5. ku、kun、party、name、orderだけ残す（select）

という一連の処理を一気に実行したいとしよう。パイプ演算子を使わないと、次のようになる。

```
HR09 <- select(
         filter(
           arrange(
             mutate(
               arrange(
                 filter(HR, year == 2009),
                 desc(voteshare)),
               order = 1:n()),
             ku, kun, party),
           age >40),
         ku, kun, party, name, order)
```

このように関数を入れ子にすれば、一度に処理できる[19]。先に処理するものが内側に、後に処理するものが外側にあることがわかる。しかし、このコマンドはかなり複雑で、一見しただけでは何をしているか理解するのは難しいだろう。また、このコマンドを書くとき、入れ子構造のどこを書いているのかわからなくなり、括弧の付け方などを間違える可能性が高い。

これに対し、パイプ演算子を使うと、同じ処理が次のように書ける。

```
HR09 <- HR %>%
  filter(year == 2009) %>%
  arrange(desc(voteshare)) %>%
  mutate(order = 1:n()) %>%
  arrange(ku, kun, party) %>%
  filter(age > 40) %>%
  select(ku, kun, party, name, order)
```

このように、**各処理を一つの行に、処理の順番どおりに書くことができるので、どのような処理を行っているか一目瞭然**である。自分でコマンドを書く場合にも、処理したい順番にどんどんパイプを繋いでいけばよいので、悩む時間が短く

---

[19] dplyrでn()と書くと、データセットの行数（すなわち観測数）が使える。

なる。したがって、複雑なデータ処理を行うときは、積極的にパイプ演算子を使おう。

パイプ演算子の左側の処理結果を、右側の関数の第 1 引数以外の引数に渡したいときは、". "（ドット）を使えばよい。例えば、

```
(10 - 2) %>% seq(from = 2, to = ., by = 2)
```

とすれば、引数 to に左側の処理結果が渡されるので、

```
[1] 2 4 6 8
```

という結果が表示される。

5.3.3 横長データと縦長データ

インターネットなどでデータを手に入れたとき、データが自分が望むような形で保存されているとは限らない。例えば、表 5.1 と表 5.2 は、まったく同じ情報を保持しているが、その示し方が異なる。表 5.1 のようなデータを横長（wide）データ、表 5.2 のようなデータを縦長（long）データと呼ぶ。分析に必要なのは縦長データなのに、手に入れたデータが横長である場合、あるいはその逆の場合、どうしたらいいだろうか[20]。

表 5.1　横長のデータ

country	gdp2000	gdp2005	gdp2010
A	40000	42000	44000
B	38000	40000	43000
C	52000	52100	52500

---

[20] 最近は、データが "tidy" かどうかが（も）問題にされる。詳しくは、松村他（2018, 第 3 章）を参照。

表 5.2 縦長のデータ

country	year	gdp
A	2000	40000
A	2005	42000
A	2010	44000
B	2000	38000
B	2005	40000
B	2010	43000
C	2000	52000
C	2005	52100
C	2010	52500

まず、縦長データが必要なのに横長データを手に入れた場合、`tidyr::gather()`で横長から縦長への変換を行う。表 5.1 と同じデータをダウンロードし、読み込んで中身を確認しよう。

```
download.file(url = "https://git.io/fAnmx",
              destfile = "data/wide-table.csv")
GDP <- readr::read_csv("data/wide-table.csv")
GDP   # 小規模データなので全部表示
```

表 5.1 のようにデータが保存されていることがわかる。これを縦長に変換しよう。`gather()`を使う際に指定する必要がある引数は、

1. `data`：変換元のデータ
2. `key`：変数を 1 列にまとめた後、元の列を区別するための列につける名前
3. `value`：変数を 1 列にまとめた後、値が入る列につける名前
4. どの範囲を 1 列にまとめるか

の四つである。4 つ目の引数を指定しないと、すべての変数が 1 列にまとめられる。GDP の横長データを縦長にするため、次のコマンドを実行する。

```
library("dplyr")
long <- tidyr::gather(data = GDP, key = "year",
                      value = "gdp", starts_with("gdp"))
```

元の各列の違いは年なので key に "year" を、値は GDP なので value には

"gdp" をそれぞれ指定する。また、1列にまとめるのは変数名が "gdp" から始まる列なので、上のように指定する。

long という名前のデータフレームができたら、Console に long と入力し、データ全体を表示してみよう。望んだとおり、縦長データができているはずだ。しかし、year の列には年そのものではなく、"gdp" がついたものが入っている。これは、gather() が元の変数名（列名）を新しい key 列の値に使うためである。したがって、これを直す最も簡単な方法は、gather() を使う前に、GDP の変数名を年だけに変えてしまうことだ。ただし、数字だけの変数名はそのままではつけられないので、バックティック"`"で変数名を囲む必要がある。次のコマンドを実行してみよう。

```
long <- GDP %>%
  rename(`2000` = gdp2000,
         `2005` = gdp2005,
         `2010` = gdp2010) %>%
  tidyr::gather(key = "year", value = "gdp",
                `2000`:`2010`) %>%
  arrange(country)
long
```

これで、表 5.2 と同じようなデータが得られた。

次に、tidyr::spread() を使って縦長データを横長データに変換してみよう。指定する必要がある引数は、

1. data：変換元のデータ（第 1 引数）
2. key：変数を複数列に分けるとき、列を区別する変数
3. value：複数列に分ける値

の 3 つである。先ほど作った縦長の long から、横長の wide を作ってみよう。数字だけの変数名は扱いにくいので、横長に変換した後に rename() で表 5.1 と同じ変数名をつけている。

```
wide <- long %>%
  tidyr::spread(key = "year", value = "gdp") %>%
  rename(gdp2000 = `2000`,
         gdp2005 = `2005`,
         gdp2010 = `2010`)
wide
```

これで、表 5.1 と同じ形式のデータが手に入った。

このように、tidyr パッケージを利用すると、横長データと縦長データの変換を簡単に行うことができる。

5.3.4 データの結合

別々に手に入れたデータセットを、結合させて使いたいことがある。例えば、表 5.3 と表 5.4 のようなデータが別々に手に入ったとしよう[†21]。この場合、各データは同じ変数をもっているが、観測対象が異なる。これらのデータを縦に繋げれば、観測数がより大きなデータを分析することができる。また、表 5.3 と表 5.5 を比べると、同じ観測対象に対して他の変数を保持している。これらのデータを横に繋げれば、より多くの変数について分析することができる。

表 5.3　大統領制と連邦制の表 A

country	presidential	federal
Japan	0	0
USA	1	1

表 5.4　大統領制と連邦制の表 B

country	presidential	federal
France	1	0
Germany	0	1

表 5.5　二大政党制と EU 加盟の表 C

country	two_party	EU
Japan	0	0
USA	1	0

データを結合する前に、R でそれぞれの表の内容を表すデータを作ってみよう。データフレーム（tibble）は `tibble::tibble()` で作れる。dplyr を読み込むと tibble も読み込まれるので、`library("dplyr")` を実行済みならパッケージ名は省略できる。まず、表 A を作ってみよう。

[†21] 表中の 0 は FALSE、1 は TRUE を表す。presidential の値が 1 というのは大統領制であることを示す。他の変数も同様。

```
A <- tibble(country = c("Japan", "USA"),
            presidential = c(FALSE, TRUE),
            federal = c(FALSE, TRUE))
```

ConsoleにAと入力すると、次の内容が表示される。

```
# A tibble: 2 x 3
  country presidential federal
  <chr>   <lgl>        <lgl>
1 Japan   FALSE        FALSE
2 USA     TRUE         TRUE
```

表5.3と同じ内容のデータフレームができたことがわかる[22]。

同様に、表Bは、

```
B <- tibble(country = c("France", "Germany"),
            presidential = c(TRUE, FALSE),
            federal = c(FALSE, TRUE))
```

で、表Cは、

```
C <- tibble(country = c("Japan", "USA"),
            two_party = c(FALSE, TRUE),
            EU = c(FALSE, FALSE))
```

でできる[23]。

それぞれの表に対応するデータフレームができたので、データフレームを結合してみよう。まず、`dplyr::bind_rows()`でAとBを縦に結合する[24]。

```
(AB <- bind_rows(A, B))
```

結果として、次のとおり4行3列のデータフレームができる。

---

[22] ただし、0はFALSE、1はTRUEになっている。
[23] どのようなデータフレームができたか、自分で確かめること。
[24] コマンド全体を括弧で囲むと、オブジェクトの作成と同時にその中身が表示される。

```
# A tibble: 4 x 3
  country presidential federal
  <chr>   <lgl>        <lgl>
1 Japan   FALSE        FALSE
2 USA     TRUE         TRUE
3 France  TRUE         FALSE
4 Germany FALSE        TRUE
```

次に、`dplyr::full_join()` で A と C を横に結合しよう[25]。

```
(AC <- full_join(A, C, by = "country"))
```

このように、by という引数に観測個体を区別する変数を指定し、特定の観測対象が同じ行になるようにする。次の2行5列のデータフレームができる。

```
# A tibble: 2 x 5
  country presidential federal two_party EU
  <chr>   <lgl>        <lgl>   <lgl>     <lgl>
1 Japan   FALSE        FALSE   FALSE     FALSE
2 USA     TRUE         TRUE    TRUE      FALSE
```

続いて、AB に C を結合してみよう。まず、`dplyr::left_join()` を使ってみる。

```
left_join(AB, C, by = "country")
```

4行5列のデータフレームができる。

```
# A tibble: 4 x 5
  country presidential federal two_party EU
  <chr>   <lgl>        <lgl>   <lgl>     <lgl>
1 Japan   FALSE        FALSE   FALSE     FALSE
2 USA     TRUE         TRUE    TRUE      FALSE
3 France  TRUE         FALSE   NA        NA
4 Germany FALSE        TRUE    NA        NA
```

---

[25] 二つの表を単に結合するときは、`dplyr::bind_cols()` を使ってもよい。しかし、二つの表を本当に単純にくっつけてしまうので、ここで考えている例で使うと、両方の表の country が残ってしまって少し不便である。

このように、**left_join()** は引数として先に指定したデータフレーム（左）にある観測個体をすべて保持する。しかし、後に指定したデータフレーム（右）に存在する変数の値をもっていないところがあるので、その部分が欠測 NA になっている。この例の場合、右（C）の country の値は左（AB）の country の値の部分集合なので、左右のデータフレームに含まれるすべての観測個体を保持する full_join() を使っても、同じ結果が出る。

```
full_join(AB, C, by = "country")
```

フランスとドイツはどちらも EU 加盟国で多党制なので、欠測値を埋めたければ、

```
full_join(AB, C, by = "country") %>%
  mutate(EU = ifelse(country %in% c("France", "Germany"),
                     TRUE, EU),
         two_party = ifelse(country %in% c("France", "Germany"),
                     FALSE, two_party))
```

とすればよい。この例のように、**条件指定で %in% を使う**と、その左側にある変数の値が右側で指定された値のどれかに一致するかどうかを判定してくれる。

次に、dplyr::right_join() を使ってみよう。

```
right_join(AB, C, by = "country")
# left_join(C, AB, by = "country") #でも同じ
```

今度は、2 行 5 列のデータフレームができる。

```
# A tibble: 2 x 5
  country presidential federal two_party EU
  <chr>   <lgl>        <lgl>   <lgl>     <lgl>
1 Japan   FALSE        FALSE   FALSE     FALSE
2 USA     TRUE         TRUE    TRUE      FALSE
```

このように、**right_join()** は引数として後に指定したデータフレーム（右）にある観測個体のみを保持する。したがって、右に存在しない France と Germany は除外される。この例の場合、左右両方のデータフレームに含まれる観測個体のみを保持する dplyr::inner_join() を使っても、同じ結果が

出る。

```
inner_join(AB, C, by = "country")
```

最後に、政党名をラテン文字で表す party という変数と、それに対応する日本語名の変数 party_jpn をもつデータセットを、先ほど使った衆院選のデータフレーム HR と結合し、HR で日本語の政党名を使えるようにしよう。そのために、まず政党名のデータセットをダウンロードし、それを読み込んで Pty という名前をつけ、データの中身を確認してみる。

```
download.file(url = "https://git.io/fAwuk",
              destfile = "data/parties.csv")
Pty <- readr::read_csv("data/parties.csv")
glimpse(Pty)
```

このデータフレームは、party と party_jpn という二つの変数をもち、観測数（つまり、政党数）は 28 であることがわかる。これを HR と結合する。HR にも party という変数があるので、この変数の値が同じ行を結合する。また、HR の観測個体数は 28 よりはるかに大きいが、HR の観測対象はすべて残したいので、full_join() を使う。次のコマンドを実行しよう。

```
HR <- full_join(HR, Pty, by = "party")
```

これで、HR に party_jpn という変数が追加されたはずである。確認のため、

```
HR %>%
  select(party, party_jpn) %>%
  unique()
```

を実行すると、party の値に対応する日本語を示す party_jpn が HR に取り込めたことがわかる[†26]。

[†26] unique() は、他の観測値と重複しない部分だけを抜き出してくれる（ユニークな部分だけ表示する）関数である。

```
# A tibble: 28 x 2
   party       party_jpn
   <chr>       <chr>
 1 NFP         新進党
 2 LDP         自民党
 3 DPJ         民主党
 4 JCP         共産党
 5 others      その他
 6 kokuminto   国民党
 7 independent 無所属
 8 jiyu-rengo  自由連合
 9 SDP         社民党
10 NJSP        新社会党
# ... with 18 more rows
```

5.4 データの保存

　データセット（ddd というデータフレーム名だとする）に変更を加えた場合、保存する必要があるだろう。R のデータ形式で保存する場合は、readr::write_rds() を使い、拡張子が .Rds のファイルを保存することができる[†27]。

```
readr::write_rds(ddd, path = "new-data.Rds")
```

　データを保存するときは、もともとのデータを消したり上書きしたりしてはいけない。**元のデータを消してしまうと、自分が実行した分析を再現することができなくなってしまう。**既に存在するデータセットと同じ種類（同じ拡張子）で同じ名前のファイルを同じディレクトリ（フォルダ）に保存すると[†28]、ファイルが上書きされてしまうので、ファイル名を決める際には注意してほしい。

　例として、先ほど変数を追加した衆院選のデータ HR を保存しよう。元のデータは hr96-17.csv だったので、このデータを上書きしないように注意し、

[†27] データを圧縮して保存したいときは、compress 引数を指定するか、saveRDS(myd, file = "new-data.Rds") を代わりに使う。ただし、圧縮には時間がかかるので、ディスク容量に余裕がないときのみ圧縮する。

[†28] つまり、コンピュータ内での絶対パスが同じだと、という意味。RStudio のプロジェクトを利用しているときは、プロジェクトディレクトリからの相対パスでファイルを指定できる。

dataフォルダの中にhr96-17.Rdsという名前で保存する。次のコマンドで保存できる。

```
readr::write_rds(HR, path = "data/hr96-17.Rds")
```

コマンドを実行したら、Filesタブのdataフォルダを開き、hr96-17.Rdsが保存されていることを確認しよう。

R以外のソフト（Stataなど）でデータセットを使用したり、データを広く公開したりするつもりなら、CSV形式で保存すればよい。CSV形式でファイルを保存するには、readr::write_csv()を使い、

```
readr::write_csv(ddd, path = "new-data.csv")
```

のようにする。

まとめ

- Rは、R用のデータファイルであるRdsファイルだけでなく、汎用のcsvファイルやStata用のdtaファイルも読み込みことができる。
- Rでデータ操作をするときは、dplyrパッケージとtidyrパッケージ（どちらもtidyverseに含まれる）を使うと便利である。
- 複雑なデータ処理は、複数の単純な処理をパイプ演算子%>%で繋ぐことによって実現できる。
- データを編集した後は、元のデータは上書きせず、新しいデータファイルを保存する。
- Rで編集したデータは、R用のRdsファイルや汎用のcsvファイルに書き出して保存することができる。

練習問題

Q5-1 以下のURLにあるCSV形式のデータファイルex-ch05a.csvをダウンロードし、プロジェクト内のdataディレクトリに保存して、Rで読み込みなさい。欠測値はないので、引数naは指定しなくてよい。
　　URL：https://git.io/fxfKq

Q5-1-1 読み込んだデータセットの中身を確認しなさい。

Q5-1-2 読み込んだデータは縦長データである。このデータから変数 y を除外し、国ごとの列に変数 x の値が入った横長データを作りなさい。

Q5-1-3 作った横長データを縦長データに作り直しなさい。

Q5-2 表 5.6 の内容をもつ CSV ファイルを表計算ソフト（LibreOffice Calc や Microsoft Excel など）またはテキストエディタ（メモ帳や秀丸など）で作り、プロジェクトの data ディレクトリに保存しなさい。保存したデータを、R で読み込んでデータフレームを作りなさい。また、データが正しく読み込めたか確認しなさい。変数名は日本語のままにしてもアルファベットに変えてもよい。最後にこのデータフレームから、女性のみを含むデータフレームと男性のみを含むデータフレームを作り、女性のデータフレームは身長が低い順に、男性のデータフレームは体重が重い順に並べ替えなさい。

表 5.6　10 人の身長と体重のデータ

名前	女性	身長	体重
Amy	1	168	55
Ben	0	180	77
Chris	0	172	90
Daisy	1	165	60
Emily	1	175	67
Fin	0	192	84
Gary	0	165	57
Hilary	1	170	62
Isaac	0	176	70
Jenny	1	168	62

Q5-3 データ結合を練習するため、以下の三つの CSV ファイルをダウンロードし、R で読み込み、それぞれ df_b、df_c、df_d という名前のデータフレームにしなさい。

　　ex-ch05b.csv（URL：https://git.io/fxfKs）
　　ex-ch05c.csv（URL：https://git.io/fxfKZ）
　　ex-ch05d.csv（URL：https://git.io/fxfKn）

Q5-3-1 df_b と df_c の行を結合した df_e というデータフレー

ムを作りなさい（ヒント：bind_rows() を使う）。

Q5-3-2 df_d と df_e の列を、国名（country）を揃えて結合しなさい。その際、df_d に含まれている国のみ残しなさい。

Q5-3-3 df_d と df_e の列を、国名（country）を揃えて結合しなさい。その際、df_e に含まれている国のみ残しなさい。

Q5-3-4 df_d と df_e の列を、国名（country）を揃えて結合しなさい。その際、どちらかのデータフレームに含まれている国はすべて残しなさい。

Q5-3-5 df_d と df_e の列を、国名（country）を揃えて結合しなさい。その際、両方のデータフレームに含まれている国のみ残しなさい。

第6章

記述統計とデータの可視化・視覚化

　本章では、記述統計やデータの可視化・視覚化によって、データを要約し、データの特徴を把握する基本的な方法を説明する。「記述統計」（descriptive statistics）とは「変数の特徴」を示す統計量のことである。実証政治分析は、理論に含まれる抽象的なコンセプトを作業化して作業仮説を引き出し、観察可能なデータを集めて作業仮説を検証する、という一連のプロセスを経る。作業仮説を検証する前に、集めたデータの全体像を効率的に示し、「私はこのような変数を使って仮説を検証する」ということを示すのは、仮説検証の妥当性を担保する上で不可欠な作業である。本章では、実証政治分析の論文で明示される、変数の特徴を効果的に示す方法を解説する。

　データの可視化・視覚化について、本書ではggplot2パッケージを使って作図を行う。ggplot2を使えば、Rで美しい図を作ることができる。いうまでもなく、研究は見た目よりも中身（図が伝えるメッセージ）のほうが大切である。しかし、保持する情報が同じなら、美しい図のほうが汚い図よりも望ましい。汚い図を解読するより、美しい図を愉しむほうが多くの読者にとって楽である。したがって、美しい図のほうが、読者に情報を正しく伝達する可能性が高いと考えられる。

　美しい図は、ggplot2を使わなくてもできる[†1]。しかし、ggplot2を使わずに美しい図を作るには、熟練Rユーザになる必要がある。ggplot2を使えば、ある程度美しい（少なくとも読むに耐える）図を簡単に描画できる。つまり、ggplot2は美しい図を作るための必要条件ではないが、（ほぼ）十分条件である[†2]。

---

†1　ggplot2を使わない作図法についてはTeetor（2011, 第7章）などを参照。
†2　ただし、統計の使い方を正しく理解していることを前提とする。

ggplot2 パッケージは tidyverse に含まれている。前章で使った dplyr や readr、tidyr といったパッケージ群も tidyverse に含まれており、これらのパッケージは頻繁に使うので、tidyverse を読み込んでしまおう。tidyverse をインストール済みでない場合は、

```
> install.packages("tidyverse")
```

でインストールする。インストールが済んだら、

```
library("tidyverse")
```

でパッケージを読み込む。ggplot2 や dplyr などのパッケージが一挙に読み込まれる。

残念ながら、Mac で ggplot2 をそのまま使うと日本語が文字化けする。10 ポイントのヒラギノフォントを使って日本語を正しく表示するために、Mac ユーザのみ次のコマンドを実行する[3]。

```
theme_set(theme_gray(base_size = 10,
                     base_family = "HiraginoSans-W3"))
```

6.1 変数の種類と記述統計

変数を大きく二つのグループに分けると、「カテゴリ変数」[4] と「量的変数」[5] に分類できる[6]。なぜ変数の種類を特定する必要があるのかというと、**変数の種類によって使用できる統計手法が異なる**ためである。したがって、適切な記述統

---

[3] フォントサイズは目的に応じて変える（数字で指定する）。また、ヒラギノ以外の日本語表示可能なフォントを選んでもよい。選択可能なフォントは、フォントブックで確認できる。また、macOS Sierra より古い OS の場合、"HiraKakuProN-W3" と指定する。theme_gray 以外のテーマを選ぶこともできる。選択可能なテーマは、https://ggplot2.tidyverse.org/reference/ggtheme.html で確認できる。

[4] カテゴリ変数とは、qualitiative variables のことである。質的変数もしくは定性データと呼ばれることもある。

[5] 量的変数とは、quantitative variables のことである。定量データとも呼ばれる。

[6] 測定水準の種類とその特性によって、さらに細かく分類できる。

計を表示するために、まず分析で使う変数の種類を確認する必要がある。ここでは、計量政治分析で実際に使われている選挙データを使って、カテゴリ変数と量的変数、それぞれの具体的な記述統計を R によって明らかにする方法を説明する。

本章の説明には、衆議院議員総選挙の得票データ hr96-17.Rds を使う。まず、第 5 章でプロジェクト内に作成した data ディレクトリ（フォルダ）にデータファイルをダウンロードしよう[†7]。

```
download.file(url = "https://git.io/fACk6",
              destfile = "data/hr96-17.Rds")
```

このデータを読み込んで HR という名前のデータフレームを作るため、次のコマンドを実行する。

```
HR <- read_rds("data/hr96-17.Rds")
```

このコマンドを実行したら、第 5 章で説明した方法を使ってデータの確認を行う。例えば、

```
glimpse(HR)
```

を実行すると、次のような結果（3 行目以降は省略）が表示される。

```
Observations: 8,803
Variables: 22
```

ここから、観測個体数が 8,803、変数の数が 22 であることがわかる。

6.1.1 カテゴリ変数と量的変数

「カテゴリ変数」とは「数値で測定できないデータ」である[†8]。特に重要な点は、カテゴリ変数の値は数ではなく、各個体が所属しているカテゴリ（分類）や

[†7] 第 5 章で保存したデータセットを使ってもよい。ここで配布するファイルには、第 5 章で新たに作った変数も含めて保存されている。
[†8] ただし、便宜的に数値を割り当てることはある。

グループであるため、それらを足し合わせたり、平均を求めたりしても意味がないということである。

「量的変数」とは「数値で測定できるデータ」である。「量的変数」の値は数であるため、それらを足したり、引いたり、平均値を求めたりすることに意味がある。

本書で使う衆議院選挙データには、22 の変数が含まれている。これらの変数を「カテゴリ変数」と「量的変数」に分類したのが表 6.1 である。

表 6.1 衆院選データ（hr96-17.Rds）の変数とその種類

変数名	型（type）	変数の説明	種類
party	文字列	政党名（アルファベット）	カテゴリ
party_code	整数	政党コード	カテゴリ
year※	整数	選挙が実施された年	カテゴリ
ku	文字列	選挙区のある都道府県	カテゴリ
kun	整数	都道府県内の選挙区番号	カテゴリ
name	文字列	候補者氏名	カテゴリ
previous	整数	当選回数	量的変数
wl	整数	選挙結果（当選、落選、復活当選）	カテゴリ
voteshare	実数	得票率〔%〕	量的変数
age	整数	候補者の年齢	量的変数
status	整数	現職、新人、元職の別	カテゴリ
nocand	整数	選挙区での候補者数	量的変数
rank	整数	選挙での順位	カテゴリ
vote	整数	獲得投票数	量的変数
eligible	整数	選挙区内の有権者数	量的変数
turnout	実数	投票率	量的変数
exp	整数	選挙費用〔円〕	量的変数
expm	実数	選挙費用〔100 万円〕	量的変数
vs	実数	得票率	量的変数
exppv	実数	有権者一人当たり選挙費用	量的変数
smd	実数	小選挙区での勝敗	カテゴリ
party_jpn	文字列	政党名（日本語）	カテゴリ

※量的変数は数字で表されるが、数字だからといって量的変数だというわけではない。このデータにおける「年」は、衆院選が実施された年によって区別しているだけだから、カテゴリ変数である。

実証分析で使う変数の種類が「量的変数」なのか「カテゴリ変数」なのかを特定することができたので、データの内容を把握していこう。

6.1.2 基本的な統計量の確認

表 6.1 で確認したとおり、ここで使う衆議院選挙に関するデータセットには 2 種類の変数があるが、データを要約する方法も変数の種類に応じて大きく二つのパタンに分かれる。**変数の種類によって、データの特徴を把握する方法を慎重に選ぶ必要がある**。量的変数に対しては、平均や分散などの「記述統計量」を求めることもできるし、クロス集計表などの表を使って分析することも可能である。しかし、カテゴリ変数については、平均や分散を求めることはせず、表を使って特徴を掴んでいくのが一般的な方法である。

R では、分析対象となるデータフレームに対して summary() を使うと、基本的な統計量が表示される。試しに、

```
summary(HR)
```

を実行すると、以下のような結果が表示される（ここには一部のみ掲載）。

```
      wl            voteshare          age             status
 Min.   :0.000   Min.   : 0.10    Min.   :25.0    Min.   :0.0000
 1st Qu.:0.000   1st Qu.: 8.90    1st Qu.:43.0    1st Qu.:0.0000
 Median :0.000   Median :25.76    Median :51.0    Median :0.0000
 Mean   :0.466   Mean   :27.08    Mean   :50.9    Mean   :0.4844
 3rd Qu.:1.000   3rd Qu.:42.90    3rd Qu.:59.0    3rd Qu.:1.0000
 Max.   :2.000   Max.   :95.30    Max.   :94.0    Max.   :2.0000
                                  NA's   :5
```

量的変数である age（年齢）について見てみると、候補者の年齢の最小値（Min.）は 25.0、中央値（Median）は 51.0、平均値（Mean）は 50.9、最大値（Max.）は 94.0 であることがわかる。また、age には欠測（NA's）が 5 つあることがわかる。同様に量的変数である voteshare（得票率）についても、同じように基本的な統計量を確認することができる。他方、カテゴリ変数である wl（0＝落選、1＝当選、2＝復活当選）や status（0＝新人、1＝現職、2＝元職）についても、統計量が表示されている。これは、wl や status の値が数値で表されていて、R がこの変数を量的変数だと誤解しているためである。したがって、ここに表示されている統計量に意味はない。誤った解釈を避けるためにも、変数の種類は最初に区別しておく必要がある。

カテゴリ変数に関して、基本的に記述統計量は意味をもたないが、「変数のチェック」という点では、量的変数であれカテゴリ変数であれ、`summary()` の結果は有益な情報を提供してくれる。**データ分析を始める前に、ここに示された平均値、最小値、最大値などの記述統計量をチェックすることは非常に大切**である。例えば、量的変数の `age` の最大値に 200 や 5 などという数値が入っていたり、カテゴリ変数の `status` に 5 や 10 などという数字が入っていたら「おかしい」とすぐにわかるはずである。常識的に考えて、5 歳や 200 歳の人が立候補することはあり得ないし、`status` には 3 つのカテゴリ (0, 1, 2) しか用意していないので、5 や 10 などという値が存在してはいけない。記述統計量を調べる際には、このような**データの背景にある常識や変数のルールに基づいて、データに誤りがないかどうか注意深くチェックすることが大切**である。

実証分析で仮説検証を行う場合、自分が検証で使う説明変数、応答変数、そしてコントロール変数に関する記述統計を提示することが求められる。通常、提示すべき項目は観察個体数[9]、平均値[10]、中央値[11]、標準偏差[12]、最小値[13]、最大値[14] である。

データフレームに含まれる特定の変数にアクセスするには、"$" マークを使

---

[9] データセット全体の観測個体数は、`nrow()` で求められる。例えば、`nrow(HR)` とすれば、8,803 という答えが返ってくる。しかし、欠測値 (NA) がある場合、変数ごとに欠測の個数が異なれば、観測個体数も異なる。衆院選データの場合、`voteshare` には欠測がないので観測数は 8,803 だが、`age` には欠測が 5 つあるので観測数は 8,803 − 5 = 8,798 である。

[10] より厳密には「算術平均 (arithmetic mean)」である。`mean()` で求める。平均値とは、変数の総和を観察数で割ったものである。観察数を n とすると、変数 x の平均値 $\bar{x}$ は、
$$\bar{x} = \frac{1}{n}\sum_{i=1}^{n} x_i = \frac{1}{n}(x_1 + x_2 + \cdots + x_n)$$
である。ただし、x_i は i 番目の個体の x の値であり、$i = 1, 2, \cdots, n$ である。

[11] `median()` で求める。

[12] `sd()` で求める。R の `sd()` で計算されるのは不偏分散の平方根である。変数 x の不偏分散 $\mathrm{Var}(x)$ は、
$$\mathrm{Var}(x) = \frac{1}{n-1}\sum_{i=1}^{n}(x_i - \bar{x})^2$$
($i = 1, 2, \cdots, n$) である。したがって、変数 x の標準偏差は、
$$\mathrm{SD}(x) = \sqrt{\mathrm{Var}(x)} = \sqrt{\frac{1}{n-1}\sum_{i=1}^{n}(x_i - \bar{x})^2}$$
である。

[13] `min()` で求める。

[14] `max()` で求める。

い、データフレーム名 $ 変数名という書き方をすればよいので、voteshare の標準偏差（<u>s</u>tandard <u>d</u>eviation）を求めるには、

```
sd(HR$voteshare)
```

と、する。しかし、統計量を求めるコマンドは、変数に欠測が含まれているとうまく動かない。例えば、age の平均値を計算しようとして、

```
mean(HR$age)
```

を実行すると、結果は NA になってしまう。欠測値を含む変数の統計量を計算するときは、**欠測値を除外するために** `na.rm = TRUE` と指定する必要がある。よって、age の平均値、中央値、標準偏差は、

```
mean(HR$age, na.rm = TRUE)
median(HR$age, na.rm = TRUE)
sd(HR$age, na.rm = TRUE)
```

で求めることができる。

6.1.3　カテゴリ変数の内容確認

続いて、カテゴリ変数である wl（選挙での当落）の中身を確認してみよう。table() を使うと、カテゴリ変数を表にすることができる。wl の表は、

```
table(HR$wl)
```

で表示できる。あるいは、with() を使い、

```
with(HR, table(wl))
```

とすることもできる。次の結果が Console に表示されているはずだ。

```
    0    1    2
 5563 2379  861
```

この表から、wl の値は 0 が 5,563 回、1 が 2,378 回、2 が 862 回であったことがわかる。0、1、2 という数字はそれぞれ「落選」「小選挙区での当選」「比例区での復活当選」を表している。数字のままではどのカテゴリを表しているかわかりにくいので、カテゴリに名前をつけよう。

カテゴリ変数の各カテゴリに名前をつけたいときは、factor() を使ってカテゴリ変数の class 属性を因子（factor）型に変える。変数（R のオブジェクト）の class 属性は class() で確認できるので、元の変数（wl）を確かめてみよう。

```
class(HR$wl)
```

これを実行すると、この変数が "numeric"（つまり数値）を保存していることがわかる。これを因子に変えよう。factor() を使うときは、第 1 引数に変換前の変数、引数 levels に元の変数が保持している各カテゴリの値、引数 labels に各カテゴリにつけたい名前を指定する[15]。次のコマンドを実行してみよう。

```
HR <- HR %>%
  mutate(wl = factor(wl, levels = 0:2,
                     labels = c("落選", "当選", "復活当選")))
```

ここで、

```
class(HR$wl)
```

を実行すると、"factor" という答えが返ってくるはずだ。この状態で、もう 1 度表を作ってみよう。

```
with(HR, table(wl))
```

---

[15] levels や labels を指定しなくても因子型への変換はできるが、その方法だと各カテゴリに自分が望む名前をつけることはできない。

今度は、次の結果が表示される。

```
wl
  落選    当選  復活当選
  5563    2379     861
```

先ほどよりもわかりやすい表ができた。1996 年から 2017 年までの衆院選を合わせると、5,563 人の小選挙区立候補者が落選、2,378 人が小選挙区で当選、862 人が比例区で復活当選したということがわかる。このように、カテゴリ変数は数字で記録されていることも多いが、その数字自体に意味はない。カテゴリ変数の内容をわかりやすくするためには、ここで行ったような因子への変換が必要である。

表 6.1 を見ると、status と smd もカテゴリ変数なのに型が数値になっているので、同様の変換を行おう[†16]。status の元の値は、0 = 新人、1 = 現職、2 = 元職なので、

```
HR <- HR %>%
  mutate(status = factor(status, levels = 0:2,
                         labels = c("新人", "現職", "元職")))
```

と、する。変換できたら表を作ろう。

```
with(HR, table(status))
```

を実行すると、次の表ができる。

```
status
  新人   現職   元職
  5096   3138    569
```

この表から、1996 年から 2017 年までの衆院選の小選挙区で、新人が 5,096 人、現職が 3,138 人、元職が 569 人立候補したことがわかる。

同様に、smd の値は、1 = 小選挙区で当選、0 = 小選挙区で落選なので、

[†16] party_code、year、kun、rank については、便宜的に数値を割り当てておいたほうが便利なので、そのままにしておく。

```
HR <- HR %>%
  mutate(smd = factor(smd, levels = 0:1,
         labels = c("落選","当選")))
```

と、する。この変数についても、各自で表を作って正しく変換できたか確認してみよう。

データフレームがより使いやすいように改良されたので、今後のためにこのデータを保存しておく。次のコマンドを実行する。

```
write_rds(HR, path = "data/hr-data.Rds")
```

第7章以降の説明でここで保存したデータセットを使うので、data ディレクトリに hr-data.Rds というファイルがあることをしっかり確認しておこう。

6.1.4 二つのカテゴリ変数の関係を確かめる

二つのカテゴリ変数間の関係を分析する方法は、第9章で詳しく説明する。ここでは、単純に2変数を表にする方法を示す。次のコマンドにあるように、table() に二つの変数を与えれば、2変数のクロス集計表ができる。

```
with(HR, table(status, wl))
```

結果は、次のように表示される。

```
        wl
status   落選   当選  復活当選
  新人   4313    452      331
  現職    968   1730      440
  元職    282    197       90
```

この表から、小選挙区で当選した新人は452人、現職で落選したのは968人などということがわかる。

特定の年の選挙に限定して調べるには、前章で説明した dplyr::filter() を使い、

```
HR %>%
  filter(year == 2009) %>%
  with(table(status, wl))
```

とすれば、

```
         wl
status   落選  当選  復活当選
  新人   558   80       43
  現職   170  175       52
  元職    14   45        2
```

という結果が得られる。この表から、2009年の衆院選では558人の新人が落選し、80人の新人が小選挙区で当選したことなどがわかる。

6.1.5 カテゴリ別に量的変数の値を調べる

量的変数の統計量を、カテゴリ別に調べたいときがある。例えば、得票率（voteshare）は、新人、現職、元職（status）によって異なるだろうか。こんなときは、dplyr::group_by() が便利である。得票率の統計量を status のカテゴリ別に求めるには、次のようなコマンドを使う。

```
HR %>%
  group_by(status) %>%
  summarize(mean = mean(voteshare),
            median = median(voteshare),
            sd = sd(voteshare))
```

このコマンドでは、まず group_by() に status を渡して status のカテゴリごとにグループ分けした後、summarize() に三つの異なる統計量を指定している。結果は次のとおり表示される。

```
# A tibble: 3 x 4
  status   mean  median    sd
  <fct>   <dbl>   <dbl> <dbl>
1 新人     16.9    11.3  14.8
2 現職     42.3    43.5  15.3
3 元職     34.1    35.4  14.1
```

カテゴリごとに、得票率の平均値と中央値が大きく異なることがわかる。標準偏差にはそれほど大きな差がないように見える。

カテゴリ変数の値ごとに、複数の量的変数の統計量を同時に求めることもできる。例えば、`status` ごとに年齢 (`age`)、得票率 (`voteshare`)、選挙費用 (`exp`) の平均値を求めるには、次のコマンドを実行する。

```
HR %>%
  group_by(status) %>%
  summarize(age = mean(age, na.rm = TRUE),
            voteshare = mean(voteshare),
            exp = mean(exp, na.rm = TRUE))
```

結果は、

```
# A tibble: 3 x 4
  status   age voteshare       exp
  <fct>  <dbl>     <dbl>     <dbl>
1 新人    48.2      16.9  5107142.
2 現職    54.6      42.3 11545830.
3 元職    54.3      34.1  9357015.
```

と、なる。現職や元職に比べて新人の平均年齢が低いことや、現職が平均すると新人の2倍ほどの選挙費用を使っていることなどがわかる。

6.2 変数の可視化・視覚化

変数の特徴を理解するためには、記述統計や表だけでなく、図を使うことが有効である。本節では、基本的な図を作り、変数の特徴を掴む方法を説明する。本書の冒頭で述べたとおり、作図には ggplo2 パッケージを利用する。

6.2.1 ggplot( ) の基本的な使い方と変数の特徴把握

ggplot2 で図を作るときはいつも `ggplot2::ggplot()` を使う。`ggplot()` の第1引数は data で、データフレームを指定する。したがって、ggplot2 で図を作るためには、データフレームが必要である。

第2引数は mapping で、ここに視覚化したい変数を aes (aesthetics の略) として指定する。例えば、2次元の図（散布図など）を作るときには、横軸 x と縦軸 y の変数を指定する。さらに、色（color）、大きさ（size）などを指定して、図で表現する次元を増やすことができる。

次に、ggplot() で作られたオブジェクトに、グラフィックの層（layer）を加える。異なる種類の図は、異なる種類の層で作る。例えば、散布図を作りたいときは、geom_point() 層を加える。ヒストグラムには geom_histogram() を使う。これらの例が示すように、グラフィック層は geom（geometry の略）から始まる。一つの図に複数のグラフィック層を重ねることもできる。

最後に、図に必要な他の要素、例えば、軸ラベルや凡例を加える[†17]。

散布図

例として、得票率（voteshare）と選挙費用（expm）の散布図（scatter plot）を作ってみよう[†18]。まず、ggplot() で ggplot オブジェクトを作る。次に、geom_point() で散布図用の層（layer）を加える。最後に、labs() で軸ラベル[†19]とタイトル[†20]をつける。

```
# 1. ggplot オブジェクトを作る
scat1 <- ggplot(data = HR,
                mapping = aes(x = expm, y = voteshare))
# 2. 散布図の層を加える
scat1 <- scat1 + geom_point()
# 3. 軸ラベルとタイトルを加える
scat1 <- scat1 +
  labs(x = "選挙費用 (100万円)", y = "得票率 (%)",
       title = "散布図の例1：衆院選挙, 1996-2014")
# 4. 図を表示 (print) する
print(scat1)
```

[†17] 凡例（legend）は自動的にできるが、微調整が必要な場合が多い。

[†18] このデータセットには 2017 年衆院選の選挙費用は記録されていない。

[†19] ラベルは必ずつけること。ラベルを指定しないと、変数名がそのまま軸ラベルに利用される。自分で確認するために使う図ならそれでもかまわないが、論文やレポートで他人に見せる可能性がある図を作る際は、わかりやすい軸ラベルをつけることが必要である。日本語でレポート・論文を書いているなら、軸ラベルも日本語にすべきである。

[†20] 論文で使う図を作るときは、タイトルを空欄にして、図の下に番号つきのキャプションをつける。

このコマンドを実行すると、図 6.1 のグラフが表示される[21]。

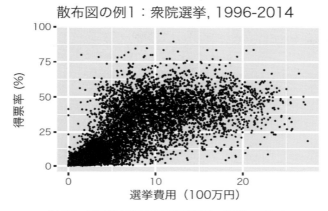

図 6.1　得票率と選挙費用の散布図　1996 〜 2014

図を表示する前までのステップは、1 度に実行することもできる。視覚化の対象を 1996 年の選挙に限定し、同様の散布図を作ってみよう。

```
scat2 <- HR %>%
  filter(year == 1996) %>%
  ggplot(aes(x = expm, y = voteshare)) +
    geom_point() +
    labs(x = "選挙費用（100万円）", y = "得票率 (%)",
         title = "散布図の例2：1996衆院選")
print(scat2)
```

dplyr を使ってデータ操作を行う部分はパイプ演算子 %>% で繋ぎ、ggplot() の中ではプラス + で内容を繋いでいることに注意してほしい。このコマンドを実行すると、図 6.2 が表示される。

散布図は、二つの量的変数の間の関係を把握するのに役立つ[22]。図中の点が右上がりの直線の周りに並んでいれば正の相関が、右下がりの直線の周りに並んでいれば負の相関がありそうだとわかる。あるいは、相関係数では捉えられない曲線的な関係を見つけたり、点がランダムに散らばっているので 2 変数に関係はなさそうだという判断をしたりするときに使える。このように、**二つの量的変数**

---

[21] 図を表示するときには、print() を使うが、これを使わずに単に scat1 としても通常は図が表示される。しかし、安全のため、常に print() を使ったほうがよい。
[22] 詳しくは第 9 章で解説する。

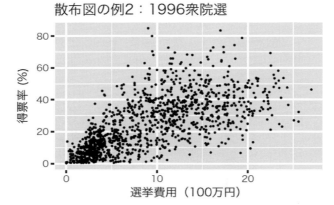

図 6.2 　得票率と選挙費用の散布図　1996 年衆院選

の間にある大まかなパタンを掴むのが、散布図を作る一つの目的である。先ほど作った得票率と選挙費用に関する二つの散布図を見ると、いずれも全体的には点が右肩上がりの関係になっているように見える。しかし、点のばらつきが大きく、右肩上がりというのはそれほど確かな関係ではなさそうだ。右肩上がりに見える主な理由は、図の左下に点が集まっていることだろう。見方によっては、ランダムといえないこともない。このように、図を作れば必ず 2 変数の関係が確定するというわけではないが、図からはっきりわかることもある。例えば、1996年の衆院選では、選挙費用をあまり支出せず（選挙費用が 500 万円未満で）、圧勝した（得票率が 50% 以上）という候補は一人もいないということがわかる。

ヒストグラム

次に、選挙費用のヒストグラム（histogram）を作ってみよう[23]。ヒストグラムは一つの変数を図にするので、aes では x のみ指定すればよい。geom 層には geom_histogram() を使う[24]。

```
hist1 <- ggplot(HR, aes(x = expm)) +
  geom_histogram(color = "black") +
  labs(x = "選挙費用（100万円）", y = "度数")
print(hist1)
```

[23] データがどのようにヒストグラムに変換されるかについての詳細は、浅野・矢内 (2013, pp.77-81) を参照。

[24] geom_histogram() 内で color を指定すると、ヒストグラムの棒の境界線の色が指定できる。棒を塗り潰す色は、fill で指定する。

このコマンドを実行すると、図6.3が表示される。この例のように、`geom_histogram()`はデフォルトでは縦軸を度数（count、frequency）にした図を作る。

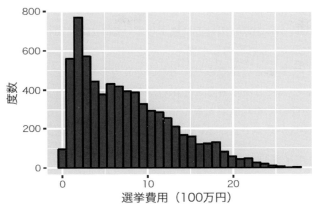

図6.3　選挙費用のヒストグラム

縦軸を確率密度（density）に変えたいときは、次のように aes の y（縦軸）に `"..density.."` を指定する。density の前後に二つずつドットが付いているのは、この `"density"` がデータフレームに存在する変数ではなく、`ggplot()` 内で計算される変数（computed variable）だからである。

```
hist2 <- ggplot(HR, aes(x = expm, y = ..density..)) +
  geom_histogram(color = "black") +
  labs(x = "選挙費用 (100万円)", y = "確率密度")
print(hist2)
```

このコマンドを実行すると、確率密度を縦軸にとるヒストグラムができる。

ヒストグラムを「読む」上で注目すべきポイントは次の3点である。第1に、どこにデータが集まっているのか、つまり、棒の背が高い範囲を確認すること。第2に、データが分布している全体の範囲を確認すること。そして第3に、全体の形状が釣り鐘形なのか、平坦なのか、右肩上がりなのか、右肩下がりなのか、分布の山の頂点は一つ（単峰型分布）なのか二つ（双峰型分布）なのか、などという点を確認する必要がある。例えば、IQテストの得点分布は100点を山の頂点とした単峰型分布であることが知られている。他方、異質なグループを一つにまとめると、双峰型分布になりやすい。例えば、食中毒によって亡くなった人々

の年齢のヒストグラムを作ると、抵抗力のない幼い子供たちや老人の数が極端に多いため、ヒストグラムの左側と右側に二つの大きな山が形成される。これが双峰型分布の例である。山の数が三つ以上の場合は多峰型分布と呼ばれる。

先ほど作った選挙費用のヒストグラムを読んでみよう。まず、データは、選挙費用が100万円から300万円付近に集まっていることがわかる。また、データの範囲は、0円から3,000万円弱の間と、とても広いことがわかる。全体的に見ると、山は1つであるといえそうだ。山の広がり方を見ると、右側の裾が長くなっており、右に歪んだ分布であることがわかる。したがって、比較的少数の高額支出者の影響を受けて平均値が大きくなっていると考えられ、選挙費用の記述統計の解釈には注意が必要であるということがわかる。

箱ひげ図とバイオリンプロット

続いて、箱ひげ図（box-and-whisker plot）を作ろう。箱ひげ図を理解するためには、「四分位数（quartiles）」と「四分位範囲（interquartile range：IQR）」についての知識が必要である。図6.4は四分位数を使った四分位範囲の求め方を図式化したものである。**四分位数とは「データを4等分する区切り（境界線）の値」のこと**である。図6.4の左端から右端の範囲（R）内でデータを4等分すると境界線は五つできる。左端にある min（$= Q_0$）は最小値で、そこから右に25%ずつ進んだ位置にある縦線は、順番に Q_1（第1四分位）、Q_2（第2四分位）、Q_3（第3四分位）、そして右端にある max（$= Q_4$）は最大値である。このうち第2四分位はデータを小さい順に並べ替えたときにちょうど真ん中（小さいほうからも大きいほうからも50%の地点）に位置しており、中央値 M[†25]に一致する。**4等分するのは、データの「個数」であって、データの「範囲」ではないことに注意する必要がある**[†26]。

図6.4に示されているように、四分位範囲（IQR）は「$Q_3 - Q_1$」という式で表された、データ全体の中央部に位置する50%の部分である。四分位範囲は、小さいほうから25%のデータと大きいほうから25%のデータを省いているの

[†25] 中央値（median）とは、データの中央にある値のことで中位値とも呼ばれる。例えば、データセット 1, 2, 3 の中央値は左右から数えて2番目に位置している2である。データセット 1, 2, 3, 4 の場合は、真ん中にある二つの値（この場合だと2と3）の平均値（つまり $(2+3)/2 = 2.5$）が中央値である。中央値と平均値（mean）は異なるので注意が必要である。

[†26] 例えば、データが [0, 1, 2, 3, 4, 8, 9, 10] だとすると、個数で4等分すると [0, 1], [2, 3], [4, 8], [9, 10] の4グループになる。しかし、「範囲」で4等分すると 2.5, 5.0, 7.5 を区切りにして [0, 1, 2], [3, 4], [該当なし], [8, 9, 10] の4グループになるが、これは間違った等分法である。

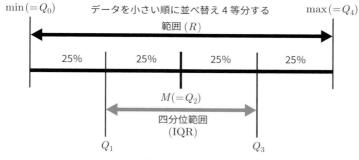

図 6.4　四分位範囲（IQR）の求め方

で、外れ値[27]の影響を受けにくい。

このようにして求めた最小値、第 1 四分位、第 2 四分位 = 中央値、第 3 四分位、最大値の五つの数字を使ってデータの特徴を表すことを「五数要約」という。**五数要約のメリットは、データの中心的傾向だけでなく、範囲や四分位範囲という散らばりの傾向もわかる**ことである。R では、fivenum() でこれらの五数を求められる。例えば、候補者年齢の五数は、

```
fivenum(HR$age)
```

で求められ、

```
[1] 25 43 51 59 94
```

であることがわかる。

この五数要約を図示するのが箱ひげ図である。ある量的変数について、カテゴリ（グループ）別の分布を比較する際に便利である[28]。ここでは、選挙費用を政党別に比べてみよう。説明のため、すべての政党[29]を図示するのではなく、2009 年選挙を対象に、自民党（LDP）、民主党（DPJ）、公明党（CGP）、社民党（SDP）、共産党（JCP）の 5 党の選挙費用を比べてみよう[30]。箱ひげ図の層は

---

[27]　外れ値の詳細に関しては後述。
[28]　カテゴリ別に比較する必要がない場合は、ヒストグラムを作り、五数は数値で要約したほうがわかりやすいだろう。
[29]　無所属を含めると 28 ある。
[30]　条件指定で %in% を使うと、その左側にある変数の値が右側で指定された値のどれかに一致するかどうか判定してくれる。

geom_boxplot() で加えられる。

```
box1 <- HR %>%
  filter(year == 2009) %>%
  filter(party %in% c("LDP", "DPJ", "CGP", "SDP", "JCP")) %>%
  ggplot(aes(x = party_jpn, y = expm)) +
    geom_boxplot() +
    labs(x = "政党", y = "選挙費用（100万円）")
print(box1)
```

このコマンドを実行すると、図 6.5 が表示される。

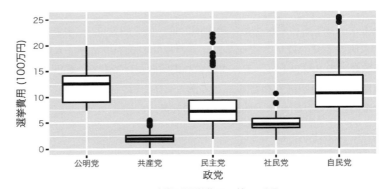

図 6.5 政党別選挙費用の箱ひげ図

図中のそれぞれの箱で囲まれた部分は四分位範囲（IQR $= Q_3 - Q_1$）を表し、箱の中に引かれた横線は中央値を表している。また、箱から上下に伸びた 2 本のひげは、四分位範囲外の範囲を示し、ひげの下や上にある点は「外れ値」(outlier) の候補を表している[†31]。

外れ値とは、全体的な分布の形からぽつんと離れて存在するデータのことである。外れ値は「IQR×1.5 ルール」と呼ばれる方法を使って特定するのが一般的である。第 1 四分位数（Q_1）より IQR×1.5 以上小さいか、第 3 四分位数（Q_3）より IQR×1.5 以上大きいデータを、外れ値の候補と考える。このルールによって特定できるのはあくまでも外れ値の「候補」であることに注意する必要がある。

外れ値を探す理由は次の二つである。第 1 に、データ作成の際の入力ミスによ

---

†31 したがって、「ひげ」の端は変数の最小値や最大値そのものではなく、「外れ値を除いた」最小値または最大値である。

って「外れ値」が生み出された可能性があるからである。第2に、一つのデータセットとして考えるのには相応しくない、異質なデータがないかどうか確認するためである。

外れ値の候補が見つかったら、なぜその値が例外的な値をとっているのか、その理由を探る必要がある。入力ミスによる外れ値が発見された場合（例えば、年齢に250や−8などの年齢とは思えない数値が含まれているときなど）、入力ミスを修正する必要がある。それ以外の原因が考えられるときには、その外れ値を分析対象に含めるかどうかを慎重に検討する。例えば、都道府県別の県民所得平均の分布の箱ひげ図を作成すると、東京が極端な所得額を示すことがある。東京の都民所得平均が、全体の分布の形からぽつんと離れているからといって、それだけの理由で東京を分析から除外し、日本経済について分析するのは必ずしも賢明ではない。除外するなら、分析の目的に照らして、なぜ除外するのかという理由を明確に述べる必要がある。

作成した箱ひげ図を見ると、選挙費用の分布が政党によって大きく異なる様子が確認できる。中央値で見ると、自民党と公明党の支出額が大きいのに対し、共産党の支出額が非常に小さいことがわかる。四分位範囲（つまり箱の高さ）でデータの中心50%が収まる範囲を比べると、自民党や公明党、民主党の支出額がある程度ばらついているのに対し、共産党や社民党のばらつきは小さいことがわかる。このように、**カテゴリ別の分布を簡単に比較できるのが箱ひげ図のメリット**である。

しかし、ヒストグラムと比べると、箱ひげ図ではデータの「どこ」に観測値が集まっているかがわかりにくい。したがって、カテゴリ別にしない（aesでxに指定する変数がない）ときは、ヒストグラムを描いたほうがよい。**カテゴリ別に分布の様子をもう少し詳しく確認したいときは、バイオリンプロットと呼ばれる図を作る**。バイオリンプロットの層は、geom_violin() で加えられる。バイオリンプロットを箱ひげ図と一緒に示すため、次のコマンドを実行する。

```
vln1 <- HR %>%
  filter(year == 2009) %>%
  filter(party %in% c("LDP", "DPJ", "CGP", "SDP", "JCP")) %>%
  ggplot(aes(x = party_jpn, y = expm)) +
    geom_violin() +
    geom_boxplot(fill = "gray", width = 0.1) +
    labs(x = "政党", y = "選挙費用 (100万円)")
print(vln1)
```

このコマンドを実行すると、図 6.6 が表示される。

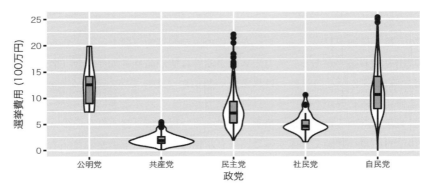

図 6.6　政党別選挙費用のバイオリンプロットと箱ひげ図

　バイオリンプロットは、ヒストグラムの概形を横倒しにしたものと、それを鏡写しにしたものを貼り付けてできている。したがって、**横に広がっているところは、ヒストグラムで山が高いところ**である。公明党のプロットのように横に広がっている部分がない図は、ヒストグラムで考えると山の頂上が低いということと同じである。それに対し、共産党のように横に広く、縦に押しつぶされた図は、ヒストグラムだと山が高く、狭い範囲にデータが集まっていることを表している。この図のように**バイオリンプロットと箱ひげ図を併用すると、カテゴリ別の分布の特徴をより詳細に把握することができる**。

6.2.2　図の保存

　図を作ったら、後で論文やレポートに使えるように保存しよう。保存した図は、特別な指定をしなければプロジェクト内に保存されるが、プロジェクトを整然と保つため、プロジェクト内に figs というディレクトリを作り、その中にまとめて保存しよう。ディレクトリは、Console に直接、

```
> dir.create("figs")
```

と入力して作ることができる。
　図に日本語を使用しない場合は、ggsave() で図を保存することができ

る[†32]。新たに年齢のヒストグラムを作り、保存してみる。まず、ヒストグラムを作る。

```
hist3 <- ggplot(HR, aes(x = age)) +
  geom_histogram(color = "black")
```

この図を保存するために、次のようなコマンドを使う。

```
ggsave(filename = "figs/hist-age.pdf", plot = hist3,
       width = 10, height = 5, units = "cm")
```

このように、ggsave()では以下の引数を指定する[†33]。

- filename：保存するファイルの名前（パス）。ここで指定した拡張子に基づいて、自動的にファイル形式が選択される。上のコマンドでは".pdf"がついているので、PDFファイルが作成される。図をPNGで保存したければ".png"を、EPSにしたければ".eps"を使う。
- plot：保存対象の図（ggplot()で作ったオブジェクト）を指定する。何も指定しないと、最後に作った図が保存される。
- width, height：図の幅と高さをそれぞれ指定する。
- units：widthとheightの指定に使う単位を指定する。cmのほかにmmまたはin（インチ）が選択可能。

図を後で縮小したり拡大したりすると、図中の文字が変形して汚くなるので、図をファイルに保存する時点で論文やレポートで実際に使う図の大きさを決めることが重要である[†34]。うまくいけば、プロジェクト内のfigsフォルダに新たにPDFファイルが作成されているはずである。PDFファイルをAdobe ReaderなどのPDF閲覧ソフトで開けば、図が保存されていることが確認できるはずだ。

日本語を含む図の保存方法はMacとWindowsでやや異なるので、別々に説

[†32] 特定の図で日本語を使用しなくても、本章の冒頭で行ったように、theme_set()で日本語用のフォントを設定している場合、この方法では図を保存できない。後で説明する、日本語入りの図を保存する方法を使うこと。

[†33] 詳しくは、?ggsaveを実行してヘルプを確認されたい。

[†34] 後でサイズを変える必要があるときは、保存したRスクリプトを開き、図の保存でサイズにかかわる部分だけを修正し、図のファイルを作り直せばよい。

明する[35]。

Mac の場合

ggplot2 で作った日本語を含む図を Mac で保存する場合[36]は、quartz() を使う[37]。例えば、先ほど作ったヒストグラム hist1 を PDF 形式で保存する場合は、次のようなコマンドを使う。

```
quartz(file = "figs/hist-exp.pdf", type = "pdf", family = "sans",
       width = 3, height = 2, pointsize = 10)
print(hist1)
dev.off()
```

まず、quartz() で作図デバイスを起動する。その際、保存先のファイル名を file で、ファイル形式を type で[38]、フォントファミリーを family で指定する[39]。また、図の幅 width と高さ height をインチ単位（1 インチ = 2.54 cm）で、文字の大きさ pointsize をポイント単位で指定する。次に、デバイスが起動した状態で print() を使って図を表示する。最後に、dev.off() で開いたデバイスを閉じると、指定したファイルに図が保存される。**quartz()、print()、dev.off() をセットで実行する必要がある。**

うまくいけば、プロジェクト内の figs フォルダに新たに PDF ファイルが作成されているはずなので、RStudio 右下の Files タブで確認するとともに、Adobe Reader 等の PDF 閲覧ソフトで開いて確認してみよう。

Windows の場合

ggplot2 で作った日本語を含む図を Windows で保存する場合、保存形式に

---

[35] ただし、以下で説明する方法は、R Markdown ではうまくいかない。R Markdown は、本文も図も同じファイルに出力することを想定しているので、図だけを外部ファイルに出力することは想定外である。R Markdown を使うなら、ファイル内の適切な場所で図を表示すれば、図を外部ファイルに保存する必要はないはずだ。本書で説明している R スクリプトを使う場合、以下のコマンドで図を PDF などの外部ファイルに保存する。

[36] 図に日本語はないが、theme_set() で日本語フォントを設定した後に図を保存する場合も含む。

[37] 他の保存方法もあるが、ここでは割愛する。

[38] PNG 形式で保存したいときは、png に変える。その際、file の拡張子も .png に変更するのを忘れないように注意すること。

[39] 本章の冒頭で設定したようにヒラギノゴシック（HiraginoSans-W3 または HiraKakuProN-W3）を使う場合、sans（サンセリフ体）を指定しておく。

よって異なる作図デバイスを呼び出す。PDF ファイルの作成には pdf()、PNG ファイルには png()、ポストスクリプトファイルには postscript() を使う。基本的な使い方は同じなので、pdf() の例のみ示す。

先ほど作ったヒストグラム hist1 を PDF 形式で保存する場合、次のようなコマンドを使う。

```
pdf(file = "figs/hist-exp.pdf",
    family = "Japan1GothicBBB", width = 3, height = 2)
print(hist1)
dev.off()
```

まず、pdf() で PDF 用の作図デバイスを起動する。その際、保存先のファイル名を file で指定する。また、フォントファミリー family を "Japan1GothicBBB" にする[†40]。さらに、図の幅 width と高さ height をインチ単位（1 インチ = 2.54 cm）で指定する。次に、デバイスが起動した状態で print() を使って図を表示する。最後に、dev.off() で開いたデバイスを閉じると、指定したファイルに図が保存される。pdf()、print()、dev.off() をセットで実行する必要がある。

うまくいけば、プロジェクト内の figs フォルダに新たに PDF ファイルが作成されているはずなので、RStudio 右下の Files タブで確認するとともに、Adobe Reader などの PDF 閲覧ソフトで開いて確認してみよう。

まとめ

- 「記述統計」とは変数の特徴を表すものである。
- 変数は、数値で測定できない「カテゴリ変数」と数値で測定できる「量的変数」に分類できる。
- カテゴリ変数の値は数ではなく、各個体が所属しているカテゴリやグループであるため、それらを足したり、引いたり、平均を求めたりしても意味はない。
- カテゴリ変数を扱う際は、因子（factor）型に変換すると便利である。各因子のラベルには日本語も使える。
- 量的変数とカテゴリ変数は、変数の内容を要約する方法に違いがある。

---

†40　このほかに、Japan1、Japan1HeiMin、Japan1Ryumin も指定可能。

- カテゴリ変数は、平均や分散を求める代わりに「度数分布表」や「クロス集計表」を使って分析する。
- 量的変数は、統計量で要約するとともに、ヒストグラムや箱ひげ図などを使って可視化する。
- 1変量の分布を詳しく見るにはヒストグラムが便利である。
- 変数の値の分布をカテゴリ（グループ）間で比較するときには箱ひげ図が便利である。
- 変数の可視化には `ggplot2::ggplot()` を使う。
- `ggplot()` の第1引数はデータフレームなので、可視化したい変数はあらかじめデータフレームに入れておくと簡単に図が描画できる。
- `ggplot()` で作った図は、RStudio の画面だけでなく、PDF や PNG などのファイルに出力することもできる。

練習問題

Q6-1 1996年の衆議院選挙について、興味がある変数の記述統計を示しなさい。

Q6-2 2012年の衆議院選挙に関して、以下の各問に答えなさい。

Q6-2-1 自民党の「小選挙区」の当選者、復活当選者、落選者はそれぞれ何人か示しなさい。

Q6-2-2 民主党の「小選挙区」の当選者、復活当選者、落選者はそれぞれ何人か示しなさい。

Q6-3 歴代の民主党首相（鳩山由紀夫、菅直人、野田佳彦）に関して、2000年から2009年までの選挙結果をそれぞれ表示しなさい。その際、次の変数を含めること。`year, ku, kun, party, age, nocand, rank, voteshare`。

Q6-4 2012年衆議院選挙に関して、以下の各問に答えなさい。

Q6-4-1 政党別に、当選者の獲得票数（`vote`）の箱ひげ図を表示しなさい。

Q6-4-2 自民党と民主党における当選者の獲得票数（`vote`）の五数要約をそれぞれ表示しなさい。

第7章

統計的推定

　本章では、統計的推定の基礎を解説する。統計的推定とは、興味の対象そのもののデータが得られないとき、その一部についてのデータを分析し、部分から得られた情報を利用して全体の特徴についての知識を得ようとすることである。まず、興味の対象である全体としての母集団と、全体の一部分である標本について解説し、一部しか調べないのに全体について語ることが許される根拠を示す。次に、部分と全体を確率論で結びつける標本分布について解説し、推定にどんな数量を使うことが望ましいかについて考える。最後に、推定の不確実性を表現する手段としての信頼区間の求め方とその意味を解説する。

7.1
母集団と標本

　研究は、各自が興味をもつ「対象」について行われる。第Ⅰ部で説明したように、研究を行うためには明確なリサーチクエスチョンが必要である。リサーチクエスチョンが決まれば、研究の「対象」も自ずと決まる。例えば、「経済成長は国家の民主化を促進するか」というリサーチクエスチョンであれば、興味の対象はすべての国家ということになるだろう。また、「日本の総選挙では学歴が高いほど投票に参加する確率が高まるか」というクエスチョンであれば、日本の有権者すべてが研究の対象ということになるだろう。このように明確に定義された研究の対象を**母集団**（population）と呼ぶ。

　表7.1に示されているように、自分が知りたい内容によって母集団が変わることに注意してほしい。繰り返しになるが、**リサーチクエスチョンによって母集団が決まる**のである。

表7.1 リサーチクエスチョンと母集団の関係

リサーチクエスチョン	母集団
内閣支持率は？	有権者全体
女性に人気がある大臣は誰？	女性有権者全体
若者に人気がある政党は？	若者（例えば18歳から35歳の日本人）全体
大阪市長の支持率は？	20歳以上の大阪市民全体

例 7-1

現時点での日本の有権者の内閣支持率を調べたい。興味の対象は1億人あまりの日本の有権者である。日本の有権者の内閣支持率は、どのようにして調べたらよいだろうか。

　研究の対象となる母集団が明確に決まれば、その対象すべてについて調査を行うことによってリサーチクエスチョンに答えることができる。この例の場合、1億人ほどの有権者一人ひとりに、「あなたは内閣を支持しますか、あるいは支持しませんか」と尋ねればよい。そして、「支持する」と答えた人数を有権者の人数で割れば、求めたい内閣支持率を得ることができる[†1]。このような調査は方法としてはとても単純である。しかし、政治学がこのような方法に頼ることはほとんどない。なぜなら、1億人以上の人に質問するのがとても大変だからである。有権者すべてに質問するような調査は、時間的・金銭的な費用が大きすぎて実施するのが困難である[†2]。

　そこで、より小さな費用で実施できる方法が採用される。母集団である有権者全体を調べる代わりに、その一部を抜き出して調査を行うのである。このとき母集団から抜き出される一部のことを**標本**（**サンプル**：sample）と呼び[†3]、このような調査を標本調査と呼ぶ。標本として選ばれる個体の数を**標本サイズ**（sample size）と呼び、通常は n で表す[†4]。図7.1に示されるように、標本調査でデータ

---

† 1　問題を単純にするため、「わからない、どちらでもない」という回答は存在せず、すべての有権者が「支持」または「不支持」を選んだことにする。

† 2　母集団全体を調べることを全数調査（または悉皆調査）と呼ぶ。日本で5年ごとに行われる国勢調査は全数調査であるが、2010年の国勢調査には670億円以上の費用がかかっている。この金額から、全数調査がいかに困難であるか想像できるだろう。2010年に行われた国勢調査についての詳細は、総務省統計局のWebサイト（http://www.stat.go.jp/data/kokusei/2010/index.htm）で参照できる。

† 3　本書は、「標本」と「サンプル」を区別なく使用する。

† 4　例えば、1億人の母集団から1,000人を選んだ場合、標本サイズ $n = 1,000$ である。標本サイズと標本数（the number of samples）を混同しないように注意すること。1,000人を選ぶという作業を1度しか行っていなければ、標本数は1である。1億人の母集団から3,000人のグループを二つ抜き出したとき、標本数は2で、標本サイズ $n = 3,000$ である。

として実際に手に入れて分析するのは標本であり、そこから得られる情報を利用して興味の対象である母集団の特徴について考えることになる。

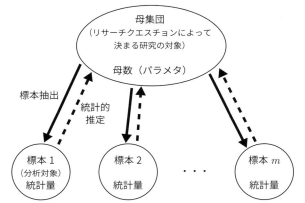

標本の選び方は何通りもある。標本を分析し、母集団の特徴を推定する。
図 7.1　母集団と標本

　例 7-1 のように内閣支持率を調べる調査の場合、有権者の中から 2,000 人程度を選んで内閣を支持するかどうか質問し、支持する人の割合を求めるのが一般的である。そして、そのようにして得られた内閣支持率（標本比率）によって、母集団の内閣支持率（母比率）を「推定」するのである。

　このように、標本から得られる情報を利用して母集団の特徴を把握するために統計的推定が利用される。ここで、私たちの興味の対象である母集団の特徴を表す数値を**母数（パラメタ：** parameter）と呼ぶ[†5]。母数は一つの定まった値（定数）である。例 7-1 の母数は母集団である有権者全体の内閣支持率であり、これを母比率と呼ぶ。私たちは母比率を知らないが、もしも 1 億人の有権者に同時に内閣の支持・不支持についての質問ができるなら、ある一つの値が母比率として存在するはずである。ただし、母数の値は私たちにとっては未知である[†6]。

　これに対し、標本として得られたデータに対して一定の計算ルールを適用することによって得られる値を**統計量**（statistic）と呼ぶ。例えば、抜き出した標本に対して「標本に含まれる内閣支持者の数を標本全体の数で割る」というルールを適用すれば、標本比率（標本内の内閣支持率）という統計量を得ることができ

[†5]　母数は、分数の分母ではない。
[†6]　未知だからこそ「知りたい」と思うわけである。ただし、単純化のために母数が既知であると仮定して説明される場合があることをあらかじめ断っておく。

る。統計量の中で母数の推定のために利用されるものを**推定量**（estimator）と呼ぶ[†7]。

母数が定数であるのに対し、統計量は標本を選び直すたびに異なる値を取り得る。最初に選んだ 2,000 人とは別の 2,000 人を選べば、それぞれの標本内での内閣支持率は異なると考えられる。

表 7.2 に挙げられているのは、代表的な母数とそれに対応する統計量である。括弧内にはそれぞれの概念を表すために利用する記号が示されている。母数にギリシャ文字をあて、統計量にはそれに対応するラテン文字（a, b, c, …, z）をあてるのが一般的である[†8]。例えば、母標準偏差には σ（sigma：シグマ）、標本標準偏差には"sigma"の頭文字をとって s が使われる。

表 7.2　母数とそれに対応する統計量（括弧内はそれぞれの母数、統計量を表すために使われる記号）

母数 （母集団の特徴、未知）	統計量 （標本の特徴、計算によって求められる）
母平均（μ [ミュー]）	標本平均（$\bar{x}$）※
母比率（π [パイ]）	標本比率（p）
母分散（σ^2）	標本分散（s^2）、標本不偏分散（u^2）
母標準偏差（σ [シグマ]）	標本標準偏差（s）、標本不偏分散の平方根（u）

※標本平均は変数の上に横棒（バー）を書いて表す。$\bar{x}$ は「エックスバー」と読む。

統計的推定では、私たちが知りたい母数に対応する統計量を得られた標本から計算し、それを母数の推定に利用する。ここで、例 7-1 の母集団が 1 億人の有権者であるとして、1 億人から 2,000 人を標本として選び出し、標本調査を行うとしよう。すると、標本として選ばれるのは、母集団の 1 億人のうちたった 0.002％ の人々である。

仮に母集団の内閣支持率が 1％ だとすると、1 億人のうち 100 万人が内閣を支持していることになる。このとき 2,000 人しか調べない標本調査では、内閣を支持している 100 万人の中から標本となる 2,000 人すべてを選ぶことも可能である。そうすると、実際の内閣支持率は 1％ であるにもかかわらず、標本内ではすべての人が内閣を支持するという結果が生じ得る。言い換えると、標本調査から得られる内閣支持率は 100％ になり、見当違いの推定を行ってしまうこともあり得

[†7] estimator は推定関数とも呼ばれる。推定量によって具体的に与えられる数値を**推定値**（estimate）と呼ぶ。

[†8] ただし、ここに示した文字の使い方は絶対ではない。

る。標本調査がこのような間違いを犯す危険があるのにもかかわらず、標本から母集団について推定することが許されるのはなぜだろうか。

　実は、どんな標本であってもそこから母集団の特徴を推定できるというわけではない。母集団から標本を選ぶことを**標本抽出**（**サンプリング**：sampling）と呼ぶが、標本抽出が適切に行われない限り、標本から母集団の特徴を推定することが妥当だとはみなされない。例7-1の調査を行うとき、標本に含まれる2,000人すべてが男性だったり、すべてが65歳以上だったり、すべてが東京都民だったりしたら、これらの標本内での内閣支持率から有権者全体の内閣支持率を推定することができるだろうか。おそらく、これらの標本は偏っているため、推定も偏ってしまうと考えるのではないだろうか。例えば、男性だけの標本では女性の意見がまったく反映されておらず、男女で人気に違いのある内閣の場合、有権者全体の内閣支持率を適切に推定することはできない。

　したがって、標本は偏りなく母集団全体を代表するようなものでなければならない。偏りのない標本を選ぶ代表的な方法は、**単純無作為抽出**（simple random sampling：**SRS**）である。単純無作為抽出は、母集団から標本をランダムに選ぶ。「ランダム」というのは「でたらめ」という意味ではなく、母集団に含まれるどの個体も選ばれる確率が等しくなるように選ぶという意味である。単純無作為抽出で選ばれた標本は、母集団の偏りのない縮図であるとみなすことができるので、その標本を使って母集団について推定することができる[†9]。

　ただし、偏りはなくとも誤差が存在することに注意する必要がある。**誤差というのは母集団と標本のずれ**のことである。例7-1で、仮に母比率が30%であるとしよう。私たちが単純無作為抽出で2,000人の標本を選べば、有権者の偏りのない縮図を得ることができる。しかし、それはこの標本内での内閣支持率がぴったり30%になることを意味しない。標本調査の結果、内閣支持率が27%であるとか、35%であるなどという結果が出るはずである。つまり、一つの標本から得られる内閣支持率（標本比率）は、真の内閣支持率（母比率）である30%に一致するとは限らない。

　標本から得られる値が真の値とずれているのになぜ「偏りのない」標本といえるのだろうか。それは、**標本を抽出する作業を何度も繰り返したとき、大きすぎる値ばかりが得られたり、小さすぎる値ばかりが得られるということがない**からである。大きすぎる値と小さすぎる値の両者が得られ、それらの大きすぎたり小さすぎ

[†9] 標本抽出法についての詳細は、廣瀬他（2018）や稲生（1990, pp.44-53）、大谷他（2005, pp.120-158）などを参照。

たりする値を平均すると真の値に一致するので、偏りがないといえるのである。

このように、研究対象としての母集団が存在し、その偏りのない縮図である標本についての情報が得られたとき、統計的推定が力を発揮する。

しかし、政治学では一見すると、得られたデータが全数調査によるものであるかのような状況がしばしば見られる。そのような場合、なぜ統計的推定を行う必要があるのか、国勢調査のように結果をまとめればそれで済むのではないか、さらには母集団に対して統計的推定や統計的検定[†10]を行うのは誤りではないかという疑問が生じるかもしれない。次の例を使って考えてみよう。

> **例 7-2**
> 2009年8月30日に行われた総選挙における各小選挙区での自由民主党の得票率を分析する。手もとには、すべての小選挙区の自民党候補者の得票率データが揃っている。「すべての小選挙区」は標本だろうか、母集団だろうか。

すべての小選挙区が母集団だとすると、研究対象である母集団の情報を直接調べられるので、統計的推定を行う必要はない（あるいは行ってはいけない）ということになる。私たちの興味の対象である母集団の情報を直接観測できるのだから、手に入れたデータを要約すればよい。しかし、**2009年選挙で議席が争われた300の小選挙区すべてについてのデータが揃っているとしても、私たちはそれが必ずしも母集団のデータであるとは考えない**。それはなぜだろうか。

既に説明したとおり、母集団の特徴である母数はたった一つの真実の値として存在する。もし手もとにある小選挙区の自民党得票率が母集団のデータであるなら、データに含まれる得票率が真実の得票率を表していることになる。ここで、時間を巻き戻すことができると仮定して、2009年8月30日に戻ってもう一度同じ総選挙を実施してみることにしよう。私たちが手に入れた総選挙データが母集団のデータであるなら、新たに行われた2009年総選挙の小選挙区での自民党得票率データも母集団のデータであると考えてよいだろう。そして、これら二つのデータは、どちらも2009年総選挙における小選挙区を共通の母集団であると考えている。したがって、二つのデータの得票率は「ぴったり一致」するはずである。なぜなら、母数はたった一つの真実の値であり、異なる値が存在することはあり得ないからである。

総選挙を繰り返すことができたとして、繰り返し行われる総選挙の得票率がぴ

[†10] 統計的検定については第8章で説明する。

ったり一致すると考えるのは妥当だろうか。確かに、選挙を何度繰り返しても、「必ず自民党候補に投票する人」や「必ず自民党以外の政党の候補者に投票する人」もいるだろう。しかし、投票する直前まで誰に投票するか悩んでいた人や、投票所に置いてある鉛筆を転がして誰に投票するか決めた人もいるのではないだろうか。また、そもそも投票するか棄権するかの決断も、当日に起こった偶然によって決められたかもしれない。このような有権者が存在する場合、自民党の得票率は選挙を繰り返すたびに変わってしまう。そう考えると、**私たちが実際に手に入れたデータは、たくさんあった可能性のうちの一つ、つまり標本である**と考えることができる。

図 7.2 は、このような考え方を図で示している。有権者という母集団から 2,000 人の標本を抽出する場合、標本を選ぶのは調査者である。また、時間やお金などの費用を払うことさえできれば、国勢調査のように母集団全体を調べることもできる。これに対し、図 7.2 に示される選挙データのように、一見すると母集団に見えるものを標本であると考えるとき、標本抽出を行うのは調査者ではなく、「自然」である†11。そして、時間を巻き戻すことができない以上、実際に手に入れることができる標本は一つだけであり、どんなに費用をかけても母集団全

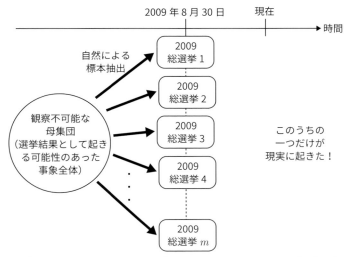

この例の選挙データのように、一見すると母集団であるかのように見えるデータであっても、背後に決して観察することのない母集団を想定し、標本として扱う場合もある。

図 7.2　自然による標本抽出の例

---

†11　神の存在を信じるなら、神が選ぶと考えてもよい。ただし、誰を選ぶかは神の意志によって決められるのではなく、「無作為（ランダム）に」決められなければならない。

体を調べることはできない。

このように、「実際に行われた」すべての総選挙のデータを集めたからといって、それが私たちが研究の対象とする母集団であるとは限らない。「実際には起こらなかったが起きる可能性があった」選挙というものまで想定すれば、実際に行われた選挙とその選挙について集められたデータセットはあくまで一つの標本であり、統計的推定を行う意味があるのである。**実現した値そのものではなく、そのような値を生み出すメカニズムとそのメカニズムの中心にある未知の母数についての知識を得ることが計量政治学の目標である。**

7.2 標本分布

興味の対象である母集団から標本を抜き出し、その標本を分析することで母集団についての知識を得ようとするのが統計的推定である。このとき、私たちが実際にデータ分析に使う標本の数は通常一つである。しかし、同じサイズの標本を選ぶ方法は何通りもあることに注意してほしい。

例えば、10人いる集団から3人を標本として選ぶ方法は何通りあるだろうか。高校数学で学習する組み合わせの知識を用いれば、$\binom{10}{3} = {}_{10}C_3 = 120$ 通りの標本ができることがわかる[†12]。母集団が1億人の有権者なら、そこから2,000人の標本を選ぶ方法は無数にあるといってもいいだろう。

このように、ある母集団について特定のサイズの標本を選ぶ方法は何通りもあり、何通りもある標本のそれぞれについて統計量のとる値を求めることが、理論的には可能である。それぞれの標本で統計量のとる値を求めたとき、統計量の値はすべての標本で一致するとは限らない。つまり、同じ大きさの標本を抽出する作業を繰り返せば、統計量は分布するだろう。このように、一定の標本サイズを保ちながら理論的に考えられるすべての組み合わせで標本を抽出したとき、そこから得られる統計量の分布を**標本分布**(sampling distribution)と呼ぶ[†13]。**標本**

---

† 12 $\binom{10}{3} = {}_{10}C_3 = \frac{10!}{(10-3)!\,3!} = 120$ である。C は combination(組み合わせ)の頭文字である。この式の中にある「!」は階乗記号と呼ばれ、自然数 n について、$n! = n(n-1)(n-2)\cdots 1$ である。例えば、$3! = 3 \times 2 \times 1 = 6$ となる。ただし、$0! = 1$。

† 13 分散の標本分布や最大値の標本分布などを考えることもできるが、ただ単に「標本分布」といった場合、「標本平均」の標本分布を指すのが一般的である。

分布こそが、統計量と母数の間を確率で繋いでくれるものであり、統計的推定の仕組みを理解するための肝である。

例として、表7.3 にあるような3人からなる母集団の議員当選回数を考えよう。この3人の平均当選回数は7回、当選回数の標準偏差は3.7 である。これが母集団であるから、母平均 $\mu = 7$、母標準偏差 $\sigma = 3.7$ ということである。

表 7.3　3人からなる母集団の議員当選回数

	Aさん	Bさん	Cさん
当選回数	3	6	12

ここで、この母集団からサイズ $n = 2$ の標本をすべて選び、当選回数を調べてみる。3人から2人を選ぶ方法は全部で3通りあるので、表7.4 のように三つの異なる標本ができるはずである。そして、それぞれの標本について、標本平均や標本標準偏差などの統計量を求めることができる。

表 7.4　3人の母集団からサイズ 2 の標本を抽出する組み合わせ

標本番号	選ばれる人物	標本平均	標本標準偏差
1	AとB	4.5	1.5
2	AとC	7.5	4.5
3	BとC	9	3

まず、表7.4 の標本平均[14]に注目してみよう。すると、標本平均の値が標本ごとに異なることがわかる。そして、どの標本の標本平均も母平均である7に一致していない。

ここで、標本から母数について推定できるのは標本が母集団の偏りのない縮図であるときであるということを思い出してほしい。「偏りのない」が意味するのは、一つひとつの統計量の値は母数と一致しなくとも、得られた値を平均すれば母数に一致するということであった。実際、標本平均の平均値を計算すると、

$$\frac{4.5 + 7.5 + 9}{3} = 7 = \mu$$

---

[14] 変数 x の標本平均 $\bar{x}$ は、

$$\bar{x} = \frac{1}{n}\sum_{i=1}^{n} x_i = \frac{x_1 + x_2 + \cdots + x_n}{n}$$

である。ただし、n は標本サイズ、x_i は標本内の i 番目の個体の x の値（$i = 1, 2, \cdots, n$）である。

となり、母平均に一致することがわかる。この例に限らず、抽出可能なすべての組み合わせで標本を抽出し、各標本から得られる平均値を求めると、それは母平均に一致する。

標本を繰り返し抽出して得られる統計量の平均が母数に一致するという性質は、**不偏性**（unbiasedness）と呼ばれ、推定量に望まれる性質の一つである。不偏性のある推定量は**不偏推定量**（unbiased estimator）と呼ばれる。標本平均の平均値は母平均に一致する[†15]ので、標本平均は母平均の不偏推定量である。したがって、私たちは標本から得られる標本平均という統計量を使って母平均という母数を推定する。ただし、この推定は標本抽出を繰り返し行えば平均的に正しい値が得られるという性質のものである。実際に分析する一つの標本から具体的に計算できる推定値が母数に一致するという保証はない。

今度は、表 7.4 の標本標準偏差[†16]に注目してみよう。先ほど見た標本平均と同様に、標本標準偏差の値も標本ごとに異なり、母標準偏差に一致していない。

では、標本標準偏差の平均値は母標準偏差に一致するだろうか。標本標準偏差の平均値を計算すると、

$$\frac{1.5 + 4.5 + 3}{3} = 3 < 3.7 = \sigma$$

となる。これは母標準偏差に一致しない。実は、標本標準偏差の平均値が母標準偏差に一致しないというのはこの例に限ったことではなく、**標本標準偏差の平均値は常に母標準偏差以下になる**。このことから、標本標準偏差という統計量は母標準偏差という母数を小さく見積もってしまうという体系的な偏りをもっているということができる。このような体系的な偏りを**バイアス**（bias）と呼ぶ。したがって、標本標準偏差は母標準偏差の不偏推定量ではない。標本標準偏差が母標準偏差の不偏推定量ではないので、代わりに不偏推定量である標本不偏分散の平

[†15] より正確にいうと、標本平均の期待値が母平均に一致する。詳しくは、統計学の教科書（例えば、東京大学教養学部統計学教室 (1991, pp.219-220)、竹村 (2007, pp.125-126) など）を参照。

[†16] 標本に含まれる変数 x について、その標本標準偏差 s_x は、

$$s_x = \sqrt{\frac{1}{n}\sum_{i=1}^{n}(x_i - \bar{x})^2}$$

で与えられる。ただし、n は標本サイズである。

方根という推定量[†17] を利用して母標準偏差を推定するのが一般的である。

ここまでは母集団が3人からなるとても小さな対象を扱ってきたが、今度はより大きな母集団について考えてみよう。今、手もとに日本の成人男性10万人の身長のデータがあるとして、これを母集団であると考える。この母集団の身長をヒストグラムに描くと、図7.3のように分布していることがわかる。この母集団の身長〔cm〕の平均 $\mu = 170$、標準偏差 $\sigma = 6$ である。

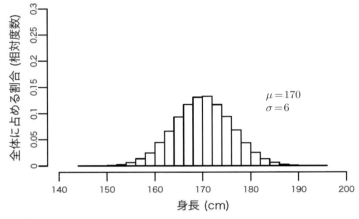

図7.3　母集団（10万人の成人男性）の身長〔cm〕の分布

ここで、私たちがこの母集団の身長のデータを手に入れていないと仮定しよう[†18]。母平均を知るために全数調査を行って平均値を計算するという方法もあるが、10万人分の身長を調べるのは大変なので、標本調査を行うことにする。まず、母集団から単純無作為抽出で10人を抜き出して調査を行う。母集団が3人だった例と同じように、標本ごとに標本平均は異なるだろう。問題は、標本平

[†17]　u_x は、
$$u_x = \sqrt{\frac{1}{n-1}\sum_{i=1}^{n}(x_i - \bar{x})^2}$$
で与えられる。より詳しい解説は、森棟他（2008）や鳥居（1994）などの統計学の教科書を参照。

[†18]　私たちは母平均と母標準偏差を知っているので、本来であれば統計的推定を行う必要はない。ここでは、母数を知っているときにそれを知らないと仮定し、どのような方法を使えば標本から正しい母数を推定できるかを考える。実際に母数を知らない限り、ある推定が正しいかどうかを判断することはできないので、このような方法を用いる。

均の平均値が母平均である 170 に一致するかどうかである。これを確かめるためには、標本平均の標本分布を調べればよい。

しかし、10 万人から 10 人を選ぶ方法は、2.7×10^{43} 通り以上あり、すべての組み合わせで標本平均を求めるのは不可能である。そこで、母集団から 10 人を無作為に選ぶという作業を 500 回だけ行い、その分布を調べることにする。図 7.4 は、サイズ 10 の標本を単純無作為抽出で 500 個抽出したとき、それぞれの標本から得られる標本平均をヒストグラムに表したものである。このヒストグラムは、標本平均の標本分布を表していると考えられる[†19]。

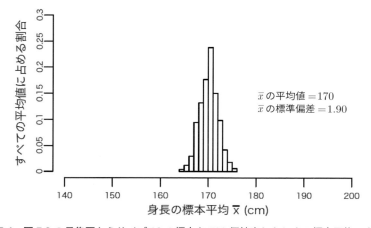

図 7.4　図 7.3 の母集団からサイズ 10 の標本を 500 個抽出したときの標本平均 $\bar{x}$ 分布

ここで注目すべきポイントは二つある。一つ目は、**ヒストグラムの中心が母平均 $\mu = 170$ に一致する**ということである。実際、得られた 500 個の標本の標本平均 $\bar{x}$ の平均値を計算すると 170 になる[†20]。つまり、母集団が大きくても、標本平均は母平均の不偏推定量であるということが示されている。

注目すべきもう一つのポイントは、**母集団のばらつきに比べて標本平均のばらつきが小さい**ということである。図 7.3 と図 7.4 は同じ縮尺で描かれており、二つのヒストグラムを比較すれば、標本平均のヒストグラムが狭い範囲に集中して

[†19]　ただし、これは標本分布そのものではない。標本分布は、標本として抽出可能なすべての組み合わせを考慮に入れて作られる理論的な分布であるが、このヒストグラムの分布は可能な組み合わせの一部を抜き出した経験的な分布であり、疑似的な標本分布である。

[†20]　実際の値は 170.15 ほどであり、多少の誤差は生じているが、ほぼ 170 であると考えてよいだろう。

いることが明らかである。この例に限らず、標本分布のばらつきは母集団分布のばらつきより小さくなる[†21]。

なぜ標本平均のばらつきは母集団のばらつきよりも小さくなるのだろうか。それは、標本平均が極端な値をとりにくいからである。仮に、母集団に含まれる身長の最大値が 200 cm、最小値が 140 cm であるとしよう。そうすると、当然ながら母集団の身長は 140 cm から 200 cm の間に分布していることになる。この母集団からサイズ 10 の標本を抽出するとき、標本平均が 140 cm（200 cm）になるのはどんなときだろう。それは、抽出したすべての人の身長が 140 cm（200 cm）のときだけである。抽出した標本の中に 1 人でも 140 cm より背の高い（200 cm より背の低い）人がいれば、その標本の平均は母平均に近づいてしまう。無作為に抽出した標本では、標本内のすべての値が母集団の最小値や最大値をとるということはめったに起きないだろう。したがって、標本平均の分布は 140 cm より大きい値から 200 cm より小さい値の間に分布することになる。つまり、**標本平均は母集団の分布の両端（最小値と最大値）付近の値をとりづらく、母集団よりも狭い範囲に分布する**。無作為に選んだ標本の中には様々な値が含まれ、それを平均すると母平均から極端に離れた値にはなりにくいのである。このような理由から、標本平均のばらつきは母集団のばらつきよりも小さくなる。

分布のばらつきは標準偏差で測られるが、標本平均の標準偏差 $\mathrm{SD}(\bar{x})$ は、

$$\mathrm{SD}(\bar{x}) = \frac{\sigma}{\sqrt{n}}$$

となる[†22]。この式の分母には n が含まれているので、標本サイズ n が大きくなるほど標本平均の標準偏差は小さくなることがわかる。つまり、**標本サイズが大きくなるほど、標本平均はますます極端な値をとりづらくなる**のである。

今、私たちが考えている母集団の身長の標準偏差 $\sigma = 6$ であり、抽出した 500 個の標本のサイズは 10 だから、$\mathrm{SD}(\bar{x}) = \frac{6}{\sqrt{10}} \approx 1.90$ になるはずである[†23]。図 7.4 に示された標本平均 $\bar{x}$ の標準偏差を実際に計算すると 1.900393 であり、理論的に考えられる $\mathrm{SD}(\bar{x}) = 1.90$ にほぼ一致する[†24]。

†21 ただし、標本サイズが 1 のときは除く。この後で紹介する標本平均の標準偏差 $\mathrm{SD}(\bar{x})$ の式から明らかなように、標本サイズ $n = 1$ のとき、標本平均のばらつき（標準誤差）は母集団のばらつき（母標準偏差 σ）に一致する。
†22 詳しくは、森棟他（2008）や東京大学教養学部統計学教室（1991）などの統計学の教科書を参照。
†23 「≈」は「ほぼ＝」という意味である。
†24 「理論的」というのは、標本サイズ 10 で抽出可能なすべての組み合わせの標本平均の標準偏差ということである。

次に、図 7.5 を見てみよう。この図は、標本サイズを 10 から 90 に変えて図 7.4 と同様の経験的な標本分布をヒストグラムにしたものである。この図からも分布の中心が母平均 $\mu = 170$ に一致することが確かめられる。また、この図の標本平均 $\bar{x}$ のばらつきは、図 7.4 のばらつきよりもさらに小さくなっていることがわかる。標本平均の標準偏差の式からわかったように、**標本サイズ n を大きくすると標本平均の標準偏差は小さくなる**。標本サイズが 10 の場合と 90 の場合とで分母の大きさを比べると、$\frac{\sqrt{10}}{\sqrt{90}} = \frac{1}{3}$ だから、標本サイズが 90 の場合の標準偏差は、標本サイズ 10 の場合の標準偏差の 3 分の 1 になるはずである。実際にここで得られた標本平均の標準偏差を計算すると 0.63 となり、先ほど求めた標本サイズ 10 のときの標準偏差 1.90 のおよそ 3 分の 1 になっている。

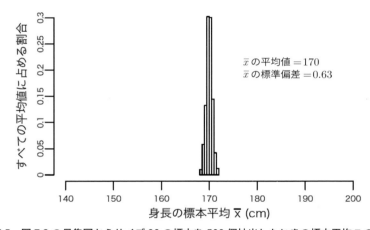

図 7.5 図 7.3 の母集団からサイズ 90 の標本を 500 個抽出したときの標本平均 $\bar{x}$ の分布

このように、標本平均のばらつきは、標本サイズを大きくするとどんどん小さくなる。言い換えると、**標本サイズを大きくするほど、一つの標本から計算される標本平均が母平均の近くの値をとる確率が大きくなる**。このような性質を**一致性**（consistency）と呼ぶ[†25]。一致性も不偏性とともに推定量に望まれる性質の一つであり、一致性をもつ推定量を**一致推定量**（consistent estimator）と呼ぶ。標本平均は母平均の不偏推定量であるだけでなく、母平均の一致推定量でもある。

---

† 25　より厳密な定義は東京大学教養学部統計学教室（1991, p.221）などの統計学の教科書を参照。

7.3 母平均の推定と信頼区間

　政党や政治家に対する有権者の態度を測定するために「感情温度」という指標が使われる[26]。感情温度は 0 度から 100 度まで 1 度刻みで測定され、50 度を好意も反感もない温度と設定する。そして、温度が高いほど好意が強く、温度が低いほど反感が強いと考える。

　この感情温度について、次の例を考えてみよう。

> **例 7-3**
> 日本の有権者の国民民主党に対する感情温度を知りたい。単純無作為抽出によって $n = 100$ 人の標本を手に入れ、国民民主党に対する感情温度を調べたところ、平均感情温度は $\bar{x} = 45$ 度だった。このとき、有権者全体の国民民主党に対する感情温度の平均 μ について、どのような推測ができるだろうか。

　未知の母平均 μ を推測するために利用される値として最も自然なものは標本平均 $\bar{x}$ である。標本分布の節で説明したとおり、$\bar{x}$ は μ の値を偏りなく推測できる不偏推定量である。さらに、標本サイズが大きくなるにつれて、標本平均が母平均から離れた値をとりにくくなること、つまり、標本平均が一致推定量であることもわかっている。したがって、この例のような標本が得られた場合、有権者全体の国民民主党に対する感情温度が 45 度であると推定するのが妥当である。

　しかし、45 度という推測は、どの程度信頼できるものなのだろうか。1 億人を超える有権者から 100 人を選ぶ組み合わせは無数といってよいほどたくさんある。私たちが手に入れた標本は無数の組み合わせの中の一つに過ぎない。標本分布の節（7.2 節）で示されたように、標本をとり直せば、その標本の平均は 45 度にならないだろう。新たな標本の平均は、手もとにある標本平均とわずかに異なる 44 度や 46 度になるのだろうか。あるいは、新たな標本平均が 55 度や 35 度になるようなことも同様に起こり得ると考えるべきだろうか。言い換えると、45 度という推定はどの程度確かな推定なのだろうか。推定の精度を評価するために、推定に伴う不確実性を明らかにする必要がある。

---

[26] 例えば、谷口（2012, 第 5 章）を参照。

7.3.1 母平均の信頼区間

推定に伴う不確実性を表すために利用されるのは、**信頼区間**（confidence interval：**CI**）である。「母平均は 45 である」という推定が一つの値を指し示す[27]のに対し、信頼区間による推定では「母平均は〇〇以上××以下である」というように推定に幅をもたせる[28]。ここでは、信頼区間による母平均の推定法を説明する。

標本平均の標準偏差を推定する——標準誤差

私たちが推定に利用するのは標本の統計量であり、統計量の不確実性は標本分布のばらつきとして現れる。したがって、標本分布の標準偏差を考慮に入れれば、推定の不確実性を明らかにすることができる。

前節で述べたように、標本平均の標準偏差は $\mathrm{SD}(\bar{x}) = \frac{\sigma}{\sqrt{n}}$ である。よって、σ と n の値がわかれば、標本平均の標準偏差がわかり、標本平均の不確実性を捉えることができる。n は標本サイズだから、標本調査を行えばその値を知ることができる。例 7-3 の場合、$n = 100$ である。

一方、σ は母集団の標準偏差（母標準偏差）だから、標本を調べただけでは知ることができない。したがって、まず σ を推定する必要がある。σ の推定値として利用されるのは、不偏分散の平方根（以後、これを標準偏差と呼ぶ）u である[29]。この推定値 u を使い、σ を、

$$\mathrm{SE} = \frac{u}{\sqrt{n}}$$

で推定する。この SE を標本平均の**標準誤差**（stardard error：**SE**）と呼ぶ。σ を知らない限り $\mathrm{SD}(\bar{x})$ の値を知ることはできないので、今後は $\mathrm{SD}(\bar{x})$ の推定値である SE を利用する。

t 分布

標本平均の標準誤差 SE を使い、標本平均を次のように変形する。

$$T = \frac{\bar{x} - \mu}{\mathrm{SE}}$$

---

[27] このように一つの値で母数を推定することを、**点推定**（point estimation）と呼ぶ。
[28] このように幅をもたせる推定を、**区間推定**（interval estimation）と呼ぶ。
[29] 脚注 17 を参照。

すると、この T が t 分布という確率分布に従うことが知られている[30][31]。T の分子は $\bar{x} - \mu$ だから、$\bar{x} = \mu$ のとき、すなわち、標本平均が母平均に一致するとき、$T = 0$ となる。

t 分布は、自由度[32]と呼ばれる数値によって分布の「形」が変わる。図7.6は、自由度が異なる三つの t 分布を示している。この図からわかるとおり、t 分布は0を中心とした左右対称な分布である。また、自由度が大きくなるにつれて、分布のばらつきが小さくなる（分布が中央に集まる）ことがわかる[33]。

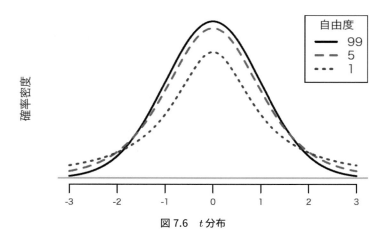

図7.6　t 分布

標本平均の推定では、自由度が $n-1$ の t 分布を利用する。例7-3では標本サイズ $n = 100$ なので、自由度99の t 分布を使う。言い換えると、標本平均を変

---

[30] 詳しくは、石村・石村（2012）や森棟他（2008）、高橋（2004）、鳥居（1994）などの統計学の教科書を参照。

[31] 母標準偏差 σ を知っている場合、t 分布ではなく標準正規分布を利用することができる。σ が既知なら、その σ を使って $\bar{x}$ を変形（標準化）した $z = (\bar{x} - \mu)/(\sigma/\sqrt{n})$ が標準正規分布に従う。実際のデータ分析において σ を知っていることはめったにないので、本書では標準正規分布を利用した推定・検定については解説しない。標準正規分布を利用した統計的推定・検定については、小島（2006）や鳥居（1994）などを参照。

[32] 自由度に関する詳細は、神林・三輪（2011）や永田（1996）を参照。

[33] 自由度 $n-1$ が大きくなるにつれて、t 分布は標準正規分布に近づく。したがって、n が十分大きくなれば、t 分布の代わりに標準正規分布を使って推定（検定）を行っても、実質的にはほとんど同じ結論を得ることができる。手計算で統計的推定を行う場合、分布表から「推定に利用する数値（後述）」を見つけて推定を行うので、自由度によって見つけるべき数値が異なる t 分布の代わりに、分布が一つに定まっている標準正規分布を利用できるのはとても便利である。しかし、R（あるいはその他の統計ソフト）が利用できる状況では、「推定に利用する数値」は簡単に求められるので、σ が既知の場合を除き、n が大きくても t 分布を利用する。

形した T が自由度 99 の t 分布に従うという事実を利用して統計的推定を行う。

図 7.7 は、標本を何度もとり直したとき、自由度 99 の t 分布に従う T がどのように分布するかを示している。この図のように分布を表す曲線を確率密度曲線 (probability density curve) と呼ぶ。確率密度についての詳しい解説は統計学の教科書[34]に譲るが、確率密度について一つだけ覚えてほしいことがある。それは、**確率密度曲線と横軸（確率密度 = 0）に囲まれる部分の面積が確率を表す**ということである。確率は合計すると 1（100%）だから、確率密度曲線と横軸に囲まれる部分の面積も合計すると 1 になる。

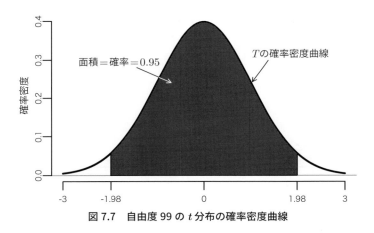

図 7.7　自由度 99 の t 分布の確率密度曲線

図 7.7 に示されているとおり、自由度 99 の t 分布の場合、横軸の値が -1.98 と 1.98 の間で確率密度曲線と横軸に囲まれる部分の面積は 0.95 である。このことから、自由度 $n-1=99$ のとき、T の 95% は -1.98 以上、1.98 以下の範囲（この範囲を $[-1.98, 1.98]$ と表す[35]）に収まることがわかる。このように、t 分布を利用すると、T の何パーセントがどの範囲に収まるかを知ることができる。

図 7.6 に示したように、t 分布の概形は自由度によって変わるので、自由度が変われば -1.98 や 1.98 以外の値を使うことになる。一般的に、T が自由度 $n-1$ の t 分布に従うとき、T の 95% は区間 $[-t_{n-1,\,0.025},\, t_{n-1,\,0.025}]$ に収まる。自由度 99 のときは、$t_{99,\,0.025} = 1.98$ になる。

ここで、$t_{n-1,\,0.025}$ にある 0.025 はどこから出てきた値だろうか。図 7.7 では、

---

[34] 小島 (2006)、高橋 (2004)、鳥居 (1994) などを参照。

[35] $[a, b]$ という記号は閉区間を表す。x が $[a, b]$ にあるというのは、$a \leq x \leq b$ という意味である。これに対し、$a < x < b$ のときは、x が (a, b) にあると表記する。このような区間を開区間と呼ぶ。

T の分布の 95%（0.95）分が網掛けされている。裏返せば、残りの 5%（0.05）分は網掛けされていない。網掛けされていない部分は左右両側にあり、左右の網掛けされていない部分を同じ大きさにすれば、片側の面積は 0.05 の半分の 0.025 である。これが、$t_{n-1,\,0.025}$ に現れる 0.025 の意味である。したがって、95% の代わりに 90% の範囲を考えるなら、網掛けされていないのは全体で 10%（0.1）、片側はその半分の 5%（0.05）だから、区間 $[-t_{n-1,\,0.05},\,t_{n-1,\,0.05}]$ に T の 90% が収まるということになる。

この $t_{n-1,\,0.025}$ に当てはまる具体的な数値は、R で簡単に求めることができる[†36]。

```
qt(p = 0.025, df = n-1, lower.tail = FALSE)
```

したがって、$t_{99,\,0.025}$ を求めるために、

```
qt(p = 0.025, df = 99, lower.tail = FALSE)
```

とすれば、1.984217 という結果が表示される。図 7.7 の 1.98 という数値はこのようにして求められたものである。

信頼区間を求める

これまでに、母平均が μ のとき、標本サイズ n の標本を繰り返し抽出すると、標本平均 $\bar{x}$ を変形した $T = \dfrac{\bar{x} - \mu}{\mathrm{SE}}$ が自由度 $n-1$ の t 分布に従うことがわかった。そのとき、T の 95% が区間 $[-t_{n-1,\,0.025},\,t_{n-1,\,0.025}]$ に収まることもわかった。

これを式で表すと、95% の標本について、

$$-t_{n-1, 0.025} \leq T \leq t_{n-1, 0.025}$$

が成り立つということである。つまり、95% の標本について、

$$-t_{n-1, 0.025} \leq \frac{\bar{x} - \mu}{\mathrm{SE}} \leq t_{n-1, 0.025}$$

が成り立つ。この式を変形すると、

[†36] これが脚注 33 で述べた「推定に利用する数値」である。

$$\bar{x} - t_{n-1, 0.025} \times \mathrm{SE} \leq \mu \leq \bar{x} + t_{n-1, 0.025} \times \mathrm{SE}$$

となる。

　これらの不等式から、T が区間 $[-t_{n-1,\ 0.025},\ t_{n-1,\ 0.025}]$ に収まるなら、μ は区間 $[\ \bar{x} - t_{n-1,\ 0.025} \times \mathrm{SE},\ \bar{x} + t_{n-1,\ 0.025} \times \mathrm{SE}]$ に収まるということがわかる。したがって、T が $[-t_{n-1,\ 0.025},\ t_{n-1,\ 0.025}]$ に収まる 95% の標本については、区間 $[\ \bar{x} - t_{n-1,\ 0.025} \times \mathrm{SE},\ \bar{x} + t_{n-1,\ 0.025} \times \mathrm{SE}]$ が真の μ の値をその区間内に含んでいる。このような区間を **95% 信頼区間**（$\mathrm{CI}_{.95}$ と表記する）と呼ぶ。

　以上をまとめると、**標本平均** $\bar{x}$、**標準誤差** $\left(\mathrm{SE} = \dfrac{u}{\sqrt{n}}\right)$ **のとき**、μ **の 95% 信頼区間は** $[\ \bar{x} - t_{n-1,\ 0.025} \times \mathrm{SE},\ \bar{x} + t_{n-1,\ 0.025} \times \mathrm{SE}]$ **となる**。

　次に、例 7-3 を使って 95% 信頼区間を実際に求めてみよう。そのために、例 7-3 の国民民主党に対する感情温度の調査では標準偏差が $u = 20$ だったとする[†37]。そうすると、

$$\mathrm{SE} = \frac{u}{\sqrt{n}} = \frac{20}{\sqrt{100}} = 2$$

である。標本平均 $\bar{x} = 45$、$t_{99,\ 0.025} = 1.98$ だから、μ の 95% 信頼区間は、

$$\bar{x} - t_{n-1,0.025} \times \mathrm{SE} \leq \mu \leq \bar{x} + t_{n-1,0.025} \times \mathrm{SE}$$
$$45 - 1.98 \times 2 \leq \mu \leq 45 + 1.98 \times 2$$
$$41.04 \leq \mu \leq 48.96$$

となる。

　このように、信頼区間を使うと「有権者全体の国民民主党に対する感情温度の 95% 信頼区間は 41.0 度から 49.0 度である」という推定を行うことになる。「有権者の国民民主党に対する感情温度は 45 度である」という推定では推定の不確実性が不明だったが、信頼区間を使った推定では不確実性が明らかになっている。**信頼区間による推定は、「±4.0 度分くらいはズレているかもしれない」ということを明示している。**

　ここで、もう一度信頼区間を得るために辿った考えをまとめてみよう。

1. 標本を繰り返し抽出すると、標本平均 $\bar{x}$ を変形した、$T = \dfrac{\bar{x} - \mu}{\mathrm{SE}}$ が自由度 $n-1$ の t 分布に従う。ただし、$\mathrm{SE} = \dfrac{u}{\sqrt{n}}$ である。

---

†37　通常、u の値は標本から計算する。変数 x の標準偏差 u を R で求めるには、`sd(x)` とすればよい。

2. t 分布の特徴により、全標本の 95% について、
$-t_{n-1,\,0.025} \leq \dfrac{\bar{x} - \mu}{\mathrm{SE}} \leq t_{n-1,\,0.025}$ が成り立つ。
3. 上の不等式を変形すると、全標本の 95% について、
$\bar{x} - t_{n-1,\,0.025} \times \mathrm{SE} \leq \mu \leq \bar{x} + t_{n-1,\,0.025} \times \mathrm{SE}$ となる。
4. 言い換えると、95% の標本については、
$[\,\bar{x} - t_{n-1,\,0.025} \times \mathrm{SE},\ \bar{x} + t_{n-1,\,0.025} \times \mathrm{SE}\,]$ という区間に真の μ の値が含まれる。
5. こうして求められた区間 $[\,\bar{x} - t_{n-1,\,0.025} \times \mathrm{SE},\ \bar{x} + t_{n-1,\,0.025} \times \mathrm{SE}\,]$ を母平均 μ の 95% 信頼区間と呼ぶ。

7.3.2 信頼区間の解釈

このようにして信頼区間を求めたとき、信頼区間をどのように解釈すべきだろうか。「95% 信頼区間」と聞くと、私たちが知ろうとしている母数の値がこの区間に含まれている確率が 95% なのだろうと思うかもしれない。しかし、それは**誤りである**。あるデータセットから得られた 95% 信頼区間に母数が含まれる「確率」は、0% または 100% である。

このことを理解するために、信頼区間を利用して推定しようとしている母数を私たちが知っていると仮定しよう[†38]。すると、私たちは求めた信頼区間の中に実際にこの母数が含まれているかどうかはっきりとした判断を下すことができる。区間の中に母数があれば、その信頼区間が母数を含んでいる確率は 100% である。反対に、区間の中に母数がなければ、その信頼区間が母数を含んでいる確率は 0% である。このように、一つの信頼区間は母数を含むか含まないかのいずれかである。母数の「真の値（定数）」の存在が想定される限り、私たちがその値を知らなくともこの事実に変わりはない。つまり、ある 95% 信頼区間が推定したい母数を捉えている確率が 95% ということはあり得ず、確率は 100%（うまいこと母数を捉えている）か 0%（母数を捉え損なっている）かのどちらかである。

では、95% 信頼区間の「95%」とは何を意味するのだろうか。標本分布で考えたように、理論的に可能なあらゆる組み合わせで同じサイズの標本を抽出するとする。そして、それぞれの標本について 95% 信頼区間を求める。すると、**求めた 95% 信頼区間のうち、95% の区間は真の母数を区間の中に捉え、残りの 5%**

[†38] もちろん、本当に知っているのであれば統計的推定を行う必要はないが、統計学を理解するためにはこのような「仮定」が重要である。

は母数を捉え損ねる。

　よって、たまたま手もとにあるデータセットが運悪く「残りの5%」に属するものであれば、そのデータセットから求めた95%信頼区間に私たちが知ろうとする母数の値が含まれる確率はゼロである。より単純化すれば、異なる100個のデータセットのそれぞれについて95%信頼区間を求めると、そのうち95個の信頼区間は推定したい「母数(μ)」を区間の中に含み、5個の信頼区間には「母数(μ)」が含まれていないということである。つまり、95%というのは一つの標本から得られた区間に対する信頼度ではなく、その区間を求める手続きに対する信頼度である。

　図7.8は、抽出された20個の標本（$n=100$）を使って求められた信頼区間を示している。話を単純にするため、各標本から得られるSEが等しいことにす

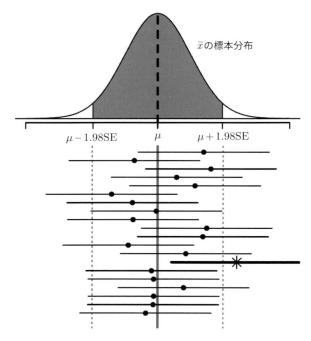

　黒点が標本平均、水平方向に引かれた線分が信頼区間を表す。標本平均（●）が$\mu \pm 1.98$SEの範囲に入るとき、信頼区間が垂直に引かれた実線と交わる。それらの信頼区間は母平均μを区間内に捉えている。運が悪いと、標本平均が$\mu \pm 1.98$SEの範囲外の値をとり（＊）、95%信頼区間が母平均を捉え損なう（下から7番目の線分）。標本抽出を繰り返し、それぞれの標本について95%信頼区間を求めると、求めた信頼区間の95%が母平均を区間内に捉える。

図7.8　同じ母集団から抽出された20個の標本（$n=100$、すなわちt分布の自由度99）から得られる95%信頼区間

る。既に述べたとおり、標本サイズ $n = 100$ のとき、標本の 95% について、

$$-1.98 \leq \frac{\bar{x} - \mu}{\mathrm{SE}} \leq 1.98$$

であるが、これを $\bar{x}$ について解くと、

$$\mu - 1.98\mathrm{SE} \leq \bar{x} \leq \mu + 1.98\mathrm{SE}$$

である。

　図 7.8 の上部にあるのはこの $\bar{x}$ の標本分布[39]であり、図の下部に引かれた平行な線分がそれぞれの標本から得られた 95% 信頼区間である。線分の長さは標準誤差 SE と標本サイズ n によって決まるので、SE と n が一定であれば、どの標本でも信頼区間の長さは同じになる[40]。**線分の左右の位置は、●で表される標本平均によって決まる**。標本平均が μ からそれほど離れていなければ、線分が母数の真の値である μ の位置に垂直に引かれた線と交わる。つまり、そのような信頼区間は区間内に母数を捉えている。一方、標本平均が μ から大きく離れた値をとった場合、線分は垂直な線と交わらない。つまり、その信頼区間は母数を捉え損なっている。信頼区間が母数と交わらないほどに μ から離れた標本平均 $\bar{x}$ は、同じサイズで抽出可能なすべて標本のうちの 5% の標本について起こる。

　このように、95% という確率は、分析対象となる標本（データセット）がたくさんあることを想定して考えられている。しかし、私たちが分析を行う場合、データセットは一つしかないのが普通である。分析するデータセットが一つだけ与えられたとき、そのデータセットの信頼区間が母数を捉えているかどうかはわからない。標本を抽出する時点で、「5% の不運よりは 95% の幸運に恵まれただろう」と**仮定**し、95% 信頼区間を区間推定に利用するのである。

　また、ある信頼区間を求めたとき、「母数は区間の中央付近にある可能性が高い」と考えるのも誤りである。既に説明したとおり、信頼区間はその区間に母数が含まれるかどうかだけを問題にしているので、**ある信頼区間のどのあたりに母数が存在するかどうかはわからない**。母数が信頼区間の中心にあろうが、下限付近にあろうが、あるいは上限付近にあろうが、信頼区間が母数を捉えているとい

---

[39] 自由度 99 の t 分布に SE を掛け、μ だけ平行移動したものである。

[40] 実際に標本をとり直すと、標本ごとに u の値が異なるので $\mathrm{SE} = \frac{u}{\sqrt{n}}$ の値も異なる。したがって、信頼区間の長さは標本ごとに異なる。SE が一定というのはあくまで単純化するためにおいた仮定である。

う点に差はなく、「幸運な95%のうちの一つ」に平等に数えられる[†41]。

信頼区間の信頼度は95%でなくてもかまわない。例えば、90%信頼区間や50%信頼区間などを考えることもできる。信頼度は、その信頼区間による推定がどれだけ信頼できるかを表す。ただし、信頼度の意味には注意する必要がある。

信頼度が高いほど推定の精度が高いのだから、信頼度が高いほど信頼区間が短くなるのではないかと思うかもしれないが、それは誤りである。**信頼度が高いほど、真の値を区間内に含む信頼区間の割合が大きくならなければならないので、信頼区間は長くなる。**区間が長ければ長いほど、母数を捉え損なう信頼区間の数が減るというのは、直感的にもわかるだろう。例えば、天気予報であれば、「明日は晴れる」という予報より「明日は晴れまたは曇り」という予報のほうが当たりやすいし、「明日は晴れまたは曇りまたは雨」という予報はさらに当たりやすい。したがって、同じ母数に対する信頼区間を求めれば、50%信頼区間より90%信頼区間のほうが必ず長くなる。

7.3.3　Rで信頼区間を求める

> **例7-4**
> 衆議院議員に立候補する人の平均年齢は何歳だろうか。第6章で保存した衆議院議員総選挙のデータ（hr-data.Rds）を使って調べてみよう。

プロジェクト内のdataディレクトリにhr-data.Rdsというファイルがあることを確認し、次のコマンドを実行してデータを読み込む。

```
HR <- readr::read_rds("data/hr-data.Rds")
```

総選挙データから立候補者の母集団[†42]の平均年齢を推定するため、Rで信頼区間を求めてみよう。平均値の信頼区間を求めるにはt.test()という関数を使

[†41] より直感的に、母数が含まれる確率が95%となるような区間を求めることはできないのだろうか。実は、ベイズ統計学の立場からそのような区間を考えることができる。本書の範囲を超えるので説明は省くが、興味のある読者は中妻（2007）、涌井・涌井（2012）などを参照。

[†42] ここでの母集団は実際に立候補した人全体ではなく、立候補する可能性のあった人たち全体である。

う。`t.test()`では、`conf.level`で何パーセントの信頼区間を求めるかを指定できる。衆議院議員総選挙のデータフレームHRには各候補者の年齢を測定したageという変数があるので、この変数に対して`t.test()`を使えばよい。例えば、立候補者の年齢の50%信頼区間を求めるには、

```
age_ci50 <- t.test(HR$age, conf.level = 0.5)
```

とする。

このコマンドを実行すると、`age_ci50`に結果が保存される。ここから信頼区間を取り出すには、次のようにする。

```
age_ci50$conf.int
```

結果は、次のように表示される。

```
[1] 50.81778 50.97717
attr(,"conf.level")
[1] 0.5
```

1行目に信頼区間の下限値と上限値が、最後の行に信頼度が表示される。このデータセットから得られる50%信頼区間は$CI_{.50} \approx [50.82, 50.97]$である。

`conf.level`を指定しない場合は95%信頼区間が出力されるので、95%信頼区間を求めるときは、

```
age_ci95 <- t.test(HR$age)
age_ci95$conf.int
```

とすればよい。実際に求めると、$CI_{.95} \approx [50.67, 51.13]$となり、95%信頼区間のほうが50%信頼区間より長くなることがわかる。

これらの結果から、1996年から2017年までの間に衆議院議員に立候補するような人たちの平均年齢は、50歳から51歳くらいであることがわかる。

まとめ

- 統計的推定とは、標本から得られる情報（統計量）を使って母集団の特徴（母数）について推測することである。
- 統計量がとる値は標本ごとに異なる。統計量の分布を標本分布と呼ぶ。
- 標本平均の標準偏差は、母集団の標準偏差より小さい。標本サイズが大きくなるほど標本平均の標準偏差は小さくなる。
- 母集団の標準偏差 σ が未知のとき、標本平均の標準偏差の代わりに標準誤差を利用する。
- 推定量に望まれる性質として、不偏性と一致性という性質がある。
    - 不偏性とは、推定量の値を平均すると、求めたい母数に一致するという性質である。
    - 一致性とは、標本サイズを大きくするほど、求めたい母数から離れた値をとる確率が小さくなるという性質である。
    - 標本平均は母平均の不偏推定量であり、一致推定量でもある。
- 区間推定とは、母数の推測に幅をもたせることによって推定の不確実性を明らかにする推定法である。区間推定に使われる区間を信頼区間を呼ぶ。
- 標本平均の信頼区間を求めるために、自由度 $n-1$ の t 分布を利用する。
- 95%（90%、50%）信頼区間に母数が含まれる確率は 0% または 100% であって、95%（90%、50%）ではない。私たちは母数を知らないので、あるデータセットから得られた信頼区間に母数が含まれているかどうかはわからない。
- 信頼区間の信頼度は、得られた区間の信頼度ではなく、区間を得るために利用される手続きの信頼度である。

練習問題

Q7-1 衆議院議員総選挙のデータ（`hr-data.Rds` または `hr96-17.csv`）を使い、以下の各問に答えなさい。

Q7-1-1 得票数（`vote`）の 95% 信頼区間を求めなさい。

Q7-1-2 得票数の 50% 信頼区間を求めなさい。

Q7-1-3 Q7-1-1 と Q7-1-2 で求めた信頼区間はどちらが長いか。また、それはなぜか。

第8章

統計的仮説検定

本章では、リサーチクエスチョンから引き出された作業仮説が正しいかどうかを統計的に確かめる方法を解説する。まず、統計的仮説検定の基礎を解説する。検定に利用する仮説を立て、検定のための判断基準を設定し、検定の結論を示すという一連の流れに沿って、検定の方法を解説する。その後で、統計的仮説検定を行う際に問題となる事項をいくつか紹介する。統計的仮説検定は確率論に依拠しているため、その結論は「確率的」で不確実なものであるということに注意する必要がある。

8.1 統計的仮説検定の基礎

私たちの興味の対象は母集団である。しかし、いつも母集団を直接観察できるとは限らない。母集団を直接観察することができないとき、標本を抽出し、標本から得られる情報（統計量）を利用して母集団の特徴（母数）についての知識を得ようとする。これが前章で説明した統計的推定である。統計的仮説検定でも、興味の対象は母集団である。したがって、**検定の対象となる仮説は、母集団（母数）に関する仮説**である。そして、母集団を直接調べられないとき、標本から計算される統計量を利用し、母数に関して立てた仮説が妥当といえるかどうか検証する。統計的仮説検定は次のような流れで行う。

1. 検定の対象となる仮説を設定する。
2. 検定の基準となる有意水準を設定する。
3. 検定に利用する統計量（検定統計量）の値を計算する。
4. 利用する検定統計量の標本分布と有意水準に従って棄却域を決める。
5. 検定統計量の値が棄却域に入るかどうかによって仮説検定を行う。

6. 検定の結論を述べる。

本節では、これらの各項目について順番に説明する。

8.1.1 仮説の設定——帰無仮説と対立仮説

仮説検定を行うためには、まず検定の対象となる仮説を設定する必要がある。次の例を考えてみよう。

> **例 8-1**
> 日本の有権者の国民民主党に対する感情温度を知るため、単純無作為抽出によって $n = 100$ 人の標本を手に入れ、国民民主党に対する感情温度を調べた。その結果、平均感情温度は $\bar{x} = 45$ 度、感情温度の標本不偏分散 $u^2 = 20^2$ だった。このとき、有権者全体の国民民主党に対する感情温度の平均 μ は 50 度ではないといえるだろうか。

この例の場合、確かめたい仮説(作業仮説)は「有権者全体の国民民主党に対する感情温度の平均が 50 度ではない」である。標本調査から得られた平均値は $\bar{x} = 45 \neq 50$ だが、この値は標本の選び方によってたまたま得られた偶然のものである。$\mu = 50$ であっても、$\bar{x} = 45$ が得られる可能性はあるので、本当に「$\mu \neq 50$」という仮説が妥当かどうか検証する必要がある。しかし、統計的仮説検定ではこの仮説を直接調べることはしない。代わりに、自分が検証したい作業仮説とは反対の「**有権者全体の国民民主党に対する感情温度が 50 度である**」という仮説を立てる。

そして、その仮説が妥当かどうかを検討し、その仮説が統計的に棄却(reject)されるとき、自らの仮説が妥当だということにする。

否定されることによって別の仮説の妥当性を示すこのような仮説を**帰無仮説**(null hypothesis、H_0 と表記する)と呼ぶ。また、帰無仮説が否定されることによって妥当性が高められるような仮説を**対立仮説**(alternative hypothesis、H_a と表記する)と呼ぶ。

このように、統計的仮説検定ではリサーチクエスチョンに答えるために作られた作業仮説を対立仮説に設定し、その対立仮説とは排他的な関係にあるような帰無仮説を立てる。そして、帰無仮説が棄却されるとき、対立仮説である作業仮説

の妥当性が高いと判断する。あえて自分が主張したいことと反対のことを帰無仮説として提示し、その仮説が正しくないことを示す（つまり、仮説を無に帰す）ことによって、自分の主張の正当性を示すという回りくどい方法をとるのである。

例 8-1 について統計的仮説検定を行う場合、利用される仮説は次のようなものになる。

H_0：有権者全体の国民民主党に対する感情温度は 50 度である。
H_a：有権者全体の国民民主党に対する感情温度は 50 度ではない[1]。

私たちは、「有権者の国民民主党に対する感情温度は 50 度ではない」という仮説が正しいかどうか検証するために、「有権者の国民民主党に対する感情温度は 50 度である」という仮説を無に帰せるかどうか調べる。このように、**統計的仮説検定で利用するのは、帰無仮説と対立仮説という互いに背反な仮説のペア**である。

このとき注意すべきは、**帰無仮説では母数に一つの値を仮定し、対立仮説は一つの値を仮定しない**ということである[2]。例 8-1 について設定された帰無仮説を見ると、「母集団の平均感情温度 = 50 度」として一つの値（50）を仮説に使っている。それに対し、対立仮説は「母集団平均感情温度 ≠ 50 度」であり、この対立仮説には「母集団の平均感情温度 = 49 度」や「母集団の平均感情温度 = 20.4 度」など、無数の可能性が含まれている。

対立仮説が妥当であると判断されるのは、帰無仮説が棄却されるときである。そして、帰無仮説が母数に一つの値を仮定するなら、帰無仮説が棄却されるときに否定される値も一つである。感情温度というのは 0 度から 100 度までの範囲であればどんな数字でもとることができるから、一つの値が否定されても後に残される可能性は無数にある[3]。したがって、帰無仮説が棄却されても、代わりに採用される対立仮説は母数を一つの値に絞り込むことができない[4]。だから対立仮

---

[1] この仮説の代わりに、「有権者全体の国民民主党に対する感情温度は 50 度より低い」という仮説を対立仮説にすることも考えられる。どちらの対立仮説も、帰無仮説とは両立しない（排他的である）。しかし、どちらの対立仮説を立てるかによって棄却域の設定の仕方が異なる。詳しくは、8.2.2 項にある片側検定と両側検定の説明を参照。

[2] このように一つの値で仮説を構成しない対立仮説を複合対立仮説（composite alternative hypothesis）と呼ぶ。帰無仮説と同じように一つの値を仮定するものは、単純対立仮説（simple alternative hypothesis）と呼ぶ

[3] 一人ひとりの回答は 1 度刻みなので 100 種類の選択肢しかないが、平均すると小数になり得る。

[4] 母数が取り得る値が 2 種類しかなければ、対立仮説は単純対立仮説でもかまわないということになる。

説は母数の値を一つに限定せず、母数にたくさんの可能性を残したものになる。

では、対立仮説で母数に一つの値を仮定し、帰無仮説で母数にたくさんの可能性を想定することはできるだろうか。例 8-1 について設定した帰無仮説と対立仮説を入れ替えて考えてみよう。帰無仮説を棄却するためには、「平均感情温度 $\neq 50$ 度」を否定すればよいが、そのためには、20 度や 80 度などだけでなく、49.9 度や 49.99 度などの可能性も否定し尽くす必要がある。つまり、**帰無仮説を区間で表現すると、帰無仮説を否定するために無限に存在する可能性すべてを否定しなければならない**。無限の可能性を一つひとつ調べてすべて否定するのは不可能である。したがって、統計的仮説検定ではこのような仮説の設定をしないように注意しなければならない[†5]。

8.1.2 有意水準の設定

帰無仮説と対立仮説が用意できたら、次はどんなときに帰無仮説を棄却するかについて考える必要がある。第 6 章でも説明したとおり、私たちは母数を知るために統計量を利用する[†6]が、手もとにある一つの標本を使って計算される統計量の値が母数に一致するとは限らない。つまり、統計量はある確率分布に従う。したがって、帰無仮説が仮定する母数 $\mu = \mu_0$ (例 8-1 の場合、$\mu = \mu_0 = 50$) が正しいとしても、統計量は μ_0 に一致しない値をとり得る。直感的には、標本から計算された統計量の値が帰無仮説で母数に仮定した値 μ_0 に近いとき、帰無仮説が間違っていると強く主張することはできない。なぜなら、μ_0 に近い値を「たまたま」とることは十分に考えられるからである。反対に、帰無仮説が仮定した値 μ_0 から統計量の値がかけ離れているとき、帰無仮説が間違っていると考える。なぜなら、μ_0 が正しいのに μ_0 からかけ離れた値をとることは偶然とは考えにくいからである。そして、偶然以外の理由として、μ_0 が正しくない、つまり帰無仮説が間違っていると考える。統計的仮説検定では、このような直感的な方法を利用する。

[†5] 帰無仮説が一つの母数しか仮定できないことは不便に思われるかもしれないが、実際上はそれほど不便ではない。それは、統計的検定の対象となるような問題の多くが、「差があるかどうか」や「効果があるかないか」などの「ゼロかゼロでないか」という問題だからである。このような問題なら、ゼロを帰無仮説にし、ゼロ以外を対立仮説にすれば、一つの値を仮定する帰無仮説と複数の値を仮定する対立仮説の枠組みにすっきり収まる。

[†6] 例えば、母平均を知るためには標本平均を利用する。

母数に仮定した値 μ_0 から統計量の値がかけ離れている場合に帰無仮説を棄却することにすると、どれくらい離れていれば「かけ離れた」といえるかが問題になる。このとき、統計量がとり得る値を μ_0 に近い順に並べ替え、その中で μ_0 から最も遠い $A\%$ 分（例えば5%分）を「かけ離れた」値に認定することにする。このパーセンテージのことを**有意水準**（significance level）と呼ぶ。仮定された μ_0 と統計量の値の差が、「偶然得られた差」ではなく「統計的に意味のある差」であることを示す基準なので、このような名前が付けられている。有意水準は α（アルファ）と表記されることが多い。例えば、有意水準が5%なら $\alpha = 0.05$ と表記される[†7]。

図8.1 は、帰無仮説（$\mu = \mu_0$）が正しいとき、t 分布に従う統計量 T がどのように分布するかを表している。

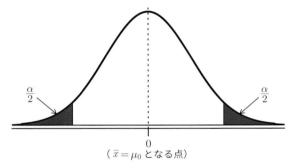

帰無仮説が正しいとき、$\bar{x}$ が μ_0 からかけ離れた値をとると、T が 0 からかけ離れた値をとる。かけ離れた値をとる確率 α を、分布の中心である 0 から最も離れた位置（図の網の部分）にとる。

図8.1 帰無仮説が想定する統計量 T の分布（自由度 $n-1$ の t 分布）と有意水準 α

第6章で説明したように、標本平均 $\bar{x}$ を変形し、

$$T = \frac{\bar{x} - \mu}{\text{SE}}$$

とすると、T は自由度 $n-1$ の t 分布に従う。ここでは $\mu = \mu_0$ という帰無仮説を設定しているので、帰無仮説が正しければ、

$$T = \frac{\bar{x} - \mu_0}{\text{SE}}$$

[†7] $\alpha = .05$ と表記されることもあるが、意味は同じである。有意水準に限らず、統計学ではスペースの節約のために絶対値が1より小さい小数の整数部分を省略する習慣がある。例えば 0.01 は .01、0.10 は .10 と表記される。

が自由度 $n-1$ の t 分布に従うはずである。

図 8.1 が示すように、t 分布の中心は 0 である。標本平均である $\bar{x}$ が帰無仮説が仮定する μ_0 に一致する（$\bar{x} = \mu_0$）とき、

$$T = \frac{\bar{x} - \mu_0}{\mathrm{SE}} = \frac{\mu_0 - \mu_0}{\mathrm{SE}} = 0$$

となり、T が分布の中心の値をとる。$\bar{x}$ が μ_0 から離れるほど、T は 0 から離れた値をとる[†8]。したがって、統計量 $\bar{x}$ が μ_0 から「かけ離れた」値をとっていると判断されるのは、図 8.1 の両端の網の部分である。

t 分布を利用した統計的仮説検定では、検定統計量 T がこの範囲にあるときに帰無仮説を否定することになる。有意水準の大きさを変えれば、分布の中心から網の部分までの距離を調整することができる。分布を表す確率密度曲線と横軸に囲まれた部分の面積が確率を表すので、図の両側に $\frac{\alpha}{2}$ ずつの面積をとることで有意水準 α を表現している[†9]。

有意水準を大きくすれば、かけ離れた値に認定される統計量の値の範囲（図 8.1 の網の部分）が広がるから、帰無仮説は棄却されやすくなる。反対に有意水準を小さくすれば、かけ離れた値に認定される範囲が狭まるので、帰無仮説は棄却されにくくなる。では、有意水準はいくつにすべきだろうか。

実は、**有意水準をいくつにすればいいかを客観的に決める基準は存在しない**。したがって、有意水準の決定は統計的仮説検定の利用者に委ねられている。政治学を含む社会科学では、5% が有意水準に選ばれることが多い[†10]。ただし、より厳しい基準で仮説を評価したいなら 1% や 0.1% という有意水準を使ってもよい。反対に、5% では厳しすぎると考える正当な理由があるなら、10% というより緩やかな基準を使うことも許される[†11]。ここで、なぜ 5% を使うのか、6% ではダメなのかという疑問をもつかもしれないが、それはまっとうな疑問である。これに対する解答は、「習慣だから」「切りがいい数字だから」というもの以外にはない。つまり、科学的な根拠はない。

[†8] $\bar{x} > \mu_0$ であれば T は正の方向（右）に離れ、$\bar{x} < \mu_0$ であれば T は負の方向（左）に離れる。

[†9] このように、分布の両端に $\frac{\alpha}{2}$ ずつの面積をとって行う検定を両側検定と呼ぶ。片側に α の面積をとり、もう一方の端の値が出ても帰無仮説を棄却しないという手続きもあり、これは片側検定と呼ばれる。両側検定と片側検定の使い分けについては 8.2.2 項で説明する。

[†10] 自然科学では 1% や 0.1% など、より厳しい基準が使われることが多い。

[†11] ただし、10% の有意水準で結論を出していると、「怪しい」と思われるのが実情である。

例えば、次の二つの帰無仮説について考えてみよう。

(1) 5.0%の有意水準では棄却されないが、5.1%の有意水準では棄却される。
(2) 4.9%の有意水準では棄却されないが5.0%では棄却される。

もし私たちが有意水準αを0.05にすれば、(1)の帰無仮説は棄却されないが、(2)の帰無仮説は棄却される。しかし、(1)と(2)に大きな違いはあるだろうか。おそらく、ほとんど違いはないだろう。(1)と(2)はほとんど差がない仮説であるにもかかわらず、5%という恣意的な有意水準を設定したせいで一方は棄却され、他方は仮説として生き残る。有意水準$\alpha = 0.06$であれば、どちらの帰無仮説も棄却される。

統計的仮説検定では、このような境界事例が必ず出てくることになる。これは、検定の仕組みに起因するものであり、どこかで線引きをする必要がある以上、受け入れざるを得ない事実である。政治学では$\alpha = 0.05$が最もよく使われるが、**有意水準は恣意的に決められている**ということは常に心に留めておいてほしい。

8.1.3 検定統計量の計算

有意水準を設定したら、次は検定に利用する統計量である**検定統計量**（test statistic）の値を標本（データ）から求める。

検定に使用する検定統計量は、答えるべき問題によって異なる。詳しくは第8章以降の各章で具体的な問題ごとに説明するが、例8-1のように母集団の平均（母平均）について調べたいときには標本平均を変形した、

$$T = \frac{\bar{x} - \mu}{\text{SE}} = \frac{\bar{x} - \mu}{\frac{u}{\sqrt{n}}}$$

を検定統計量として利用する[†12]。ここでは、検定統計量がTである場合についてのみ解説するが、検定の基本的な考え方は他の検定統計量を使う場合でも同じである。

検定統計量Tの値を具体的に求めることができれば、帰無仮説が正しい場合

---

†12 母集団の標準偏差σが既知の場合、Tの代わりに標準正規分布に従う$z = \dfrac{\bar{x} - \mu}{\frac{\sigma}{\sqrt{n}}}$が利用される。

に想定される検定統計量の標本分布の中に、実際に求めた T を位置づけることができる。図8.2では、帰無仮説が「$\mu = \mu_0$」のとき、検定統計量 T の値が自由度 $n-1$ の t 分布の中に位置づけられている。このように検定統計量の分布に実際のデータから得られた T の値をおくと、検定統計量がこの標本から得られた T よりも分布の中心から離れた値をとる確率を考えることができる[†13]。この確率は、図8.2の網の部分の面積である。この確率は **p 値**（p-value）と呼ばれる。

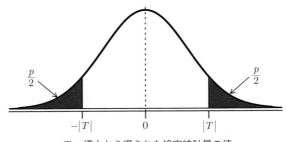

$T =$ 標本から得られた検定統計量の値
$\bar{x} = \mu_0$ のとき、$T = 0$ となる

検定統計量 T が決まると、その値以上に分布の中心（t 分布の場合は 0）からかけ離れた値をとる確率を、図の網の部分として示すことができる。この網の部分の面積が表す確率を p 値と呼ぶ。

図 8.2　検定統計量と p 値

p 値とは、帰無仮説が正しいとき、検定統計量が実際にデータから得られた値 T 以上に分布の中心からかけ離れた値をとる確率である[†14]。T が分布の中心である 0 に近いほど（つまり、標本平均 $\bar{x}$ が帰無仮説が母平均に仮定する μ_0 に近いほど）p 値は大きくなり、T が 0 から離れるほど（つまり、$\bar{x}$ が μ_0 から離れるほど）p 値は小さくなる。つまり、**p 値は帰無仮説の下での T の異常性を表しており、p 値が小さいほど T が異常な値**だということになる。ここで、T が異常なのは、**帰無仮説が正しいとすれば**である。帰無仮説が正しくないなら、T

[†13] このように、分布の両側で検定統計量の値の位置を考える（T だけでなく、$-T$ も考える）のは、図8.1のように有意水準を両端に半分ずつとる両側検定の場合である。有意水準を片側にとる片側検定の場合、実際に得られた T の値だけを片側で考えればよい。

[†14] p 値を「帰無仮説が正しい確率」あるいは「対立仮説が間違っている確率」と誤解する人が多いようである。「帰無仮説が正しい確率」というのは 0 または 1 のいずれかであり、p 値のように 0 と 1 の間の値をとることはあり得ない。なぜなら、真実は帰無仮説が正しいか間違っているかのいずれかであり、帰無仮説が正しいなら「帰無仮説が正しい確率」は 1 であるし、そうでないなら「帰無仮説が正しい確率」は 0 である。私たちは真実（母数）を知らないので、この確率が 0 か 1 かを知ることはできないし、計算しようとすることは無意味である。

が異常であると考える理由はなくなる。「帰無仮説が正しくて異常な T が得られる」ことより、「帰無仮説が誤っているだけで、T は特に異常でない」ことのほうが自然だと考えれば、T の異常性が高まるほど帰無仮説を棄却しやすくなる。このような理由により、**T の異常性が十分大きい場合、すなわち、p 値が十分小さいときに帰無仮説を棄却する**[15]。

8.1.4 棄却域の設定

私たちは、検定統計量 T を手に入れた。この T は、標本から計算された値であるから、標本をとり直すたびに異なる値をとると考えられる。つまり、検定統計量 T は分布する。検定統計量がどのような分布に従うかは使用する検定統計量によって異なるが、$T = \dfrac{\bar{x} - \mu}{\mathrm{SE}}$ と定義される T は、自由度 $n-1$ の t 分布に従う[16]。

ここで、帰無仮説「$\mu = \mu_0$」を T についての仮説に置き換える。定義により、$T = \dfrac{\bar{x} - \mu}{\mathrm{SE}}$ は $n-1$ の t 分布に従う。そして、帰無仮説は母数が $\mu = \mu_0$ であると主張するのだから、帰無仮説が正しいということは、

$$T = \frac{\bar{x} - \mu}{\mathrm{SE}} = \frac{\bar{x} - \mu_0}{\mathrm{SE}} = \frac{\bar{x} - \mu_0}{\dfrac{u}{\sqrt{n}}}$$

が自由度 $n-1$ の t 分布に従うということである。すると、図 8.3 に示されているとおり、T の分布の中心は 0 である。そして、図の両端にある網の部分の面積が、私たちが設定した有意水準の大きさである。

このように図を描くと、有意水準を示す網の部分とその他の部分を分ける境界線ができることがわかる。この境界線の値を**臨界値**(critical value)と呼ぶ[17]。有意水準の面積を両側にとっているので、臨界値は二つできる。臨界値のうち小さいほうの値(図 8.3 の c_L)と大きいほうの値(c_U)をそれぞれ下側臨界値と上側臨界値(lower and upper critical values)と呼ぶ[18]。

有意水準と標本統計量の分布がわかれば、分布の特徴から臨界値を求めること

---

[15] すぐ後に説明するように、「十分」であるかどうかを決めるのは有意水準 α である。
[16] このほかに、正規分布や F 分布、χ^2(カイ 2 乗)分布などに従う場合が想定されるが、検定の基本的な手続きはどの分布であっても同じなので、ここでは検定統計量が t 分布に従う場合についてのみ考える。
[17] 境界値とも呼ぶ。
[18] 有意水準を片側で考える片側検定の場合、臨界値は一つである。

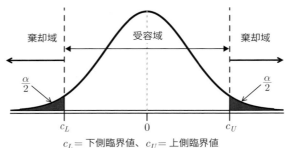

$c_L=$ 下側臨界値、$c_U=$ 上側臨界値

検定統計量 T が自由度 $n-1$ の t 分布に従っているときの有意水準と棄却域。有意水準 α を決めると、検定統計量の分布に対応する臨界値と棄却域が決まる。

図 8.3 棄却域

ができる。例えば、有意水準 $\alpha = 0.05$ で標本統計量が T であれば、下側臨界値 $c_L = -t_{n-1,\,0.025}$、上側臨界値 $c_U = t_{n-1,\,0.025}$ である。なぜなら、t 分布の特徴により、t 分布に従う変数の 95% が $[-t_{n-1,\,0.025},\, t_{n-1,\,0.025}]$ の区間に収まることがわかっているからである[†19]。

臨界値を設定すると、図 8.3 の横軸を「臨界値の内側（臨界値より 0 に近い側）」と「臨界値の外側（0 から遠い側）」に分けることができる。そして、検定統計量の値 T が「臨界値の外側」にあるとき、T が 0 からかけ離れた異常な値をとっている（つまり、$\bar{x}$ が μ_0 からかけ離れた異常な値をとっている）と考えられるので、T が自由度 $n-1$ の t 分布に従っているという考えを否定する。つまり、帰無仮説を棄却する。したがって、この「臨界値の外側」のことを**棄却域**（rejection region）と呼ぶ。また、「臨界値の内側」を受容域（acceptance region）と呼ぶ[†20]。臨界値 c_L と c_U が決まれば、受容域は区間 $[c_L, c_U]$ であり、棄却域はそれ以外の区間（$(-\infty, c_L)$ と (c_U, ∞)）である。

8.1.5 検定統計量と棄却域の比較

ここまでくれば、あとは求めた検定統計量 T の値が棄却域に入るかどうかを確かめるだけである。**T が受容域に入れば帰無仮説を受け容れ、T が棄却域に入れば帰無仮説を棄却する**。言い換えると、「$c_L \leq T \leq c_U$」ならば帰無仮説を受容し、「$T < c_L$ または $c_U < T$」ならば帰無仮説を棄却する。帰無仮説が棄却され

---

† 19 第 7 章の t 分布の説明を参照。
† 20 採択域とも呼ぶ。

るとき、「帰無仮説が仮定した μ_0 とデータから計算された値である $\bar{x}$ の差は**統計的に有意である**」という。

また、図 8.2 と図 8.3 とを比べると、T が棄却域に入るとき、p 値の大きさが有意水準 α より小さくなることがわかる。したがって、有意水準 α と p 値を比較することで検定を行うこともできる。その場合、**p 値が α より小さいとき、帰無仮説を棄却する**。

検定統計量 T を求めた後、T が棄却域に入るように有意水準を変更すれば、必ず帰無仮説を棄却することができてしまうので、有意水準は事前に決めておく必要がある。例えば、有意水準 α を 0.05 に設定し、検定統計量を求めたところ、p 値が 0.06 になることがわかったとしよう。この場合、p 値が α より大きいので、帰無仮説を棄却することはできない。しかし、p 値が 0.06 であることを知っているので、α を 0.06 より大きい値にすればこの帰無仮説を棄却できることがわかる。このとき、自分の主張を正当化するために後から α を大きな値に変更したくなるかもしれないが、そのようなことは決してやってはいけない。**有意水準の大きさは、検定統計量を求める前に決定しなければならない**。有意水準を後で変更することを認めると、検定統計量がどんな値であっても帰無仮説を棄却できることになり、検定の意味がなくなってしまう。

ここで、検定統計量の値が棄却域に入るとき、帰無仮説を棄却するのはなぜかをもう一度考えてみよう。図 8.3 に描かれた分布は、**帰無仮説が正しいときに検定統計量がどのように分布するかを表した**ものである。そして、棄却域に設定されているのは、その**帰無仮説が正しいときにめったに起こらない**であろうと考えられる値の範囲である。データから求めた検定統計量の値 T が棄却域に入るとき、このめったに起こらないはずの異常な T が生じたのは偶然ではないと考える。そして、異常な検定統計量が得られたのは、このデータが**帰無仮説が正しいときに得られたという仮定が間違っているからだ**と考え、帰無仮説を棄却する。このとき、T と 0 の差（$\bar{x}$ と μ_0 の差）は統計的に有意な差であると考える。

8.1.6 検定の結論の提示

検定統計量と棄却域を比較し、帰無仮説を棄却するか受容するかが決まれば、あとは検定の結論を述べれば統計的仮説検定は終了である。ここでは、例 8-1 を使って検定の結論の述べ方を説明する。この例の帰無仮説と対立仮説は次のとおりである。

H_0：有権者全体の国民民主党に対する感情温度の平均は 50 度である。

H_a：有権者全体の国民民主党に対する感情温度の平均は 50 度ではない。

帰無仮説が棄却されたとすると、結論はどうなるだろうか。この場合、「有権者全体の国民民主党に対する感情温度の平均は 50 度である」という仮説が否定されたので、素直に「有権者全体の国民民主党に対する感情温度の平均は 50 度ではない」と結論を述べればよい。つまり、帰無仮説が棄却されたときには、対立仮説の中身をそのまま述べればそれが結論になる。

問題は、帰無仮説が棄却されなかったときである。このとき、私たちは「有権者全体の国民民主党に対する感情温度の平均は 50 度である」という結論を述べることはできない。代わりに、「有権者全体の国民民主党に対する感情温度の平均は 50 度ではないとはいえない」という、なんとも頼りない結論を述べることになる。

なぜこのような弱い結論しか述べられないのかを理解するために、次のような例を考えよう。

例 8-2

ある殺人事件の容疑者として X が逮捕された。この X は殺人事件の犯人だろうか。この例では、次のように仮説を設定することができる。

H_0：X は無実である（この事件の犯人ではない）。

H_a：X はこの事件の犯人である。

警察や検察が、X が無実だとすると（つまり帰無仮説が正しいときに）偶然には集まらないと思われるような証拠（例えば、X の指紋のついた凶器や、殺人現場付近での X の目撃証言など）を十分に集められれば、X は無実であるという帰無仮説を棄却することができる。そのとき、「X は犯人である」という対立仮説が結論となり、X は裁判で有罪になるだろう。

反対に、X が無実だという仮定の下で偶然には集まらないと思われるような証拠が十分に集まらなければ、X は無実であるという帰無仮説は棄却されず、X は無罪になるだろう。しかし、無罪になったからといって、X が無実ということにならないはずである。例えば、X が完全犯罪を達成していれば、X が殺人犯であったとしても、X が犯人であることを示す証拠は見つからない。この場合、証拠が見つからないので X は無罪になるかもしれないが、X は無実ということ

にはならない。つまり、**帰無仮説が棄却されないからといって、帰無仮説が正しいとは限らない**。X が無実であることを積極的に主張するためには、帰無仮説と対立仮説を入れ替えた上で、「X は犯人である」という帰無仮説を棄却しなければならない。

このように、**帰無仮説が棄却されるときには対立仮説の正当性を強く主張できる**[†21] 一方で、**帰無仮説が受容されたときには非常に弱い結論しか出せない**というのが統計的仮説検定の特徴である[†22]。

ここまで統計的仮説検定の基礎について説明してきたが、手続きの内容は次のようにまとめることができる。

1. 帰無仮説（H_0）と対立仮説（H_a）を設定する。
2. 有意水準 α を設定する（5% にすることが多い）。
3. 帰無仮説が正しいという仮定の下で、検定統計量を計算する。
4. 設定した有意水準と利用する検定統計量に対応する棄却域を求める。
5. 帰無仮説の下で、計算された統計量の値が「異常な値」かどうか調べる。つまり、検定統計量が棄却域に入るかどうか調べる。
    a. 検定統計量が棄却域に入らない場合、標本から得られた値は帰無仮説の下でも十分起こり得る値である。したがって、帰無仮説を棄却することはできない。
    b. 検定統計量が棄却域に入る場合、標本から得られた値は、帰無仮説の下ではめったに起きないような異常値である。このような異常な事態になったのは、「帰無仮説が正しい」という仮定が誤っていたためだと考え、帰無仮説を棄却する。
6. 検定の結論を述べる。

この流れに沿って、例 8-1 について仮説検定を行ってみよう。まず、帰無仮説と対立仮説は

H_0：有権者全体の国民民主党に対する感情温度は 50 度である。
H_a：有権者全体の国民民主党に対する感情温度は 50 度ではない。

[†21] ただし、8.2.1 項で詳しく説明するとおり、この主張も確実とはいえない。
[†22] 本書が「採択域」ではなく「受容域」という言葉を使うのは、帰無仮説を受け容れることは帰無仮説を積極的に支持することにならないというこのような性質による。「採択」というと積極的に支持するように聞こえるが、「受容」というと仕方なく承認するという感じが出るのではないかという著者の主観に基づく判断である。

である。有意水準は政治学の慣習に従って5%（$\alpha = 0.05$）にする。

次に、帰無仮説の下での検定統計量 T の値を求める。母平均について検定を行いたいので、標本平均 $\bar{x}$ を変形し、

$$T = \frac{\bar{x} - \mu_0}{\frac{u}{\sqrt{n}}} = \frac{45 - 50}{\frac{20}{\sqrt{100}}} = -2.5$$

を得る。

T は自由度 $n-1 = 99$ の t 分布に従うので、その 95% は区間 $[-t_{99,\ 0.025},\ t_{99,\ 0.025}]$ におさまる。したがって、有意水準 5% の棄却域は、$|T| > t_{99,\ 0.025}$ となる。$t_{99,\ 0.025}$ の値は、次のように求めることができる。

```
library("tidyverse")
qt(p = 0.025, df = 99, lower.tail = FALSE)
```

結果として、1.984217 が示される。よって、$|T| > 1.984217$ となれば、帰無仮説を棄却する。

先ほど求めた T の値は -2.5 であり、$|-2.5| = 2.5 > 1.99$ だから、有意水準 5% で帰無仮説を棄却する。したがって、「有権者全体の国民民主党に対する感情温度は 50 度ではない」というのが、この仮説検定の結論である[23]。

8.2
統計的仮説検定の諸問題

8.2.1 仮説検定における 2 種類の「誤り」と検出力

統計的仮説検定は、「確率的」仮説検定と言い換えることができる。「確率的」という言葉が意味するところは、統計的検定から得られる結論に不確実性があるということである。つまり、統計的仮説検定には誤りの可能性が存在する。

統計的仮説検定における誤りは、次の二つのうちのいずれかである。

---

[23] R では、さらに簡単に仮説検定を行うことができる。tempdpj という変数が国民民主党の感情温度を測定しているとすると、R で、
　　`t.test(tempdpj, mu = 50)`
とすれば、「有権者全体の国民民主党に対する感情温度は 50 度である」という帰無仮説の検定を行うことができる。

1. 帰無仮説が正しいのに、帰無仮説を棄却してしまう。
2. 帰無仮説が正しくないのに、帰無仮説を受容してしまう。

これらの誤りには名前がついており、前者の誤りを「第1種の過誤（type I error）」、後者の誤りを「第2種の過誤（type II error）」と呼ぶ。

例として、再び殺人事件の容疑者 X について考えてみよう（例 8-2）。この例の仮説は、次のようなものであった。

H_0：X は無実である。
H_a：X は殺人犯である。

このように仮説が設定されたとき、私たちが犯す可能性がある誤りは次の二つである。

1. X が無実なのに、X を有罪にする（冤罪）。
2. X が殺人犯なのに、X を無罪にする（真犯人の取り逃がし）。

統計的仮説検定を行うとき、私たちは帰無仮説が正しいかどうか知らないのが普通である[†24]。したがって、実際に行われる個々の仮説検定がこれらの誤りを犯しているかどうかを判定することはできない。しかし、信頼区間を求めたときと同じように、仮説検定の手続き自体がどれくらいの確率で誤りを犯すのかについて考えることはできる。

まず、第1種の過誤はどれくらいの確率で起きるだろうか。また、その確率を小さくするためには何をすればいいだろうか。第1種の過誤は、「帰無仮説が正しいのに、帰無仮説を棄却する」という誤りである。この誤りの確率は、有意水準の大きさに一致する。つまり、第1種の過誤を犯す確率は、有意水準 $\alpha = 0.05$ なら 5%、有意水準 $\alpha = 0.01$ なら 1% になる。

第1種の過誤の確率が有意水準に一致することは、有意水準の定義を思い出せば理解できる。有意水準とは、検定統計量がとり得る値のうち、その検定統計量の標本分布の中心から遠い何パーセント分を「かけ離れた値」とするかを決める基準であった。例えば、有意水準 $\alpha = 0.05$ なら、5% 分を「分布の中心からかけ離れた値」とした。そして、この 5% 分は、図 8.3 では統計量の分布の両側に 2.5% 分ずつ、網の部分の面積として示されている。

この図に描かれているのは、帰無仮説が正しいとき、検定統計量がどのように

---

† 24 帰無仮説が正しいかどうか知っているなら、仮説検定を行う必要がない。

分布するかということである。したがって、帰無仮説が正しくとも、検定統計量のうち 5% は網の部分の値をとる。つまり、帰無仮説が正しくても、有意水準である 5% 分の標本については帰無仮説が棄却されてしまう[†25]。有意水準を 0% にすれば（図の網の部分をなくせば）、帰無仮説が正しいのに誤ってその帰無仮説を棄却することはなくなる。反対に有意水準を 100% にすれば（図をすべて網の部分と考えれば）、帰無仮説が正しくとも常に誤って帰無仮説を棄却することになる。

　第 1 種の過誤を犯す確率は有意水準の大きさだから、有意水準（棄却域）を小さい値に設定すれば第 1 種の過誤を犯す確率は小さくなる。例えば、有意水準を 5% から 1% に変更すれば、第 1 種の過誤を犯す確率も 5% から 1% に下がる。しかし、**有意水準は小さければ小さいほどいいとも限らない。**

　有意水準を小さくすると、確かに第 1 種の過誤の確率は小さくなる。しかし、それと同時に第 2 種の過誤を犯す確率が大きくなる。第 2 種の過誤は、「帰無仮説が正しくない（対立仮説が正しい）のに、帰無仮説を受容する」ことである。したがって、帰無仮説を棄却する確率である α を大きくすればこの誤りの可能性は小さくなるし、α を小さくすれば誤りの確率は大きくなる。

　図 8.4 は、有意水準の大きさ（α）と第 2 種の過誤の確率（β）の関係を示している。図中のそれぞれの分布（確率密度曲線）は、μ を推定するために使われる統計量の標本分布であり、それぞれの段で左側にあるのが帰無仮説の下での統計量の標本分布、右側にあるのが真の標本分布である。この図に描かれた帰無仮説は「$\mu = \mu_0$」であり、実際に帰無仮説が正しければ左右二つの分布はぴったり重なる。

　ここで、帰無仮説は間違いで、母数の真の値は μ であるとしよう。すると、第 2 種の過誤を犯す確率は、次の二つによって決まることがわかる。

(1) 帰無仮説（μ_0）が真実（μ）からどれくらい離れているかということ。
(2) 有意水準 α の大きさ。

　まず、(1) について見ると、μ_0 が μ から遠ざかるほど帰無仮説の下での検定統計量の分布（μ_0 を中心とする分布）と真実の分布（μ を中心とする分布）との重複部分が小さくなるので、第 2 種の過誤の確率 β も小さくなることがわかる（図 8.5 も参照）。次に、(2) については、α が小さくなるほど β が大きくな

[†25] 第 1 種の過誤を犯す確率、すなわち「誤る危険率」に一致するので、有意水準は危険率とも呼ばれる。同様に、棄却域は危険域とも呼ばれる。

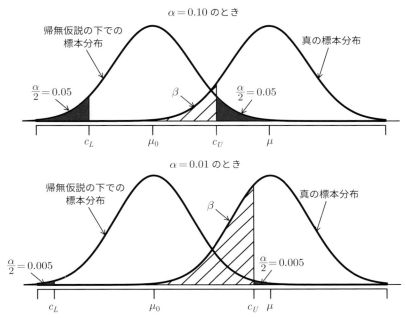

第 1 種の過誤（網の部分、α）と第 2 種の過誤（斜線部、β）の関係。帰無仮説は $\mu = \mu_0$、対立仮説は $\mu \neq \mu_0$ である。上段の図は有意水準 $\alpha = 0.10$ のとき、下段の図は $\alpha = 0.01$ のときをそれぞれ表している。それぞれの図で、左側にあるのは帰無仮説が正しいとき（つまり、$\mu = \mu_0$ のとき）の統計量の標本分布であり、右側の分布は統計量の真の標本分布である。実際に帰無仮説が正しければ、$\mu = \mu_0$ だから、左右の分布は一致する。上下の図を比べると、第 1 種の過誤の確率 α を小さくすると第 2 種の過誤の確率 β が大きくなってしまうことがわかる。

図 8.4　第 1 種の過誤と第 2 種の過誤のトレードオフ関係

るのは、図 8.4 の上段と下段を比較すれば明らかである。

　仮説検定を行うとき、私たちは μ の値（真実）を知らないので、(1) の μ と μ_0 の距離をコントロールすることはできない。したがって、α を大きくすることによって β を小さくすることになる。このように、**第 1 種の過誤の確率（α）と第 2 種の過誤の確率（β）はトレードオフの関係にある**ので、有意水準 α を小さくして第 1 種の過誤の確率を小さくすることが必ずしも望ましいとは限らない。

　第 2 種の過誤は、「対立仮説が正しいという事実を検出し損ねる」と言い換えることができる。これに対し、対立仮説が正しいときにきちんと帰無仮説を棄却する確率のことを**検出力**（power）と呼ぶ。検出力は対立仮説が正しいときに第 2 種の過誤を犯さない確率なので、$1 - \beta$ と表すことができる。第 2 種の過誤の

可能性を低くするということは、検出力を高くするということである。

このように、有意水準 α の値を大きくすれば β が小さくなる（検出力が高くなる）が、どうして β の値を直接コントロールしないのだろうか。それは、α とは異なり、β の値を自由に動かすことは不可能だからである。もう一度2種類の過誤を犯す確率について考えてみると、第1種の過誤を犯す確率 α は「帰無仮説が正しいとき」に計算される確率であり、第2種の過誤を犯す確率 β（あるいは検出力 $1-\beta$）は「母数の真の値の下で[26]」計算される確率である。私たちは帰無仮説を知っている[27]ので、α の大きさは自由に変えることができる。他方、**私たちは母数の真の値を知らないので、手もとにある標本（データ）について、β の大きさを計算することはできない**。ましてや、β の大きさをコントロールするなどできない。

α と β はトレードオフ関係にあるので、問題ごとにどちらを優先するか考える必要がある。例えば、次のような例を考えよう。

例 8-3

妊娠検査薬を作って販売したい。女性は妊娠しているか妊娠していないかのどちらかであり、妊娠検査の結果も陽性（妊娠している）か陰性（妊娠していない）かのいずれかである。第1種の過誤と第2種の過誤では、どちらを小さくすべきだろうか。

この例の場合、設定する仮説は次のようになるだろう。

H_0：検査薬を使った女性は妊娠していない。
H_a：検査薬を使った女性は妊娠している。

このような仮説をおくと、統計的仮説検定が犯す可能性のある誤りは次の2通りである。

第1種の過誤：妊娠していないのに、陽性（妊娠している）と判定する。
第2種の過誤：妊娠しているのに、陰性（妊娠していない）と判定する。

これらの誤りのうちどちらがより望ましくないかが決められるなら、α と β の

---

[26] ここで、帰無仮説 $\mu = \mu_0$ に対し、対立仮説 $\mu \neq \mu_0$ を想定し、「$\mu \neq \mu_0$ が正しいとき」の確率を計算しているわけではないことに注意してほしい。母数の真の値は $\mu \neq \mu_0$ のうちの一つの値である。
[27] 私たち自身が設定するので、知らないということはあり得ない。

どちらを犠牲にして他方を小さくすべきかが決まる。

　もし第1種の過誤が起きたら、この検査薬を使用した女性はどのような行動をとると考えられるだろうか。おそらく、もう1度検査するか、病院に行くだろう。その結果、妊娠していないことに気づくはずである[†28]。このとき、新たに検査薬を購入する費用や病院に支払う医療費などが第1種の過誤による損害であると考えられる。

　これに対し、第2種の過誤が起きたら女性はどのような行動をとるだろうか。この場合も、検査薬をもう1度使ったり、病院に行ったりする人もいるだろう。しかし、中にはこの結果を信じて妊娠していないと思い込み、妊婦が避けるべき行動（例えば、飲酒、喫煙、薬の服用など）を続けてしまう人がいるかもしれない。そうだとすれば、第2種の過誤による損害は、胎児に対するダメージとして現れることになる。

　それぞれの過誤によってもたらされるこれらのコストを比較したとき、どちらがより望ましくないだろうか。おそらく、第2種の過誤によるコストのほうがより大きなコストであり、避けるべきものだと思う人が多いだろう。このような状況では、第1種の過誤の確率である α を大きくしてでも、第2種の過誤である β を小さくすべきである。例えば、α を通常より大きい15%や20%に設定するとしても、それが妊娠を見逃すリスクである β を小さくするためであれば正当化されるだろう。

　他の場合はどうだろうか。もう1度、例8-2の殺人犯について考えよう。この例の場合、第1種の過誤は冤罪であり、第2種の過誤は真犯人の取り逃がしであった。このとき、どちらの過誤の確率をより小さくすべきだろうか。人権派の弁護士であれば、冤罪（第1種の過誤）がより重大な過誤であり、犯人の取り逃がしの確率（β）が大きくなるとしても冤罪の確率（α）を小さくすべきだと主張するかもしれない。検察官は、犯人の取り逃がし（第2種の過誤）がより重大な過誤であり、冤罪の確率（α）を大きくしてでも犯人の取り逃がしの確率（β）を小さくすべきだと考えるかもしれない。このように、立場によって優先度が異なるということも考えられる。

　これらの例が示すとおり、第1種の過誤 α と第2種の過誤 β がトレードオフの関係にある場合、一方を犠牲にして他方を小さくすることもある。しかし、両方とも小さくできるならそれに越したことはない。2種類の過誤を両方とも小さ

---

†28　妊娠検査薬で再検査すると、再び第1種の過誤を犯すかもしれないが、検査を繰り返せばいずれは妊娠していないことがわかるだろう。

くするためにできることはないのだろうか。

　先ほど述べたとおり、β の大きさは、(1) 帰無仮説 (μ_0) が真実 (μ) とどれくらい離れているかと、(2) 有意水準 α の大きさによって決まる。繰り返しになるが、(2) のメカニズムで β を小さくするためには、α を大きくしなければならない。したがって、α を大きくすることなく β を小さくするには、(1) のメカニズムを利用することになる。

　ここで、図 8.5 を使い、母数の真の値 μ と帰無仮説が母数に仮定する μ_0 との距離が β の大きさに影響する理由を考えてみよう。上下それぞれの図で、左側に描かれているのは帰無仮説の下での統計量の標本分布であり、右側にあるのは統計量の真の標本分布である。帰無仮説が正しければ、$\mu = \mu_0$ だから、帰無仮説の下での標本分布が真の標本分布に一致する（二つの分布が一つに重なる）。この図の中で、下段の μ_0 と μ の距離は、上段の μ_0 と μ の距離より長い。そし

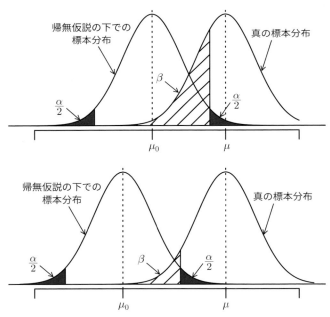

真の母数（μ）と帰無仮説が想定する母数（μ_0）の間の距離と β の大きさの関係。上段と下段を比べると、下段のほうが、μ_0 が μ から離れている。
μ の真の値と μ_0 の距離が短いほど、第 2 種の過誤を犯す確率である β が大きくなることがわかる。実際に帰無仮説が正しいとき（つまり、$\mu = \mu_0$ のとき）は、距離は 0 であり、帰無仮説の下での標本分布が真の標本分布に一致する。

図 8.5　真の標本分布と帰無仮説の下での分布の距離が第 2 種の過誤に与える影響

て、β の大きさ（斜線部の面積）は上段のほうが大きい。つまり、真の値である μ と μ_0 の距離が近いほど、第2種の過誤の確率である β が大きくなる。上下の図を比べると、β が大きくなるのは、μ と μ_0 が近いと二つの分布の重複部分が大きいためであることがわかるだろう。したがって、α を大きくせずに β を小さくするには、二つの分布の重複部分を小さくすればよい。

しかし、私たちは μ の値を知らないので、μ_0 を μ から引き離すことによって（つまり、分布を平行移動して）重複部分を減らすことはできない。母数の真の値である μ の位置を動かすことはできないし、μ の位置を知らない以上、μ_0 をどこにおけば μ との距離が長くなるかわからないからである。

そこで、他の方法で重複部分を減らす。分布のばらつき具合である標準偏差を小さくするのである。

第7章で説明したとおり、母集団の標準偏差が σ のとき、標本平均の標準偏差は $\mathrm{SD}(\bar{x}) = \dfrac{\sigma}{\sqrt{n}}$ となる。ここで、n は標本サイズである。したがって、この標準偏差を小さくするためには、標本サイズ n を大きくすればよい[†29]。つまり、**標本サイズ n を大きくすれば、α を大きくせずに β を小さくすることができる**[†30]。

図8.6には、標本サイズ n が異なる2種類の分布が描かれている。下段の標本サイズは、上段の標本サイズの4倍である。したがって、下段の標本平均の標準偏差は、上段の標準偏差の2分の1である。このように、標本サイズ n を大きくして標本平均の標準偏差を小さくすれば、帰無仮説の下での標本分布と真実の標本分布の重複部分が小さくなり、α の大きさを犠牲にすることなく、β の値を小さくすることができる。

標本サイズ n を大きくするほど検出力 $1 - \beta$ が大きくなるので、n を非常に大きな値にすれば、μ と μ_0 が非常に近い値であったとしても、帰無仮説「$\mu = \mu_0$」を棄却することができる。一般的に、検出力が高いことは望ましいことである。しかし、検出力が高いと取るに足らない些細な差までも検出してしまうので、「統計的に有意」な差が「実質的にも有意」といえるかどうか検討しなければならない。これについては8.2.3項で説明する。

[†29] $\sigma\ (\neq 0)$ がどんな値であろうと（σ の値を知らなくとも）、n が大きくなれば $\mathrm{SD}(\bar{x})$ が小さくなり、二つの標本分布の重複部分が小さくなる。標本分布のばらつきを特定の大きさ以下にしたいなら、σ の値を知る（推定する）必要がある。

[†30] 標本サイズ n を大きくするほど β が小さくなる（つまり、検出力が大きくなる）のは間違いないが、母数の真の値である μ を知らない以上、β の具体的な値を知ることはできない。

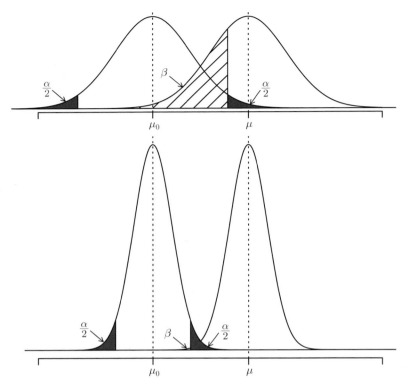

標準誤差を小さくすれば、第2種の過誤を犯す確率 β も小さくなることがわかる。

図 8.6 標本分布のばらつき(標本平均の標準偏差)と β の関係

　統計的仮説検定における2種類の誤りをまとめると、表 8.1 のようになる。誤りの可能性は二つあり、それぞれの誤りの大きさは α、β で表される。**誤りの可能性をできるだけ小さくするためには、有意水準 α を小さな値に設定し、標本サイズ n を大きくすることで β を小さくすることが必要**である。

表 8.1 統計的仮説検定における2種類の誤り

仮説検定の結果	真実	
	帰無仮説が正しい	対立仮説が正しい
帰無仮説を棄却 (確率｜真実)	第1種の過誤 (有意水準 $=\alpha$)	正しい決定 ($1-\beta=$ 検出力)
帰無仮説を受容 (確率｜真実)	正しい決定 ($1-\alpha$)	第2種の過誤 (β)

8.2.2 片側検定か両側検定か

既に説明したとおり、t 分布を利用した検定で棄却域を設定するとき、図 8.7 の上段にあるように、0 を中心とした検定統計量 T の標本分布の両側に有意水準 α の半分ずつの面積をとった。このように、分布の両側に棄却域を設定して行う検定を **両側検定**[31] と呼ぶ。これに対し、図 8.7 の下段のように、棄却域を片側に設定することも可能である。このように、分布の片側に棄却域を設定して行う検定を **片側検定**[32] と呼ぶ[33]。

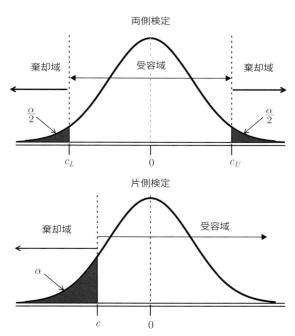

片側検定の臨界値 c のほうが両側検定の臨界値である c_L や c_U よりも標本分布の中心(t 分布では 0)に近い。したがって、片側検定のほうが帰無仮説を棄却しやすい。

図 8.7　両側検定(上段)と片側検定(下段)

両側検定と片側検定は何が違うのだろうか。まず、両側検定と片側検定では対立仮説の中身が異なる。例として、「有権者の国民民主党に対する感情温度の平均は 50 度である($\mu = \mu_0 = 50$)」という帰無仮説を考えよう。この帰無仮説に

---

[31]　両側検定は two-tailed test または two-sided test と呼ばれている。
[32]　片側検定は one-tailed test または one-sided test と呼ばれている。
[33]　片側を左側にするか右側にするかは、対立仮説の内容によって決まる。

対しては、次の三つの対立仮説を考えることができる。

対立仮説 1： 有権者の国民民主党に対する平均感情温度は 50 度ではない $(\mu \neq \mu_0 = 50)$。
対立仮説 2： 有権者の国民民主党に対する平均感情温度は 50 度より低い $(\mu < \mu_0 = 50)$。
対立仮説 3： 有権者の国民民主党に対する平均感情温度は 50 度より高い $(\mu > \mu_0 = 50)$。

帰無仮説を棄却した場合、そこから論理的に得られる結論は対立仮説 1 の中身である。このように、単純に帰無仮説の内容を否定している場合[†34]、これまで私たちが見てきたように棄却域を両側に設定して両側検定を行う。

対立仮説 1 が母数の値 μ が μ_0 より大きいか小さいかを示さないのに対し、対立仮説 2 や 3 は、母数の値と μ_0 の大小関係を明示的に述べている。対立仮説 2 は、母数 μ が μ_0 より小さいと仮定している。したがって、棄却域を分布の左端にとって片側検定を行うことになる。他方、対立仮説 3 は母数 μ が μ_0 より大きいと仮定しているので、棄却域を分布の右端にとって片側検定を行う。

このように、対立仮説の中身によって両側検定にするか片側検定にするかが決まるが、通常は対立仮説 1 のような仮説を設定し、両側検定を行うべきである。それは、両側検定よりも片側検定のほうが基準が緩い検定だと考えられるからである。図 8.7 からわかるとおり、α の面積を片側にとると、α を両側に半分ずつとったときに比べ、臨界値の値が標本分布の中心（図の t 分布のときは 0）に近づく。私たちは検定統計量の値が臨界値（c）より中心に近い側に入るか遠い側に出るかによって検定を行うので、臨界値が中心に近づけば帰無仮説が棄却しやすくなる。つまり、両側検定より片側検定のほうが帰無仮説を棄却しやすい。したがって、**片側検定を使うのは、μ の値が μ_0 より小さい（大きい）ことを信じるに足る強い理論的根拠がある場合に限るべきである。それ以外の場合はより厳密な検定ができる両側検定を使ったほうがよい。**

両側検定で対立仮説 1 を使ったとしても、実際に統計的検定を行えば片側検定で使われる対立仮説 2 か対立仮説 3 のいずれかの結論を出すことが可能である。例えば、標本（データ）から計算された平均感情温度が 47 度で、帰無仮説の平均感情温度が 50 度であれば、そこから「母集団の平均感情温度が 50 度より高

[†34] 帰無仮説が $\mu = \mu_0$ という等号で表されているのに対し、対立仮説が $\mu \neq \mu_0$ という不等号で表されるとき。

い」という結論が出てくることはあり得ない。つまり、統計量が帰無仮説が仮定する値より小さい（大きい）とき、帰無仮説より大きい（小さい）値が結論として出てくるのはおかしい。したがって、対立仮説が「平均感情温度は50度ではない」というものであっても、帰無仮説が想定した平均感情温度50度とデータから得られる平均感情温度47度との間に統計的に有意な差があると認められれば（つまり、帰無仮説が棄却されれば）、「平均感情温度は50度より低い」という意味をもつと考えられる。

8.2.3 統計的に有意な結論は学術的に有意か

論文やレポートなどで、「応答変数yに対する説明変数xの効果は統計的に有意である」という文章が分析結果として書かれていることがある。これだけ述べれば統計的仮説検定の結果としては十分かもしれない。しかし、これは計量政治学の分析結果としては不十分であるといわざるを得ない。**統計的に有意かどうかに加えて、その効果の大きさを説明する必要がある。**そして、その効果は実質的に有意かどうか、つまり、**その効果を発見したことは学術的に意味があるといえるかどうかを述べる必要がある。**効果量と実質的有意性を検討することなく「統計的に有意である」と書いても、「政治学的にも意味があるの？」という疑問が残る。

それは、統計的に有意であっても、効果量が取るに足らない大きさで、実質的には無意味な結果ということがあるからである。既に説明したとおり、検出力を大きくすればごくわずかな違いであっても統計的に有意な違いとして検出することができる。言い換えると、**標本サイズさえ大きくすれば、私たちが気にする必要のないような些細な違いも「統計的に有意な差」として報告することができてしまう。**したがって、論文やレポートを書く際には、そのような瑣末な差ではなく、実質的に重要な違いを見つけたということを読者に示す必要がある。

統計的有意性だけでは実質的な有意性（重要性）を評価できないことを理解するために、次のような例を考えてみよう。

例 8-4
「トマトはダイエットに有効か」というリサーチクエスチョンに答えたい。トマトの摂取量（説明変数）が体重（応答変数）を減少させるという効果は、統計的に有意だといえるだろうか。また、その効果は実質的に重要（有意）だろうか。

このリサーチクエスチョンに対して、「1日当たりのトマト摂取量が増えると、1か月後の体重が減少する」という作業仮説を設定することができる。この作業仮説に対する帰無仮説と対立仮説は次のとおりである。

H_0：1日当たりのトマト摂取量が増えても1か月後の体重は変化しない。
H_a：1日当たりのトマト摂取量が増えると1か月後の体重が変化する[35]。

このような仮説を統計的に検定する具体的な方法は第10章以降で説明するが、ここでは検定の結果が得られたものとして話を進める。得られる結論として次の3通りの場合を考えよう[36]。

結論1：トマトダイエットの効果は統計的に有意である。1日1個トマトを食べると、1か月で体重が4 kg減る。
結論2：トマトダイエットの効果は統計的に有意である。1日30個トマトを食べると、1か月で体重が0.3 g減る。
結論3：トマトダイエットの効果は統計的に有意ではない。1日1個トマトを食べると体重が1か月で5 kg減るかもしれないし、反対に10 g増えるかもしれない。

統計的に有意かどうかだけを問題にすると、これらの結論のうち1と2は「トマトはダイエットに有効だ」という答えに至り、3は「トマトはダイエットに有効ではない」という答えを引き出しそうであるが、果たしてそれでいいのだろうか。それぞれの結論を詳しく検討すると、**統計的に有意かどうかを調べただけではリサーチクエスチョンに答えたことにはならない**ということがわかる。一つずつ順番に検討してみよう。

まず、結論1を見てみよう。「トマトダイエットの効果は統計的に有意」であるから、統計的仮説検定によって「トマトにはダイエット効果がない」という帰無仮説が棄却されたことがわかる。では、このトマトダイエットは実際にやってみる価値があるだろうか。効果を見ると、「1日1個のトマト」が「1か月で4 kgの体重減」をもたらすらしい。トマトを毎日1個食べるというのは十分実行可能であり、ダイエット法としては楽なものだろう。また、「1か月で4 kg体重が減る」という効果は十分大きいといえるのではないだろうか。したがって、

---

[35] リサーチクエスチョンが想定するのは体重の変化ではなく減少だが、両側検定を行うためにこのような仮説をおくことにする。
[36] これらの結論は実際のデータから得られたものではなく、例のために作った架空のものである。

結論 1 は統計的有意性だけでなく、実質的（学術的）有意性を示していると考えられる。つまり、結論 1 は、トマトダイエットは実際に実行する価値があることを示しており、「トマトはダイエットに有効だ」といえる。

次に、結論 2 を検討しよう。「トマトダイエットの効果は統計的に有意」であるから、統計的仮説検定によって「トマトにはダイエット効果がない」という帰無仮説が棄却されたのは結論 1 と同じである。では、このトマトダイエットを実際にやってみる価値はあるだろうか。効果を見ると、「1 日 30 個のトマト」が「1 か月で 0.3 g の体重減」をもたらすらしい。「1 か月で 0.3 g の体重減」という効果は、ダイエットとして満足できるような効果だろうか。いくら徐々に痩せるほうが健康にいいとはいっても、あまりにも効果が小さすぎるだろう。また、このわずかな効果を出すためにどれだけの努力を強いられるかというと、1 日に 30 個もトマトを食べる必要がある。これを 1 か月続けるのは非常に難しいといわざるを得ない。要するに、結論 2 は統計的には「トマトがダイエットに有効」と述べるが、実質的には「トマトダイエットは役に立たない」ことを示している。

最後に、結論 3 はどうだろうか。この結論は、トマトの体重減少に対する効果は統計的に有意でないと述べている。言い換えると、トマトを食べても体重の減少には役に立たないという可能性を否定していない。実際、効果の内容を見ると、体重を減らす可能性とともに体重を増やす可能性も示されている。では、トマトを食べてもダイエットに意味はないと切り捨てていいのだろうか。効果量を見てみると、1 か月後の体重は 5 kg 減っているかもしれないし、10 g 増えるかもしれないと書かれている。1 か月で 5 kg も減ればダイエットとしては上々だし、万が一体重が 10 g 増えたところで大した問題ではないだろう。ダメもとでやってみるにしても、1 日 30 個もトマトを食べるのは難しいが、結論 3 によると 1 日 1 個トマトを食べればいいらしい。これなら手軽に実行することができるので、統計的に効果が実証されていなくても、とりあえず試してみるのも悪くないのではないだろうか。つまり、統計的に有意でないとしても、実質的にも意味がないと切り捨てるには惜しいような結論が示されており、この結論からトマトダイエットに「賭ける」のも十分合理的な判断といえる[37]。トマトはダイエットに有効「かも」しれない[38]。

このように、帰無仮説が棄却されるかどうか、統計的に有意な差があるかどう

---

[37] 「単品ダイエットは一般的にあまり効果がない」というような事前知識はないものと仮定する。また、トマトが嫌いという人は統計的に有意な結論が出るまで手を出さないほうが賢明だろう。
[38] 可能であれば、新たな標本を抽出し、再び検定を行うことが望ましい。

かを述べるだけでは、リサーチクエスチョンに対する答えとして不十分である。統計的有意性（statistical significance）とともに学術的（実質的）有意性・重要性（substantive significance）を検討することが必要である。**統計的に有意だからといって実質的に重要な結論であるとは限らないし、統計的に有意でないからといって必ずしも無視してよいわけではない。**

まとめ

- 統計的仮説検定は、次のような手順で行われる。
    1. 仮説を設定する。
    2. 有意水準を決める。
    3. 検定統計量を求める（p 値を求める）。
    4. 棄却域を設定する。
    5. 検定統計量と棄却域を比較する（p 値と有意水準を比較する）。
    6. 検定の結論を出す。
- 統計的仮説検定における仮説は、帰無仮説（H_0）と対立仮説（H_a）のペアである。
    - 帰無仮説とは、作業仮説を否定する仮説である。
    - 対立仮説とは、リサーチクエスチョンから導き出された作業仮説である。
- 帰無仮説が母数に一つの値（1 点）を想定するのに対し、対立仮説は帰無仮説が示す値以外の様々な値（区間）を想定する。
- 帰無仮説が棄却されたときには「対立仮説が正しい」といえるが、帰無仮説が受容されたときに「帰無仮説が正しい」ということはできない。帰無仮説が受容されたときには、「帰無仮説が間違っているとはいえない」という弱い結論しか引き出せない。
- 統計的仮説検定には、誤る可能性が二つある。
  第 1 種の過誤：帰無仮説が正しいのに、帰無仮説を棄却してしまう。
  第 2 種の過誤：対立仮説が正しいのに、帰無仮説を受容してしまう。
- 標本サイズを大きくすると、帰無仮説が間違っているときにそれを正しく棄却する確率である検出力が大きくなる。
- 標本サイズを一定にすると、有意水準 α と検出力 $1-\beta$ の間にはトレードオフ関係がある。

- 標本サイズが非常に大きいと、些細な違いも統計的に有意な違いとして検出される。
- 両側検定と片側検定があるが、通常は両側検定を使ったほうがよい。
- 統計的有意性だけでなく、実質的有意性も検討しなければならない。

練習問題

Q8-1 「選挙で候補者が使う選挙費用が増えるほど得票率が高くなる」という理論に対する帰無仮説と対立仮説を述べなさい。

Q8-2 単純無作為抽出を用いた世論調査を行ったところ、回答者の 25% が与党を支持していることがわかった。このとき、「与党の支持率は 30% である」という帰無仮説に対し、以下の二つの対立仮説を考える。対立仮説が変わると帰無仮説は棄却されやすくなるだろうか。また、どちらの対立仮説を使ったときに帰無仮説が棄却されやすくなるだろうか。理由とともに答えなさい。

　　対立仮説 1：与党の支持率は 30% ではない。
　　対立仮説 2：与党の支持率は 30% 未満である。

Q8-3 「経済発展は政治体制の維持に影響しない」という理論を確かめることはできるか。できるとすればどのように確かめればいいか。できないとすれば、どうしてできないのか答えなさい。

第 9 章

変数間の関連性

　第 6 章の「記述統計とデータの可視化・視覚化」では、変数を大きく分類すると数値で測定できない「カテゴリ変数」と数値で測定可能な「量的変数」があることと、それぞれの変数の特徴を表す「記述統計」の示し方を学んだ。本章では、χ^2（カイ 2 乗）値を使ってカテゴリ変数どうしの関連を見る「クロス集計表分析」と、相関係数（r）を使って量的変数どうしの関連を見る「相関分析」を R を使って行う方法を学ぶ[†1]。

9.1 カテゴリ変数間の関連

9.1.1 クロス集計表

　二つ以上のカテゴリ変数を組み合わせて同時に集計した表を「クロス集計表」と呼ぶ。ここでは、第 6 章の「記述統計とデータの可視化・視覚化」でいくつかの変数を因子型に変えた衆議院議員総選挙のデータ（hr-data.Rds）を使い、実際にクロス集計表を使った分析を紹介する。

　衆院選データには 22 の変数があるが、ここではその中にある smd（小選挙区

---

†1　ここではカテゴリ変数間と量的変数間の関連を紹介するが、量的変数とカテゴリ変数の関連を分析することも可能である。例えば、量的変数である「個人の年収」を「400 万円以上」と「400 万円未満」という二つのカテゴリ変数に変換すれば、「個人の年収」をクロス集計表を使って分析することが可能になるが、ここでは取り扱わない。ただし、ここで扱うのは、一つの変数"だけ"がもう一つの変数に影響を与えていると考えられる場合の分析法である。二つ以上の変数がある変数に影響を与えている可能性がある場合、二つ目の原因の影響をコントロールする必要があるので、本章で紹介する方法は使えない。代わりに、次章以降で紹介する重回帰分析を行う必要がある。

9.1 カテゴリ変数間の関連 171

での当落）と status（候補者の新人、現職、元職の別）という二つのカテゴリ変数を使ってクロス集計表を作成してみよう。

はじめに、分析で使うデータを R で読み込む[†2]。プロジェクト内にある data ディレクトリに分析で使うデータファイル（ここでは hr-data.Rds）があることを確認する。Rds 形式のデータの読み込みには、readr::read_rds() を使う。

```
library("tidyverse")
HR <- read_rds("data/hr-data.Rds")
```

データセットの中身を確認する。

```
glimpse(HR)
```

結果のうち最初の 5 行だけを示すと、次のようになる。

```
Observations: 8,803
Variables: 22
$ party       <chr> "LDP", "LDP", "LDP", "LDP",...
$ party_code  <int> 1, 1, 1, 1, 1, 1, 1, 1, 1, ...
$ year        <int> 1996, 1996, 1996, 1996, 199...
```

候補者のステータス（status）は「新人」「現職」「元職」の3種類に分類されているが、ここでは話を単純にするため、元職を分析から除外しよう。また、1996 年から 2017 年までの衆院選データフレーム（HR）から、2009 年の衆院選（year == 2009）だけを分析対象にしよう。分析対象を 2009 年の新人候補と現職候補に絞り込み、hr09 という名前のデータフレームを作るために、次のコマンドを実行する。

```
hr09 <- filter(HR,
               year == 2009,     # 2009年の総選挙のみ
               status != "元職") # 元職を除く
```

status と smd のクロス集計表を作り tbl_st_smd という名前を付け、表示する。

[†2]　データの読み込み方法については第 4 章を参照。

```
(tbl_st_smd <- with(hr09, table(status, smd)))
```

```
        smd
status  落選 当選
  新人   601  80
  現職   222 175
  元職     0   0
```

元職候補を除外したはずなのに、3行目に元職がある。ただし、元職に該当する候補者は0である。このように、因子型の変数から特定のカテゴリに属する観測値を除外すると、該当する個体は正しく除去されるが、カテゴリ自体は残ってしまう。そこで、新たに現職（incumbent）なら1、新人なら0という値をとる変数 inc を作り、因子型に変換する。

```
hr09 <- hr09 %>%
  mutate(inc = ifelse(status == "現職", 1, 0),
         inc = factor(inc, labels = c("新人", "現職")))
```

先ほどの status の代わりに inc を使って表を作り、さらに addmargins() で周辺度数を追加する。

```
hr09 %>%
  with(table(inc, smd)) %>%
  addmargins()
```

```
      smd
inc    落選 当選  Sum
  新人  601   80  681
  現職  222  175  397
  Sum   823  255 1078
```

この表は、2009年の衆議院選挙における小選挙区の当落結果を候補者のステータス別（新人・現職）に分類した2行2列（2×2）のクロス集計表である。397人立候補している現職のうち、半数弱の175人が当選しており、681人立候補している新人のうち当選しているのはわずか80人しかいないことがわかる。このような表（クロス集計表）の中で度数が示されている枠のことを「セル」と呼

び、左から右に向かって横方向を「行」、上から下に向かった縦方向を「列」と呼ぶ。上の表の最後の行に「823」と「255」と示されている数字は、落選者と当選者数のそれぞれについて、新人と現職を合計した度数であり、「列周辺度数」と呼ばれる。表の右端の列にある「681」と「397」と示されている数字は、新人と現職のそれぞれについて当選者と落選者を合計した度数であり、「行周辺度数」と呼ばれる。右下のセルにある「1078」という数字は、このクロス集計表で分析対象となっている全個体数であり、「全体度数」（＝「総度数」）と呼ばれる。

この表は、以下の4種類の候補者がいることを示している。

1. 小選挙区で落選した新人（度数が601のセル）
2. 小選挙区で落選した現職（度数が222のセル）
3. 小選挙区で当選した新人（度数が80のセル）
4. 小選挙区で当選した現職（度数が175のセル）

またクロス集計表を使った分析では、「データを見る方向」によって3種類の分析が可能である。一つは左から右の「行」に注目した分析である。つまり、立候補した新人と現職のうちどれだけの割合の候補者が当選したか、という分析である。そしてもう一つは、上から下の「列」に着目した分析である。すなわち、小選挙区で当選した候補者と落選した候補者の中で、新人と現職がどれだけの割合を占めているか、という分析である。そして最後は、全体の中で、4種類の候補者「それぞれが占める割合」を調べる分析である。

「データを見る方向」によって3種類の分析が可能である。ということは、新人の候補者と現職の候補者がそれぞれ「何％」当選しているか、ということを調べる際にも3種類の分析方法が存在することになる。それらの分析方法とは「行パーセント」「列パーセント」「全体パーセント」を基準にした分析である。

行パーセント

例 9-1
2009年衆議院選挙において、新人候補者と現職候補者がそれぞれ何％当選しているか知りたい。どのようにして分析すればいいか？

2009年衆議院選挙において、新人候補者と現職候補者がそれぞれ何パーセント当選しているか知りたい場合には、新人候補者と現職候補者をそれぞれ100％として、そのうちの何％当選しているかを調べればよいので、「行 (row) パー

セント」を表示する必要がある。Rで行パーセントを表示するためには、次のコマンドを入力すればよい。

```
hr09 %>%
  with(table(inc, smd)) %>%
  addmargins(margin = 1)   %>%  # 列周辺度数を加える． margin=1 で列周辺度数
  prop.table(margin = 1)   %>%  # 度数を比率に変換する．margin=1 で行比率
  round(digits = 4) %>%         # 小数第4位まで残す
  addmargins(margin = 2) * 100  # 行周辺度数を加え、%表示に．margin=2 で行周辺度数
```

次の表ができる。

```
      smd
inc       落選    当選     Sum
  新人    88.25   11.75  100.00
  現職    55.92   44.08  100.00
  Sum     76.35   23.65  100.00
```

この表は、2009年の衆議院選挙における小選挙区の当落結果を「行パーセント」の合計が100%になるように調整したクロス集計表である。先ほど作った表の各セルの値（例えば80）を行周辺度数（この場合だと681）で割ると、行の合計が100%になる比率（この場合だと11.75%）が得られる。表の中で、Sumと表示がある行と列（この部分を周辺パーセントと呼ぶ）を除いたセルにある四つの数値が「行パーセント」である。横一列に並んでいる二つの行パーセントを足すとそれぞれ100になる（$88.25 + 11.75 = 100$、$55.92 + 44.08 = 100$）ことがわかる。この表からは、新人候補者で当選しているのはわずか約12%に過ぎず、約88%が落選していること、他方、現職候補者だと約44%が当選し、約56%が落選していることが明らかになる。

列パーセント

例 9-2

2009年衆議院選挙において、元職を除く当選者と落選者の中で、新人候補者と現職候補者がそれぞれ何%占めているのか知りたい。どのようにして分析すればいいか？

当選者と落選者の中で、新人候補者と現職候補者がそれぞれ何パーセントを

占めているのか知りたいのであれば、元職を除いた当選者と落選者をそれぞれ100%として、そのうちの何パーセントが新人候補者と現職候補者が占めるかを調べればよい。そのためには、ここでは「列（column）パーセント」を計算する必要がある。Rで列パーセントを表示するために、次のコマンドを実行する。

```
hr09 %>%
  with(table(inc, smd)) %>%
  addmargins(margin = 2) %>%      # 行周辺度数を加える．margin=2 で行周辺度数
  prop.table(margin = 2) %>%      # 度数を比率に変換する．margin=2 で列比率
  round(digits = 4) %>%           # 小数第4位まで残す
  addmargins(margin = 1) * 100    # 列周辺度数を加え、%表示に．margin=1 で列周辺度数
```

このように、行パーセントで使ったコードの margin の値を変えればよい。結果として、次の表ができる。

```
      smd
inc    落選    当選    Sum
新人   73.03   31.37   63.17
現職   26.97   68.63   36.83
Sum   100.00  100.00  100.00
```

この表は、2009年の衆議院選挙における小選挙区の当落結果を「列パーセント」の合計が100%になるように調整したクロス集計表である。各セルの値を（例えば新人で当選した80人）を列周辺度数（この場合だと255）で割ると、列の合計が100%になる比率（この場合だと31.37%）が得られる。表のうち、周辺のセルを除いたセルにある四つの数値が「列パーセント」である。縦に並んでいる二つの列パーセントを足すとそれぞれ100になる（73.03＋26.97＝100、31.37＋68.63＝100）ことがわかる。この表から、小選挙区で落選した候補者の約73%が新人で、現職は約27%であること、そして当選した候補者の約69%が現職で、新人が約31%であることが明らかになる。

全体パーセント

例 9-3

2009年衆議院選挙において、小選挙区で当選（落選）した新人と現職の人数とその割合をそれぞれ知りたい。どのようにして分析すればいいか？

2009年衆議院選挙において、小選挙区で当選（落選）した新人と現職の人数とその割合（%）を知りたい場合には、全体の人数を100%として、そのうちの何パーセントがそれぞれ当選しているかを調べればよいので、「全体パーセント」を示す必要がある。Rで全体パーセントを求めるときは、`margin`を指定しなければよい。

```
hr09 %>%
  with(table(inc, smd)) %>%
  prop.table() %>%        # 度数を比率に変換する
  addmargins() %>%        # 周辺度数を加える
  round(digits = 4) * 100 # 小数第2位までの%表示にする
```

次の表ができる。

```
      smd
inc     落選    当選     Sum
  新人  55.75    7.42   63.17
  現職  20.59   16.23   36.83
  Sum   76.35   23.65  100.00
```

この表は、2009年の衆議院選挙における小選挙区の当落結果を「全体パーセント」の合計が100%になるように調整したクロス集計表である。各セルの値を（例えば新人と当選が交差する80）を全体度数（この場合だと1078）で割ると、全体の合計が100%になる比率（この場合だと7.42%）が得られる。周辺を除いたセルにある四つの数値が「全体パーセント」である。四つの全体パーセントを足すと100になる（55.75＋7.42＋20.59＋16.23＝100）ことがわかる。候補者全体の中で見ると、新人候補の当選者はわずかに約7%、新人候補で落選しているのは約56%、現職候補の当選者は約16%で、現職候補の落選者は約21%であることがわかる。

9.1.2 χ^2 検定

ここでは、クロス集計表に示される二つの変数の間に統計的に意味のある差があるか否かを確かめるために、政治学で最もよく使われる「χ^2（カイ2乗）検定」について紹介する。χ^2検定は、クロス集計表のセルの度数に着目した統計的検定方法である。χ^2検定と呼ばれるのは、検定に利用する検定統計量が χ^2 分

布に従うからである[†3]。二つの変数に関連があるか、独立しているかを調べるので「独立性の検定」とも呼ばれる。

表 9.1 は、ある内閣の支持に関して小規模な世論調査を行った仮想データである。このクロス集計表では男女別に分類した度数を図示している。男女にかかわりなく「内閣支持」と「内閣不支持」はどちらも半数の 25 人であることから、内閣支持に関しては、男女差がないといえる。このような状態を内閣支持と性別の間には「関連性がない」という。二つの変数の一方（性別）の値と、もう一つの変数（内閣支持）の値とは関係がないことから、性別と内閣支持は「独立している」とも表現する。

表 9.1　男女別内閣支持（1）：男女差なし

	内閣不支持	内閣支持	計
女性	25	25	50
男性	25	25	50
計	50	50	100

例 9-4

表 9.2 は、ある内閣の支持率に関して小規模な世論調査を行った架空データである。この結果から、男性のほうが女性より内閣を支持していると考えていいだろうか？

表 9.2　男女別内閣支持（2）

	内閣不支持	内閣支持	計
女性	30	20	50
男性	20	30	50
計	50	50	100

表 9.2 を見ると、男性の過半数の 30 人が内閣を支持しているのに、女性は過半数に満たない 20 人しか内閣を支持していない。これは表 9.1 とは異なり、性別と内閣支持の間に「関連性がある」といえそうで、性別と内閣支持は「独立でない」可能性がある。

しかし、ここでの問題は、「標本では違いがあるが、母集団でもそのような差が存在するのか」ということである。性別と内閣支持は「独立でない」可能性が

[†3] χ^2 分布についての詳細は、高橋（2004）や鳥居（1994）などの統計学の教科書を参照。

あり、両者の間には「関連性がある」ように見えるとしても、はたしてどの程度の差があれば二つの変数の関係性は**偶然ではない**といえるのだろう？ ここに統計的検定（＝χ^2検定）を行う必要性がある。

第8章の「統計的仮説検定」で説明したとおり、統計的検定を行う際には棄却されるべき仮説として「帰無仮説」を設定することから始める。統計的検定で二つの変数間に**「違いがある」**ことを調べたいとすれば、二つの変数間には**「違いがない」**という、自分の思いとはまったく逆の仮説を立て、それを否定する（＝棄却する）ことで自分の仮説の正しさを証明するという手続きをとる。帰無仮説が否定されること（つまり「違いがない」ことはない）によって浮上する仮説を「対立仮説」と呼び、この対立仮説こそ、自分が検証したい仮説ということになる。

χ^2検定のプロセスは次のとおりである。

1. 帰無仮説を設定する。
   （H_0：母集団では、男女間で内閣支持率に**違いがない**）
   （違いがない＝関連がない＝独立）
2. 対立仮説を設定する。
   （H_a：母集団では、男女間で内閣支持率に違いがある）
   （違いがある＝関連がある＝独立でない）
3. 帰無仮説 H_0 が棄却される場合… 対立仮説 H_a を受け入れる。
4. 帰無仮説 H_0 が棄却されない場合…帰無仮説 H_0 を受容するが、だからといって帰無仮説が正しいとはいえない。

χ^2検定で使う帰無仮説の下での「χ^2値」を求める式は次のとおりである。ただし、mはセルの数である。

$$\chi^2_0 = \sum_{i=1}^{m} \frac{(観測度数_i - 期待度数_i)^2}{期待度数_i}$$

帰無仮説の下でのカイ2乗値 χ^2_0 を求めるためには次の三つのステップを踏む必要がある。

1. 「観測度数」から「期待度数」を計算する。
2. 観測度数と期待度数を使って、次の値をセル別に計算する。

$$\frac{(観測度数_i - 期待度数_i)^2}{期待度数_i}$$

3. セル別に計算した上記式の値を合計する。

この三つのステップについて、一つずつ計算してみよう。

「観測度数」から「期待度数」を計算する

χ^2_0 を計算するために必要な「観測度数」は表 9.2 に与えられているので、「期待度数」を計算する必要がある。「期待度数」とは、理論的に「差がない」と予測されるクロス集計表の度数を示すものである。χ^2 検定では、世論調査などのデータから得られた「観測度数」と「期待度数」とのずれを比較し、理論と実際のずれが誤差の範囲に入る（つまり、差は偶然であると考える）のか、それともその差は偶然とはいえない程度のものなのかを判断する[†4]。各セルの期待度数を求める計算式は次のとおりである。

$$期待度数 = \frac{(セルに対応する行周辺度数) \times (セルに対応する列周辺度)}{全体度数}$$

図 9.1 は男女別内閣支持に関する「観測度数」と「期待度数」を示したものである。「観測度数」のクロス集計表左上にある「女性」「内閣不支持」のセルに対応する期待度数は次の式で計算できる。

$$\frac{50 \times 50}{100} = 25$$

残り三つのセルに関しても同様の計算を施すと、図 9.1 に示されているように、すべてのセルの期待度数が 25 であることがわかる。

[†4] 「期待度数」とは変数と変数とが無関係（つまり、独立である）状況下で期待される度数のことであり、χ^2_0 値を計算する際に基準となる数値である。二つの変数間に「違いがない」状態の度数を「期待度数」とし、その値と世論調査などで得られた「観測度数」との差が偶然得られた差かどうか検定するのが χ^2 検定だといえる。

第9章 変数間の関連性

観測度数

	内閣不支持	内閣支持	計
女性	30	20	50
男性	20	30	50
計	50	50	100

列の周辺度数 / 行の周辺度数 / 全体の度数

期待度数

	内閣不支持	内閣支持	計
女性	25	25	50
男性	25	25	50
計	50	50	100

図 9.1 男女別内閣支持（観測度数から期待度数を求める）

観測度数と期待度数を使って、次の値をセル別に計算する

$$\frac{(観測度数_i - 期待度数_i)^2}{期待度数_i}$$

図 9.1 には、観測度数から計算されたセル別の期待度数が示されている。次のステップは、ここで得られた観測度数と期待度数を使って、上記式の値をセル別に計算することである。図 9.2 は男女別内閣支持に関する「観測度数」と「期待度数」を使って上記の式を計算する過程を示したものである。「観測度数」のク

観測度数

	内閣不支持	内閣支持	計
女性	30	20	50
男性	20	30	50
計	50	50	100

期待度数

	内閣不支持	内閣支持	計
女性	25	25	50
男性	25	25	50
計	50	50	100

1	1
1	1

図 9.2 男女別内閣支持（観測度数と期待度数から数値を求める）

ロス集計表左上にある「女性」「内閣不支持」のセルに対応する上記式の値は次の式で計算できる。

$$\frac{(30-25)^2}{25} = 1$$

残り三つのセルに関しても同様の計算を施すと、図 9.2 に示されているように、四つのセルの値はそれぞれ 1 であることがわかる。

セル別に計算した上記式の値を合計する

最後のプロセスでは、上記式で四つのセルごとに求めた値を合計するので、図 9.2 の帰無仮説の下でのカイ 2 乗値 χ_0^2 は、最終的に次のような値になる。

$$\chi_0^2 = \sum_{i=1}^{m} \frac{(観測度数_i - 期待度数_i)^2}{期待度数_i}$$
$$= 1+1+1+1 = 4$$

図 9.3 に示されているように、χ^2 分布の形は自由度[†5]の大きさによって異なる。ここでは自由度が 1 なので、図 9.4 のような分布図を使って χ^2 検定を行う。

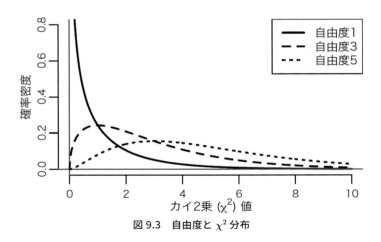

図 9.3　自由度と χ^2 分布

[†5] 「自由度」とは、統計的検定を行う際に必要な情報で、「データの中で自由に変わることができる数」のことである。ここでは行・列変数のカテゴリ数がどちらも 2 なので、自由度は $(2-1) \times (2-1) = 1$ ということになる。自由度に関する詳しい説明は、神林・三輪（2011）や永田（1996）などの統計学の教科書を参照。

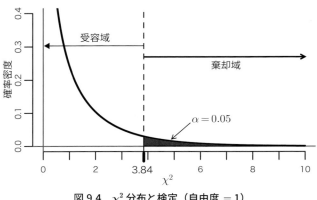

図 9.4　χ^2 分布と検定（自由度 = 1）

　自由度 = 1 の χ^2 分布である図 9.4 を見ると、有意水準 5% における臨界値は 3.84 なので、χ^2 値 4 は帰無仮説の棄却域内にあることがわかる。したがって、帰無仮説 H_0：「母集団では、男女間で内閣支持に**違いがない**」は棄却され「母集団では、男女間で内閣支持に違いがある」という対立仮説 H_a を受け入れることになる。つまり、ここで抽出した 100 人の標本結果から推定すると、母集団では女性よりも男性のほうが内閣をより支持していると結論づけることができる。

　図 9.4 で棄却域に設定されているのは、**帰無仮説が正しいときに滅多に起こらない**であろうと考えられる値の範囲である。ここでデータから求めた検定統計量の $\chi^2_0 = 4$ が棄却域に入っているので、この滅多に起こらないはずの異常な χ^2 値を生じさせたデータの何かがおかしいと考える。そして、おかしいのは、この**データが帰無仮説が正しいときに**得られたという仮定であると考え、帰無仮説を棄却する。

　ここでは χ^2 検定によって「母集団では女性よりも男性のほうが内閣をより支持している」という結論が得られたわけだが、実は一つ注意すべきことがある。それは「母集団において男女間で**（統計的に）差がある**」ということと「母集団において男女間に**（実質的に）大きな差があること**」は同じではない、ということである。「統計的に有意な差があるかどうか」は帰無仮説が棄却されるかどうかで確認できるが、二つの変数間の実質的な「差」にも留意する必要がある。例えば、ここでは 50 人ずつの男女サンプル中 30 人の男性と 20 人の女性がそれぞれ内閣を支持しているということを「実質的な差である」と判断するか否かは分析者に委ねられている。研究対象によっては「確かに統計的には有意だが、実質的には意味のない差である」ケースもあるので、統計分析の結果は慎重に解釈する必要がある。

9.1.3 Rによる χ^2 検定

上の例では架空の世論調査データを使い、内閣支持率に男女間で差があるか否かを手計算で求めたが、同様の作業をRで実行してみよう。表9.3に示されているように、母集団から単純無作為抽出で100人（男性と女性それぞれ50人ずつ）のサンプルをとったと想定し、50人の男性のうち30人が内閣を支持し、50人の女性のうち20人が内閣を支持したというデータを作成する。

表 9.3 男女別内閣支持の架空データ

	内閣不支持	内閣支持	計
女性	30	20	50
男性	20	30	50
計	50	50	100

このデータは、R上では行列として表現できる。行列は、`matrix()`で作れる。`matrix()`では、まず行列の中身となる各要素を与え、`nrow`で行数（または`ncol`で列数）を指定する[†6]。さらに、要素を行（rowすなわち左から右）に並べたいときは`byrow = TRUE`を、列（columnすなわち上から下）に並べたいときは`byrow = FALSE`を指定する。性別と内閣支持の行列（クロス集計表）を`tbl_cab`に保存し、周辺度数を加えて表示しよう。

```
tbl_cab <- matrix(c(30, 20, 20, 30), nrow = 2, byrow = TRUE)
row.names(tbl_cab) <- c("女性","男性")     # 行に名前をつける
colnames(tbl_cab) <- c("不支持","支持")    # 列に名前をつける
addmargins(tbl_cab)                        # 周辺度数を加えて表示する
```

このコマンドを実行すると、次の表ができる。

```
      不支持  支持  Sum
女性     30    20   50
男性     20    30   50
Sum      50    50  100
```

このクロス集計表（行列）に対し、`chi.sq()`を使うことで、χ^2 検定を行うこ

---

†6 `nrow`と`ncol`は両方指定してもよい。片方のみ、例えば`nrow`のみ指定した場合は、要素の数を`nrow`で割った値が`ncol`として割り当てられる。割り切れないとエラーになる。

とができる[7]。

```
chisq.test(tbl_cab, correct = FALSE)
```

このコマンドを実行すると、次の結果が示される。

```
        Pearson's Chi-squared test
data:  tbl_cab
X-squared = 4, df = 1, p-value = 0.0455
```

この結果を見ると、χ^2 の値が X-squared = 4 と示されている[8]。df = 1 は自由度が1であることを示している。p-value は p 値であり、その値が 0.0455 なので、ここで設定した帰無仮説 H_0：「母集団では、内閣支持は男女間で**違いがない**」は 5% の有意水準で棄却され、対立仮説 H_a：「母集団では、内閣支持は男女間で違いがある」を受け容れることになる。

フィッシャーの直接確率計算法（Fisher's exact test）

期待度数が一つでも 5 を下回る場合、χ^2 検定を使って検定すると、p 値が小さめに算出されてしまう。そのため、χ^2 検定の代わりにフィッシャーの直接確率計算法を使って変数間の関係性の検定を行うのが望ましい。

例えば、内閣支持率に関して極めて小規模な世論調査を行ったところ、表 9.4 のような結果が得られたとする。

表 9.4　男女別内閣支持：セルの値が 5 を下回る場合

	内閣不支持	内閣支持	計
女性	10	2	12
男性	3	7	10
計	13	9	22

---

[7] イェーツの連続性補正（Yate's continuity correction）は行わないので correct = FALSE とする。イェーツの連続性補正とは、2 行× 2 列のクロス集計表のデータに対して行われる補正で、それぞれの「予測値と実際の値との差」を 0 に近い側に 0.5 ずつ修正する方法。離散型分布を連続型分布（χ^2 分布や正規分布）に近似させて統計的検定を行う際に用いられる。検出力は低下するが、より正確な検定が可能になる。ちなみに、correct = TRUE としてイェーツの連続性補正を行うと p-value = 0.07186 となり 5% の有意水準で帰無仮説は棄却されない。

[8] ピアソンの積率相関係数に関しては次節で説明する。

9.1 カテゴリ変数間の関連

フィッシャーの直接確率検定では、観測され得る値の全出現パタンの生起確率をそれぞれ超幾何分布で計算し、それらの中で観測されたクロス集計表の生起確率よりも小さい生起確率を有するクロス集計表の生起確率の和を p 値と定義する。

フィッシャーの直接確率計算法を使って変数間の関係性の検定を行ってみよう。表 9.4 の内容を行列として `tbl_sml` に格納し、周辺度数を加えて表示する。

```
tbl_sml <- matrix(c(10, 2, 3, 7), nrow = 2, byrow = TRUE)
row.names(tbl_sml) <- c("女性", "男性")
colnames(tbl_sml) <- c("不支持", "支持")
addmargins(tbl_sml)
```

次の表ができる。

```
     不支持  支持  Sum
女性     10     2   12
男性      3     7   10
Sum      13     9   22
```

このクロス集計表（行列）に対し、`fisher.test()` を使ってフィッシャーの直接確率検定を実行する。

```
fisher.test(tbl_sml)
```

結果は、次のとおり表示される。

```
        Fisher's Exact Test for Count Data

data:  tbl_sml
p-value = 0.02742
alternative hypothesis: true odds ratio is not equal to 1
95 percent confidence interval:
   1.142266 154.259658
sample estimates:
odds ratio
  10.12692
```

ここで注目すべきは p-value = 0.02742 という数値である。この数値は p 値である。p 値が $\alpha = 0.05$（$= 5\%$ の有意水準）より小さいので、ここで設定し

た帰無仮説 H_0：「母集団では、内閣支持は男女間で**違いがない**」は棄却し、対立仮説 H_a：「母集団では、内閣支持は男女間で違いがある」を受け入れる。行および列の2要因（性別と内閣支持）の間には何らかの関連性があることが示唆されたことになる。

対立仮説（alternative hypothesis）の欄に表示されている、「オッズ比が1ではない」は、「母集団では、内閣支持は男女間で違いがある」という意味である。オッズ比とは上の2×2のクロス集計表における ad/cd [†9] を計算した値で、二つの要因間の関連の強さを表す指標である。独立性の検定は超幾何分布によるオッズ比の検定ともいえる。その下にはオッズ比の95%信頼区間が表示されている。最後の行の値（odds ratio = 10.12692）は、オッズ比の最尤推定量である。

第8章で説明したように、二つの変数の関係性に関する χ^2 検定でも、標本サイズが大きければ、変数間の違いが僅差であっても統計的に有意になりやすい。逆に標本サイズが小さいと、たとえ変数間の違いが大きくても統計的に有意になりにくい傾向があるので注意する必要がある。

9.2
量的変数間の関連

前節では、「二つのカテゴリ変数のうち一つの変数の値が変化したときに、もう一方の変数の値が変化するかどうか」という2変数間の関連性（独立性）について、政治学でよく使われる「χ^2 検定」とさらに厳密な検証方法である「フィッシャーの直接確率計算法」について学んだ。本節では、数値で測定可能な「量的変数」について、2変数間の独立性を検証する方法を学ぶ。

9.2.1 相関関係の種類・散布図・相関係数

二つの量的変数が共に変化する関係を「相関関係」（correlation）と呼び、次の三つのパタンに分類できる。

1. 正の相関（例：勉強すればするほど、成績が上がる）
2. 負の相関（例：アルバイトをすればするほど、成績が下がる）

[†9] 左上が a、右上が b、左下が c、右下が d のクロス集計表で ad/cd を計算。

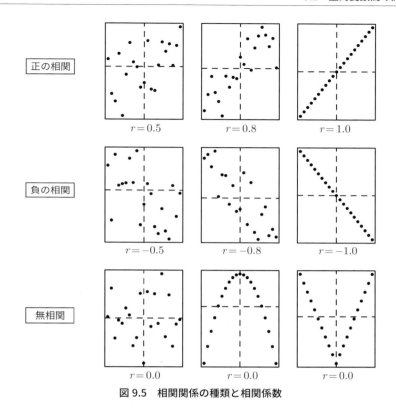

図9.5 相関関係の種類と相関係数

3. 無相関（例：大学から自宅までの距離にかかわらず、授業をサボる回数は変わらない）

これらの関係をそれぞれ図で図すと図9.5のようになる。二つの量的変数間の関係を分析する上で重要な作業は、このような図を描くことである。これらの図は**散布図**（scatter plot）と呼ばれ、量的変数の関係をつかむための最も基本的な方法である。二つの量的変数の一方を横軸、他方を縦軸にとり、二次元上に両者の関係を点で示す[10]。

図9.5が示すように、「正の相関」においては、横軸の値が大きくなるにつれて縦軸の値も大きくなり、グラフの左下から右上に向かって右肩上がりの関係が

---

[10] 二つの量的変数間の関連性を調べる究極的な理由は、両者の「因果関係」を調べることである。両者のうち「説明変数」と想定する変数を横軸に、「応答変数」と想定する変数を縦軸にとるのが一般的である。ただし、相関関係と因果関係とは異なるものであり、相関関係があるからといって、必ずしも因果関係があるとは限らないことは常に留意する必要がある。

見られる。他方「負の相関」では、横軸の値が大きくなるにつれて縦軸の値が小さくなり、グラフの左上から右下に向かって右肩下がりになっている。そして、「無相関」では二つの変数間にそのような直線的なパタンがないことがわかる。図9.5それぞれの散布図の中央に描かれている破線は各変数の平均値である。この破線で四つに区切られた領域のうち、左下と右上に点が集まると正の相関、左上と右下に集まると負の相関、それ以外の場合には無相関になる。

「相関関係の強さの度合い」を表すために使われるのが**相関係数**（r）である。rは-1から1の間の値をとり、符号が正であれば正の相関関係を、負であれば負の相関関係を表す。そして$r=1$のとき、散布図上の点は右肩上がりの一直線上に並び、$r=-1$のときには右肩下がりの一直線上に並ぶ。例えば、図9.5の「正の相関」の左上の図が示す$r=0.5$は「弱い」正の相関を表し、その右隣の$r=0.8$は「中程度」の正の相関を表しているが、相関係数の値が1に近いほど、データが右肩上がりの直線の周りに密集し、相関係数の値が0に近いほどばらついていることがわかる。同様のことは負の相関に関しても当てはまる。

$r=0$は「無相関」を表し、**直線的なパタンがない状態**を表している。図9.5の「無相関」のグラフに示されているように、ランダムに散らばっているケースばかりでなく、V字や逆U字のように、二つの変数間の関係が直線ではない（nonlinear）場合には、非直線的な関係があっても$r\approx 0$になることがある。

二つの変数xとyの相関係数は次のような計算式で求めることができる[†11]。

$$r = \frac{x と y の共分散}{(x の標準偏差) \times (y の標準偏差)}$$

相関係数にはいくつかの種類があるが、本書では政治学で最もよく使われているピアソンの積率相関係数を使う。

9.2.2 相関係数を使った統計的仮説検定

まず、Rで二つの変数x，yをもつデータフレームxyを作る。

```
xy <- tibble(x = c(1, 5, 10),
             y = c(1, 2, 10))
```

[†11] 相関係数に関しては、様々な統計学のテキストで詳細に解説されている。例えば、Moore and McCabe（2006, 邦訳 pp.146-157）や神林・三輪（2011, pp.98-112）などを参照。

この2つの変数の関係を、散布図で確かめてみよう。次のコマンドで散布図を作る。

```
scat1 <- ggplot(xy, aes(x, y)) +
  geom_point() +
  geom_smooth(method = "lm", se = FALSE)
print(scat1)
```

このコマンドを実行すると、図 9.6 が描画される。ここでは、geom_smooth() で2変数の関係を示す直線を加えている[†12]。直線が右上がりになっていることから、x と y の間に正の相関がありそうだということが読み取れる。

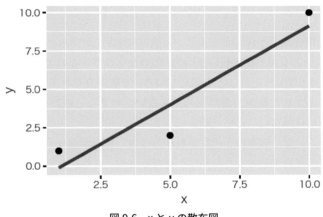

図 9.6　x と y の散布図

二つの変数 x, y の相関係数を求めてみよう。cor() を使い、

```
with(xy, cor(x, y))
```

とすると、

```
[1] 0.936599
```

という結果が出る。つまり、$r \approx 0.94$ であり、強い正の相関がありそうだ。

では、この関係は統計的に有意、つまり、偶然ではないといえるだろうか。検

---
† 12　この直線について詳しくは、次章以降で説明する。

定には、cor.test() を使う。

```
with(xy, cor.test(x, y))
```

とすると、次の結果が表示される。

```
        Pearson's product-moment correlation

data:  x and y
t = 2.6729, df = 1, p-value = 0.2279
alternative hypothesis: true correlation is not equal to 0
sample estimates:
     cor
0.936599
```

x と y の相関係数（cor）とともに、p 値（0.2279）が得られた。この結果は、帰無仮説：「x と y の相関係数は 0」が正しいとすれば、このようなデータが出現する確率は 22.79％ということを示している。p 値が有意水準である 0.05（5％）を超えているため、帰無仮説は棄却できない。つまり、**統計的には x と y の相関関係は認められない**、という結論になる。

この例において、散布図と相関係数からは強い相関がありそうに見えるのに、検定で帰無仮説を棄却できないのはなぜだろうか。それは、標本サイズが小さい（$n=3$）からである。標本サイズを 100 倍にした xy_large というデータフレームを作り、同様の分析をしてみよう。

まず、R で二つの変数 x, y をもつデータフレーム xy_large を作る。

```
xy_large <- tibble(x = rep(c(1, 5, 10), 100),
                   y = rep(c(1, 2, 10), 100))
```

この二つの変数の関係を視覚的に確かめるため、次のコマンドで散布図を作る。

```
scat2 <- ggplot(xy_large, aes(x, y)) +
  geom_point() +
  geom_smooth(method = "lm", se = FALSE)
print(scat2)
```

このコマンドを実行すると、図 9.6 とまったく同じ見た目の図が描画される。た

だし、各点には観測値が 100 個ずつ集まっている。直線が右上がりになっていることから、x と y の間に正の相関がありそうだということが読み取れる。

次に、二つの変数 x, y の相関係数とその p 値を求めてみよう。

```
with(xy_large, cor.test(x, y))
```

とすると、次の結果が表示される。

```
        Pearson's product-moment correlation

data:  x and y
t = 46.142, df = 298, p-value < 2.2e-16
alternative hypothesis: true correlation is not equal to 0
95 percent confidence interval:
 0.9210453 0.9491697
sample estimates:
      cor
0.936599
```

x と y の相関係数（cor）は、先ほどとまったく同じ 0.936599 である。やはり、強い相関があるといえそうだ。しかし、p 値は 2.2e-16 = $2.2 \times 10^{-16} \approx 0$ であり、先ほどの p 値よりはるかに小さい。p 値が 0.05 より小さいため、帰無仮説を棄却し、**x と y の相関関係は偶然ではない**という結論が得られる。

この例からわかるとおり、**相関関係の検定は標本サイズに大きく左右される**。標本サイズが非常に小さいときには、強い相関であっても帰無仮説が棄却されないので、統計的検定を実施する意味はない。反対に、標本サイズが非常に大きいとき、弱い相関であっても帰無仮説が棄却されてしまうので、やはり統計的検定には意味がない。したがって、**散布図を作り、相関係数を求めるという作業は常にすべきだが、相関係数の検定は実施するかどうか自体を慎重に検討すべきである**。

9.2.3 相関関係と因果関係

相関関係と因果関係を考える上で大切なことは「相関関係があるからといって、必ずしも因果関係があるとは限らない」ということである。ここでは、架空のデータ（シミュレーション）によって、このことを示してみる。まず、R を使

って架空のデータを作り出し、相関を調べてみよう。このシミュレーションでは、各選挙区における投票率（turnout）、選挙費用の合計金額（money）、選挙の接戦度（comp、「接戦」または「無風」を値にもつカテゴリ変数）の三つの変数を作る。標本サイズは100にする。

まず、何度やっても同一のシミュレーション結果が得られるよう set.seed() で乱数の種を指定する。指定する数字は何でもいいが、日付が有力な候補である。seed の値を変えれば、異なる結果が得られる。

```
set.seed(2018-08-07)
```

次に、comp を作る。50%（0.5）の確率で接戦になるようにする。

```
comp <- sample(c("接戦", "無風"), size = 100, replace = TRUE)
```

続いて、money を作る。money は、正規分布から無作為に抽出する。このとき、接戦かどうかによって平均値が変わるようにする。

```
money <- rnorm(100, sd = 0.2,
               mean = 0.4 + 0.5 * as.numeric(comp == "接戦"))
```

最後に、投票率を正規分布から無作為に抽出する。先ほどと同様に、接戦かどうかによって平均値が変わるようにする。

```
turnout <- rnorm(100, sd = 0.1,
                 mean = 0.4 + 0.3 * as.numeric(comp == "接戦"))
```

これら三つの変数をもつデータフレームを df と名付け、先頭部分を確認してみる。

```
df <- tibble(money = money,
             turnout = turnout,
             comp = comp)
head(df)
```

次のようにデータが表示される。

```
# A tibble: 6 x 3
  money turnout comp
  <dbl>   <dbl> <chr>
1 1.21    0.803 接戦
2 1.12    0.677 接戦
3 1.31    0.795 接戦
4 0.426   0.669 接戦
5 0.271   0.494 無風
6 0.249   0.178 無風
```

このデータフレームを使い、「選挙費用の合計」を横軸、「投票率」を縦軸とした散布図を描いてみよう[†13]。

```
scat_turnout <- ggplot(df, aes(x = money, y = turnout)) +
  geom_point() +
  geom_smooth(method = "lm", se = FALSE) +
  labs(x = "選挙費用 (1,000万円)", y = "投票率 (%)")
print(scat_turnout)
```

このコマンドを実行すると、図9.7が描画される。この図を見ると、散布図の点が右上がりの直線の周りに集まっていることがわかる。ここから、選挙費用と投票率の間には正の相関がありそうだということがわかる。

続いて、相関係数を求めてみよう。

```
with(df, cor(turnout, money))
```

を実行すると、相関係数が約0.62であることがわかる。2変数には正の相関があるが、その直線的関係はあまり強くないことが示唆される。

選挙費用と投票率に相関関係が認められるとして、その「因果関係」はどうだろう。もし両者の間に「因果関係」が存在し、選挙費用の合計が投票率を上げているのであれば、投票率を上げるために、候補者は選挙費用を多く使いたいだろう。ここでは、図9.8に示すように、少なくとも4種類の因果関係の可能性を想

[†13] Macユーザは文字化けを避けるため、まず、
```
theme_set(theme_gray(base_size = 10,
                     base_family = "HiraginoSans-W3"))
```
を実行すること。

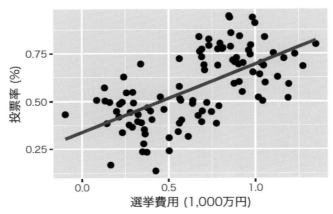

図 9.7　投票率と選挙費用の散布図（架空のデータ）

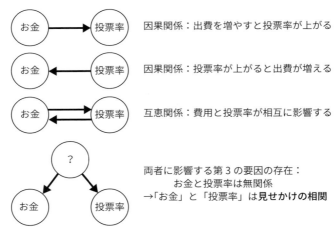

図 9.8　選挙費用と投票率の関係

定できる[†14]。

　最初の可能性は、お金が投票率に影響を与えているというものである。候補者が選挙費用を使うほど選挙動員が盛んになり、投票率が上がるという考えである。二つ目の可能性は、投票率が高くなると候補者がより多くの選挙費用を費やすという考えである。三つ目の可能性は、一つ目と二つ目が同時に起こっているという考え方である。そして、最後の可能性は、選挙費用と投票率の両方に同時に影響を与えている「第三の要因」があるという考え方である。第三の要因

[†14]　このほかに、まったくの偶然という可能性がある。

が「お金」と「投票率」の両方に同時に影響を与えている（つまり因果関係がある）のであって、「お金」と「投票率」の間に因果関係は存在しない、という考えである。もしそうであるなら、「お金」と「投票率」の関係は見せかけの相関（spurious correlation）ということになる[†15]。例えば、この第三の要因としては、図9.9に示すように、選挙における「接戦度」を想定できる。

図 9.9　第三の要因

どちらの候補者が当選するか既にわかっているような、いわゆる「無風の選挙区」と比べると、どちらが当選するかわからない「接戦の選挙区」では、候補者は選挙運動でより多くのお金を使うだろう。その結果、接戦の選挙では投票率が高くなるはずである。すなわち、接戦の選挙区では、選挙で多くのお金が多く使われるため投票率が高くなるのに、無風の選挙区では、選挙でお金があまり使われず投票率が低くなる、という推論は理にかなっていると思われる。

ここでは、人工的に作成したデータを使って、「接戦の選挙区」と「無風の選挙区」に分けて、選挙費用と投票率をプロットしてみる（図9.10）。

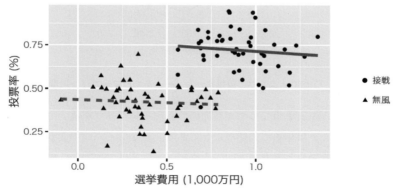

図 9.10　「接戦度」を考慮したときの「選挙費用」と「投票率」の関係

---

† 15　「見せかけの相関」の意味は、「因果関係があるように見せかける相関」である。したがって、相関関係自体は実際にある。

接戦度を考慮せずに「選挙費用」と「投票率」の散布図を見ると、正の相関が認められるのに、無風区と接戦区の二つのグループに分けて散布図を見直してみると、それぞれのグループ「内」では異なる様子が見られる。接戦の選挙区でも無風の選挙区でも、選挙費用と投票率には負の相関がありそうに見える。この図から、**「選挙費用」と「投票率」の間で認められた正の関係は「見せかけの相関」であって、因果関係ではないといえそうである。**

Vigen（2015）は、世の中に溢れる相関関係のうち、まったくの偶然であると思われる例を沢山紹介している。いくつか紹介してみよう。

1. 「チキンの消費量」と「紙の消費量」の相関係数は 0.996
2. メーン州での「1,000 人あたりの離婚率」と「一人あたりマーガリン消費量」の相関係数は 0.989（図 9.11）
3. 「ティーの消費量」と「芝刈り機による死亡者数」の相関係数は 0.93
4. 「魚の消費量」と「KFC の顧客満足度」の相関係数は 0.933
5. 「牛肉の消費量」と「雷による死亡者数」の相関係数は 0.87

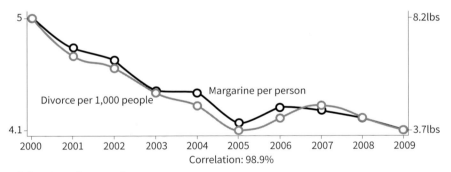

出典：Vigen（2015, p.7）

図 9.11 「1,000 人あたりの離婚率」と「一人あたりマーガリン消費量」

計量分析を行う際、まず二つの変数間の散布図や線グラフを描いて、両者の関係を可視化することは極めて大切なことである。しかし、二つの変数間に相関関係が「認められる場合」でも、上記のように、実は第 3 の要因が二つの変数に同時に影響を与えているため、実は両者の間には関係がないという可能性も排除できない。他方で、二つの変数間に相関関係が「認められない場合」でも、実は第 3 の変数を介して散布図を描いてみると、存在しないと思っていた相関関係が見えてくる可能性もあるので注意が必要である。

ここで紹介した comp（接戦度）のような変数は「交絡変数」と呼ばれ、回帰分析では極めて重要な役割を演じている。交絡変数を使った具体的な分析方法は、次章以降で詳細に説明する。

まとめ

- 「クロス集計表」とは、二つ以上のカテゴリ変数を組み合わせて同時に集計した表のこと。
- 変数どうしの関連を見るときには「クロス集計表分析」と χ^2（カイ２乗）値を使って検定する。
- 量的変数どうしの関連を見るときには相関係数（r）を使って検定する。
- クロス集計表は「データを見る方向」によって、3種類の分析が可能である。それらの分析方法とは「行パーセント」「列パーセント」「全体パーセント」を基準にした分析である。
- 政治学では、二つのカテゴリ変数の間に統計的に意味があるか否かを確かめる検定方法として「χ^2（カイ２乗）検定」がよく使われている。
- χ^2 検定は、クロス集計表のセルの度数に着目した統計的検定方法である。
- 統計的検定では、二つの変数間に**「違いがある」**ことを調べたいとすれば、二つの変数間には**「違いがない」**という、自分の思いとはまったく逆の仮説を立て、それが否定される（＝棄却される）ことで自分の仮説の正しさを証明するという手続きをとる。
- 「期待度数」とは変数と変数とが無関係（つまり、独立である）状況下で期待される度数のことであり、帰無仮説の下での χ^2 値を計算する際に基準となる数値である。
- 「自由度」とは、統計的検定を行う際に必要な情報で、「データの中で自由に変わることができる数」のことである。
- 「自由度」によって χ^2 分布の形状が異なる。
- クロス集計表のセルの期待度数が一つでも 5 を下回る場合、χ^2 検定を使って検定すると、有意確率が小さめに算出されてしまう。そのため、χ^2 検定の代わりにフィッシャーの直接確率計算法を使って変数間の関係性の検定を行うのが望ましい。
- 一般的に、二つの変数の関係性に関する χ^2 検定や相関係数の検定では、サンプルサイズが大きければ、変数間の違いが僅差であっても統計的に有意に

なりやすい。逆に、サンプルサイズが小さいと、たとえ変数間の違いが大きくても統計的に有意になりにくい傾向がある。
- 「相関関係の強さの度合い」を表すために使われるのが**相関係数**（r）で、その範囲は $-1 \leq r \leq 1$。
- 二つの量的変数の関連性を「相関関係」（correlation）と呼び、正の相関（$r > 0$）、負の相関（$r < 0$）、無相関（$r = 0$）の三つのパタンに分類できる。「無相関」は**直線的なパタンがない状態**を表す。
- 二つの量的変数間の関係を分析する上で重要な作業は、散布図や線グラフを描くこと。
- 散布図とは量的変数の関係をつかむための最も基本的な方法であり、二つの量的変数の一方を横軸、他方を縦軸にとって、二次元上に両者の関係を点で示したもの。
- **見せかけの相関**（spurious correlation）なのか**因果関係**（causal relation）なのか、様々な方面から検討する必要がある。
- 二つの変数間に相関関係が「認められる場合」でも「認められない場合」でも、第3の変数を想定した因果関係の可能性を模索することが必要。

練習問題

Q9-1 表 9.5 は、仮想の男女別内閣支持に関する世論調査結果で、表 9.3 の観測数を半分にしたものである。R で χ^2 検定を実行し、内閣支持に関して男女間で差があるかどうかを確かめなさい。帰無仮説と対立仮説を明示し、分析結果をわかりやすい日本語で説明しなさい。

表 9.5　男女別内閣支持率

	内閣不支持	内閣支持	計
女性	15	10	25
男性	10	15	25
計	25	25	50

Q9-2 R のデータセットに含まれる women というデータフレームは、米国女性の平均身長と体重のサンプルである (単位はそれぞれ、inch と pound)。
このデータフレームは、次のコマンドで取り出せる。このデータフレームを使い、以下の各問に答えなさい。

```
data(women)
```

Q9-2-1 height と weight の単位を次のように変換し、height と weight のデータフレームを表示しなさい。
- height の単位 (inch) を cm に変換 (1 inch = 2.54 cm)。
- weight の単位 (pound) を kg に変換 (1 pound = 0.4536 kg)。

Q9-2-2 height と weight の相関係数を求めなさい。また 2 変数に関して母集団における統計的有意性を検定しなさい。

Q9-2-3 height と weight は相関関係、因果関係どちらの関係があると考えられるか。またその理由を簡潔に述べなさい。

Q9-3 R に含まれる cars というデータフレームは車のスピード (speed) とブレーキを踏んだときに停止するまでに必要な距離 (dist) を記録している (単位はそれぞれ mile per hour と foot)。

```
data(cars)
```

このデータを使い、以下の各問に答えなさい。

Q9-3-1 speed と dist の単位を次のように変換し、表示しなさい。
- speed の単位（mile per hour）を kilo meter per hour に変換（1 mile ＝ 1.6 km）。
- dist の単位（foot）を meter に変換（1 foot ＝ 0.3048 m）。

Q9-3-2 speed と dist の相関係数を求めなさい。また 2 変数に関して母集団における統計的有意性を検定しなさい。

Q9-3-3 speed と dist は相関関係、因果関係どちらの関係があると考えられるか。またその理由を簡潔に述べなさい。

第 10 章

回帰分析の基礎

　本章では、回帰分析の基本的な考え方を紹介する。前章で解説したように、二つの量的変数間の直線的関係の強さは相関係数で捉えることができる。この「直線」的関係を、散布図に「直線」として表示しようというのが、線形回帰の基本的な考え方である[†1]。ただし、回帰分析を行うときには、一方の変数が他方の変数を説明するという因果関係を想定することになる[†2]。そして、縦軸に結果である応答変数をとり、横軸にその結果の原因である説明変数をとった上で直線を引く。

　まず、回帰分析の基本的な考え方である「直線の当てはめ」について解説する。次に、データによく当てはまる直線を求める方法を解説する。直線を当てはめる方法はいくつか考えられるが、ここでは最もよく使われる方法である最小二乗法を解説する。また、R を使い、説明変数が一つの場合の直線の当てはめを行う。その後、説明変数が二つ以上ある重回帰について解説し、R で重回帰を行う。最後に、回帰直線の当てはまりのよさの指標として使われる決定係数について解説する。

[†1] 線形（linear）というのは、図形的には直線を考えるという意味である。方程式で考えると、一次関数を扱うことになる。回帰分析には非直線的な関係を扱う非線形回帰もあるが、ここでは線形回帰に的を絞って解説する。非線形回帰についてはより上級の教科書（例えば、Seber and Wild, 2003）を参照。

[†2] この因果関係は、分析者が設定するものである。**回帰分析によって、因果関係の正しさを知ることはできない**。これから行う回帰分析は、分析者が設定した因果関係が正しい場合にどんな関係があるかを明らかにするものである。分析者が因果関係を正しく特定していない場合、誤った結論を導くことになってしまう。したがって、政治学上の理論的根拠に基づいて因果関係を設定する必要がある。

10.1
線形回帰——散布図への直線の当てはめ

> **例 10-1**
> 暑い日にはビールがよく売れるといわれる。では、どれくらい暑いと、どれくらいビールが売れるのだろうか。気温からビールの出荷量（売上）を予測することはできるのだろうか。

表 10.1　2010 年の月別平均気温（東京）とビールの出荷量

月	平均気温	ビール出荷量	月	平均気温	ビール出荷量
1	7.0	59.415	7	28.0	160.500
2	6.5	81.349	8	29.6	148.631
3	9.1	109.654	9	25.1	115.968
4	12.4	123.673	10	18.9	105.968
5	19.0	109.576	11	13.5	120.190
6	23.6	156.601	12	9.9	185.316

※気温の単位は摂氏、ビール出荷量の単位は 1,000 kℓ。

　表 10.1 は 2010 年の気温とビールの出荷量（単位は 1,000 kℓ）の月次データである[3]。そこで、前章で解説した方法を使ってこれら二つの変数の関係を調べてみよう。この章では、dplyr、ggplot2、readr などのパッケージを利用するので、tidyverse を読み込んでおこう。

```
library("tidyverse")

# Macユーザは次のコマンドも"#"を外して実行する
# theme_set(theme_gray(base_size = 10,
#                      base_family = "HiraginoSans-W3"))
```

続いて、分析するデータを読み込む。ここでは、beer2010.csv というデータセットを使用する。データファイルをプロジェクト内の data フォルダにダウンロードし、そのファイルを読み込んでデータフレームに Beer という名前をつける。

---

[3] 気温は総務省統計局の Web サイト（http://www.stat.go.jp/info/link/getujidb.html）で、ビールの出荷量はアサヒビール社の Web サイト（https://www.asahibeer.co.jp/ir/monthlydata/index.html）で入手した。

10.1 線形回帰——散布図への直線の当てはめ

```
download.file(url = "https://git.io/fA6Zk",
              destfile = "data/beer2010.csv")
Beer <- read_csv("data/beer2010.csv")
```

このデータセットには、2010年の各月（`month`）の東京の平均気温（`temp`）とビールの出荷量（`beer`）という変数が含まれている。気温もビールの出荷量も量的変数なので、まずは散布図を描いてみよう。

```
p1 <- ggplot(data = Beer, aes(x = temp, y = beer))+
  geom_point() +
  labs(x = "気温 (℃) ", y = "ビールの出荷量 (1,000kl)")
print(p1)
```

というコードを実行すると、図10.1のような散布図が得られる。大雑把にいうと、気温が高いほどビールの出荷量が多いという関係がありそうだ。

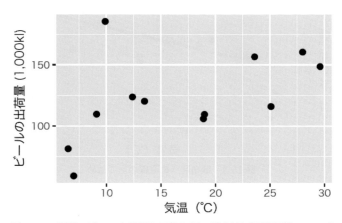

図10.1 月別のビール出荷量と平均気温の散布図（相関係数 $r = 0.5$）

次に、相関係数を求める。

```
with(Beer, cor(temp, beer))
```

とすると、これらの2変数の相関係数は約0.5であることがわかる。強い相関ではないが、やはり気温とビールの出荷量の間には正の相関があるといえそうだ。

つまり、図 10.1 に描かれた散布図には、右上がりの直線で示されるようなパターンがあると考えられる。

このように、散布図に直線的なパタンがあるときには、実際に直線を描いてそのパタンを図示することができる。相関係数の値が正であれば右上がりの直線、相関係数が負であれば右下がりの直線が引ける。

図 10.2 は、散布図に右上がりの直線を当てはめている。この図は、

```
p1 + geom_smooth(method = "lm", se = FALSE)
```

を実行すると得られる。このような直線を描けば、気温とビールの出荷量との間の直線的関係がより明確になる。

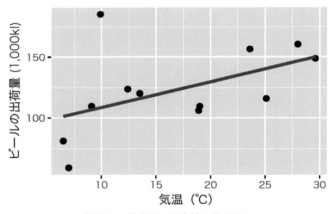

図 10.2　散布図への直線の当てはめ

図 10.2 からわかるとおり、散布図のすべての点が一つの直線上に乗ることはない[†4]。しかし、点と直線とのずれがなるべく小さくなる方法で直線を引けば、1 本の直線で散布図全体の大まかな傾向を示すことができる。そのような直線を求めるのが線形回帰の第一の目的である。

ここで、一つ注意しなければならないことがある。前章で説明したように 2 変数間の相関関係を考えるときには、どちらの変数を散布図の縦軸としても問題はない。しかし、回帰分析を行うときにはどちらの変数を縦軸にするかが重要である。**回帰分析では、2 変数の一方を応答変数（結果）、他方を説明変数（原因）**

---

†4　すべての点が 1 直線上に並ぶのは、相関係数が −1 または 1 のときである。

とする因果関係を想定し、応答変数を縦軸にとる。ビールの出荷量と気温の間に因果関係を想定するとすれば、気温が原因でビールが結果ということになるだろう。つまり、「暑いのでビールが売れる」という関係になるだろう。したがって、図10.1や図10.2のように、縦軸にビールの出荷量、横軸に気温をとった散布図を考えることになる。

　縦軸に応答変数、横軸に説明変数をとった散布図を描き、その散布図に点からのずれをできるだけ小さくした直線を当てはめたとき、その直線を回帰直線（regression line）と呼ぶ[5]。回帰直線は、説明変数の変化とともに応答変数がどのように変化するかを示している[6]。そして、説明変数がある値をとったとき、応答変数がどのような値をとるか予測するのに使われる。

　説明変数を x、応答変数を y とすると、これらの二つの変数の関係を表す直線は、

$$y = a + bx$$

と書くことができる。ここで、a は直線の y 切片（$x=0$ のときの y の値）、b は直線の傾き（x が1単位増加したときの y の増加分）を表している[7]。この式の b のように、変数に掛けられる数を係数（coefficient）と呼ぶ。回帰分析の目的である「点からのずれが小さい直線の当てはめ」とは、点からのずれをできる限り小さくする a（切片）や b（傾き、係数）を求めることにほかならない。

　図10.2に示されている直線の場合、$a=87.5$、$b=2.1$ である[8]。つまり、この直線は、

$$\text{ビールの出荷量} = 87.5 + 2.1 \times \text{気温}$$

と表すことができる。切片 $a=87.5$ というのは、気温が0℃のとき、ビールの出荷量が87,500 kℓ になることを示している[9]。また、傾き $b=2.1$ というのは気温が1℃上昇するごとに、ビールの出荷量が2,100 kℓ 増えることを示している。この直線を利用すれば、気温からビールの出荷量を予測することができる。例

---

[5] ずれをできるだけ小さくする方法は次節で説明する。
[6] 応答変数 y の値が決まる原因を説明変数 x に帰すので、回帰直線を求めることを「y を x に回帰する（regress y on x）」という。
[7] このように、応答変数を説明変数の一次関数と考える回帰分析を線形回帰（linear regression）と呼ぶ。
[8] 求め方は次節で説明する。
[9] beer という変数の1単位が 1,000 kℓ なので、87.5×1000 [kℓ] = 87500 [kℓ] となる。

えば、気温が20℃のときのビールの出荷量は、$87.5 + 2.1 \times 20 = 129.5$ より、129.500 kℓ であると予測することができる。

このように回帰直線を求めると、応答変数と説明変数の直線的関係を要約できる。また、説明変数の値から、応答変数の値を予測することができる。では、回帰直線はどのようにして求めればよいのだろうか。次節では、回帰直線の具体的な求め方を説明する。

10.2 最小二乗法

既に説明したとおり、線形回帰分析では応答変数と説明変数を設定し、これらの変数の関係を直線で要約することを目指す。繰り返しになるが、説明変数を x、応答変数を y とすると、これらの二つの変数の関係を表す直線は、

$$y = a + bx$$

と書くことができる。x と y の相関係数が 1 または -1 であれば、y と x の散布図にあるすべての点が直線の上に乗る。しかし、相関係数がそれ以外の値のときには直線上に乗らない点もある。したがって、$y = a + bx$ という式では、散布図で直線上に乗らない点を表現することができない。

そこで、**直線と各点とのずれを表す残差（residual）** という概念を導入し、これを方程式に加える。つまり、残差を e として、i 番目の個体について、

$$y_i = a + bx_i + e_i$$
$$= \hat{y}_i + e_i$$

という式を考える。このような式を考えれば、散布図上の各点を共通の式で表すことができる[†10]。ここで、$\hat{y}_i = a + bx_i$ を i 番目の個体についての y の**予測値**と呼ぶ[†11]。予測値に対し、実際に観測された値である y_i を**観測値**と呼ぶ[†12]。回帰分析で私たちが求める直線は $\hat{y} = a + bx$ であり、**回帰直線は予測値の集合である**と考えれられる。

図 10.3 は、散布図上の点と直線、残差の関係を表している。右上がりの直線

---

† 10　式の形は一つだが、i には $1, 2, \cdots, n$ が入るので、個体の数だけ式ができる。
† 11　$\hat{y}_i$ は「ワイハット」と読む。
† 12　実測値や実現値などの呼び名もある。

が回帰直線 $\hat{y}_i = a + bx_i$ である。この図からわかるとおり、i 番目の個体の残差

$$e_i = y_i - \hat{y}_i = y_i - (a + bx_i)$$

は、観測された値と直線の間の符号付きの垂直距離である[†1]。符号付きなので、観測値（点）が直線の上側にあるときは正の値、観測値が直線の下側にあるときは負の値をとる。図 10.3 に示されているのは残差 e_i が正の場合である。

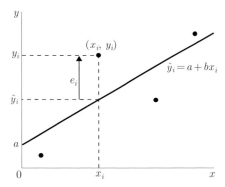

図 10.3 応答変数 y を説明変数 x に回帰した直線と i 番目の観測点の残差 e_i

このようにして散布図に直線を当てはめようとするとき、直線の切片（a）や傾き（b）はどのようにして決めればいいのだろうか。直感に頼って散布図に直線を引くと、人によって少しずつ違う線を描くはずである[†2]。異なる直線は異なる傾き・切片をもつから、散布図に示された 2 変数の関係を方程式で表そうとすると、a や b は様々な値をとり得る。回帰分析では、直線と散布図に示された点とのずれができるだけ小さくなるような直線を回帰直線として求めることになる。では、ずれをできるだけ小さくするような切片（a）や傾き（b）はどのようにして求めればよいのだろうか。

ここで、先ほど説明した残差に注目する。**残差は、観測値（散布図の点）と予測値（直線）とのずれである**。直線と散布図の点とのずれが小さいということは、残差が小さいということである。したがって、残差が最も小さくなるように

[†1] 点と直線の間の最短距離ではないことに注意してほしい。最短距離は直線に対して垂直な距離であるが、それは残差ではない。残差は縦軸方向の距離である。本節で紹介する最小二乗法は残差を基準にして回帰直線を求めるので、縦軸と横軸の変数を入れ替えると異なる回帰直線が得られる。

[†2] 相関係数の絶対値が小さいほど、つまり、相関関係が弱いほど、違いは大きくなるだろう。

a と b を決めれば、回帰直線が得られる。

このとき、一つの点の残差だけでなく、全体の残差を同時に小さくするよう工夫しなければならない。例えば、正の残差 e_i と負の残差 e_j があるとき、e_i を小さくするために直線を上方向に動かすと、e_j の絶対値が大きくなり、j 番目の観測値とのずれが大きくなってしまう。このように i 点のずれを小さくしても、散布図全体のずれが小さくなるとは限らない。

残差 e_i を全体的に小さくする方法はいくつか考えられるが、最もよく使われるのは**最小二乗法**（least squares methods）である[15]。**最小二乗法は、残差の二乗の総和（残差平方和）を最小にすることで、観測値と予測値とのずれを小さくする方法**である。したがって、最小二乗法による回帰直線は、

$$\sum_{i=1}^{n} e_i^2 = \sum_{i=1}^{n}(y_i - a - bx_i)^2$$

を最小にする a と b によって、$\hat{y} = a + bx$ と表される。a と b を求めると、

$$b = \frac{\sum(x_i - \bar{x})(y_i - \bar{y})}{\sum(x_i - \bar{x})^2}$$
$$a = \bar{y} - b\bar{x}$$

となる[16]。ただし、$\bar{x}$ は x の平均値、$\bar{y}$ は y の平均値である。$a = \bar{y} - b\bar{x}$ から、回帰直線が点 $(\bar{x}, \bar{y})$ を通ることがわかる。

R で回帰直線の傾き（b）と切片の値（a）を求めるには、lm() という関数を使う。応答変数が y、説明変数が x であれば、

```
fit <- lm(y ~ x, data = データフレームの名前)
```

と入力すればよい。したがって、先ほどのビール出荷量と気温の関係を回帰分析するには、

---

[15] 単純に残差の総和を小さくしようとしても、うまくいかない。なぜなら、正の残差と負の残差が打ち消し合ってしまうからである。結果として、点 $(\bar{x}, \bar{y})$ を通れば、どんな直線でも残差の総和は 0 になってしまう。したがって、残差の総和を最小化する方法では、散布図によく当てはまる直線を求めることはできない。正の値と負の値が打ち消し合うのを避けるため、残差の絶対値の総和を最小化するという考え方もあり、この方法はしばしば利用される。

[16] 求め方の詳細は割愛する。詳しくは難波（2015, pp.3-5）、末石（2015, pp.1-6）、田中（2015, pp.106-119）、高橋他（2005, pp.66-70）などを参照。

```
fit_beer <- lm(beer ~ temp, data = Beer)
```

と、する。結果は、`summary()`で表示する。

```
summary(fit_beer)
```

このコマンドを実行すると、次の結果が表示される。

```
Call:
lm(formula = beer ~ temp, data = Beer)

Residuals:
    Min      1Q  Median      3Q     Max
-42.860 -20.242   0.882  11.037  76.939

Coefficients:
            Estimate Std. Error t value Pr(>|t|)
(Intercept)   87.546     21.735   4.028  0.00241
temp           2.104      1.165   1.805  0.10117

Residual standard error: 31.98 on 10 degrees of freedom
Multiple R-squared:  0.2458,     Adjusted R-squared:  0.1704
F-statistic: 3.259 on 1 and 10 DF,  p-value: 0.1012
```

この結果にある`Coefficients`（係数）という部分に注目しよう。私たちが知りたい a や b の値はこの部分のうち、`Estimate`（推定値）という列に表示される。最初の行には、`(Intercept)`すなわち「切片」とあり、この行の係数の推定値に表示されている 87.546 が最小二乗法によって求められた a の値である[17]。次の行には、`temp`（気温）が表示されており、この行で`Estimate`の列にある 2.104 が最小二乗法によって求められた b の値である[18]。

係数の値は、`coef()`で取り出すこともできる。

```
coef(fit_beer)
```

を実行すると、

---
[17] `Intercept`が括弧に入れられているのは、切片は厳密にいうと係数ではないからである。
[18] これ以外の部分の読み方については、次章以降で解説する。

```
(Intercept)         temp
 87.546397        2.104068
```

という結果が得られる。つまり、ビールの出荷量と気温の間には、

$$\text{ビールの出荷量} = 87.5 + 2.1 \times \text{気温}$$

という関係があることがわかる。

10.3 単回帰と重回帰

　これまで説明してきたビールの出荷量と気温の関係の例のように、**応答変数の原因を一つの説明変数に求める回帰分析を単回帰分析**（simple regression analysis）と呼ぶ。それに対し、**一つの応答変数を説明するために二つ以上の変数を使う回帰分析を、重回帰分析**（multiple regression analysis）と呼ぶ。主な説明変数が一つしかなくても、コントロール変数があり、方程式の右辺の変数が二つ以上ある場合には重回帰と呼ぶ[†19]。

　ここでは、説明変数が二つある重回帰分析について考えよう。結果変数を y、二つの説明変数を x_1 と x_2 とすると、重回帰分析の予測値 $\hat{y}$ は、

$$\hat{y} = b_0 + b_1 x_1 + b_2 x_2$$

と書くことができる[†20]。単回帰分析の場合と同様に、b_0、b_1、b_2 の値を求めるのが、重回帰分析の第一の目的である[†21]。

[†19] ある変数が説明変数なのかコントロール変数なのかを決めるのは分析者であり、数学的に二つの変数の違いを区別する必要はない。したがって、説明変数とコントロール変数が一つずつあるような分析でも、数学的には説明変数が二つあるのと変わりはなく、重回帰分析であると考えられる。コントロール変数については第3章を参照。

[†20] b_0、b_1、b_2 の代わりに a、b、c としてもよいが、説明変数の数が増えると文字が足りなくなるので、b の下に数字を添えて書くのが一般的である。

[†21] 単回帰の場合は二次元に描いた散布図に直線を当てはめた。説明変数が二つある重回帰分析では、散布図が三次元になり、当てはめるのは直線ではなく平面になる。同様に、説明変数が三つ以上のときには超平面を当てはめることになる。説明変数が二つの重回帰分析によって求められる平面を、回帰平面と呼ぶ。

10.3.1 衆院選データを使った重回帰

> **例 10-2**
> 2009 年の衆議院選挙での自民党候補者の得票率を選挙費用と年齢で説明することはできるだろうか。すなわち、選挙戦でたくさんお金を使った候補者ほど得票率が高く、年齢が高くて人生経験の豊かな候補者ほど得票率が高かったといえるだろうか。

この例の場合、選挙費用と年齢という二つの原因が、得票率という結果を生み出したという因果関係が想定されている。したがって、得票率という応答変数を、選挙費用と年齢という二つ説明変数で説明すればよい[22]。つまり、

$$得票率の予測値 = b_0 + b_1 \times 選挙費用 + b_2 \times 年齢$$

という直線的な関係を想定し、b_0, b_1, b_2 の値を求めるために重回帰分析を行う。第 6 章でも使った衆院選のデータ（`hr-data.Rds`）を使い、R で重回帰分析を行ってみよう[23]。

まず、データを読み込む。

```
HR <- read_rds("data/hr-data.Rds")
```

データを読み込んだら、対象となるデータセットを限定する。2009 年の自民党候補だけが対象なので、対象となるデータを `dplyr::filter()` で抜き出す。そのために、

```
LDP2009 <- filter(HR, year == 2009, party == "LDP")
```

を実行する。これにより、`year` の値が 2009 かつ `party` の値が LDP（自民党）のものだけが、`LDP2009` というデータフレームに残される。

---

[22] 得票率は 0 と 100 の間の数値しかとらないが、重回帰分析の予測値は 0 未満や 100 を超える値をとり得る。したがって、得票率を結果変数とする場合、重回帰分析が最も望ましい分析ではない。しかし、結果変数が 0 付近や 100 付近の値をとらない場合、重回帰分析を行っても大きな問題は生じないので、ここでは重回帰分析を行う。

[23] 最小二乗法による重回帰の数学的な解については、浅野・中村（2009, 第 3 章）などを参照。

第 10 章　回帰分析の基礎

分析対象となるデータが絞り込まれたので、続いて重回帰分析を行う。重回帰分析に使う関数は、単回帰分析と同じ lm() である。単回帰分析のときは、

```
lm(y ~ x, data = ...)
```

としていたが、重回帰分析の場合には、

```
lm(y ~ x1 + x2, data = ...)
```

とすればよい。つまり、複数の説明変数を "+" 記号で繋げばよい[24]。

衆院選の例では、応答変数が voteshare（得票率）、説明変数が exp（選挙費用）と age（年齢）なので、

```
fit_1 <- lm(voteshare ~ exp + age, data = LDP2009)
```

とする。

```
coef(fit_1)
```

を実行すると、次の結果が表示される。

```
  (Intercept)           exp           age
3.410243e+01  3.243768e-07  5.071889e-02
```

結果の読み方自体は単回帰分析の場合とまったく同じで、この表から、b_0, b_1, b_2 はそれぞれ 3.410243e+01、3.243768e-07、5.071889e-02 であることがわかる。ここで、e+01 は 10^1、e-07 は 10^{-7}、e-02 は 10^{-2} という意味である[25]。このように、**桁数が多い数字が結果として得られるとき、e を使った省略形で結果が表示**される。したがって、b_0, b_1, b_2 はそれぞれ約 34.10、約 3.24×10^{-07}、約 0.05 である。

このままだと結果がわかりにくいので、この例のように結果として得られる

---

[24]　説明変数が三つ以上あるときも同様。
[25]　同様に、e+m であれば、10^m という意味である。

数値の桁数が多いときはデータセットの単位を変更する[†26]。ここでは、選挙費用を1円単位で測定した exp の代わりに、選挙費用を100万円単位で測定した expm を使ってみる。

```
fit_2 <- lm(voteshare ~ expm + age, data = LDP2009)
coef(fit_2)
```

とすると、次の結果が示される。

```
(Intercept)        expm         age
34.10242771  0.32437682  0.05071889
```

先ほどの結果とこの結果を比べると、切片（(Intercept)）と年齢（age）の係数の値はまったく同じである。しかし、選挙費用の係数が異なる。先ほどは、3.24×10^{-7} だった係数が、今回は $0.324 = 3.24 \times 10^{-1}$ になっている。つまり、説明変数を100万で割った結果、係数の値が100万倍になった。実は、これら二つの結果は、まったく同じ内容を表している。このことは、次のように回帰分析における係数の意味を考えればわかる。

まず、b_0 が34.10とはどういう意味だろうか。これは、選挙費用も年齢も0のとき、得票率の予測値が34.10%になるということである。つまり、2009年の衆院選で、**0歳の自民党候補者が選挙費用を1円も使わなかった場合、約34.1%の得票が見込まれた**ということである。

次に、b_1 の意味について考えよう。fit_1 の結果で考えると、選挙費用を1単位増やすたびに、得票率が 3.24×10^{-7} 単位増加するということがわかる。exp の1単位は1円だから、選挙費用を100万単位、すなわち100万円増やせば、得票率が $1000000 \times 3.24 \times 10^{-7} = 0.324$ 単位、すなわち0.324%ポイント（以後%ポイントは単にポイントと記す）増加するということである。fit_2 の結果で考えると、選挙費用を1単位増やすたびに、得票率が0.324ポイント増加するということがわかる。expm の1単位は100万円だから、**選挙費用を100万円増やせば、得票率が0.324ポイント増加する**ということである。このように、fit_1 と fit_2 では選挙費用の係数の値が異なるが、示す内容は同じである。示す内容が同じなら係数の桁数が少ないほうが結果が読みやすいので、後者の分

[†26] 変数の単位を変更することの利点と正当性については、13.2節「変数変換」で説明する。

析のほうが望ましいといえるだろう。

最後に、b_2 が 0.05 であるとはどういう意味だろうか。これは、**年齢が 1 つ上がるごとに、得票率が 0.05 ポイント増える**ということを意味している。同様に、年齢が 10 歳上がれば、得票率は 0.5 ポイント上昇することが示されている。

このように、**説明変数の係数の値は、説明変数の値が 1 単位増加したときに応答変数の値が何単位増加するかを表している**。

単回帰分析の場合、説明変数が一つしかないので結果を解釈するのはそれほど難しくないが、重回帰分析の場合には少し注意が必要である。図 10.4 が示すとおり、重回帰分析では一つの応答変数（結果）に対し、複数の説明変数（原因）を想定する。そして、それぞれの説明変数が応答変数に与える影響の大きさを調べる。既に説明したように、選挙費用の影響が 0.324、年齢の影響が 0.05 である。

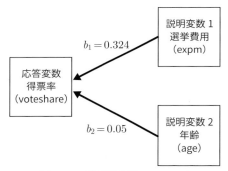

図 10.4　重回帰分析のイメージ

ここで、**0.324 > 0.05 だということを根拠に、選挙費用の影響のほうが年齢の影響より大きいと考えるのは誤りである**。これらの数値は各説明変数が 1 単位増加したときに結果変数がどれだけ変化するかを表しているが、選挙費用と年齢は同じ単位で測定されないので、b の数値の大小を比較しても、応答変数に対する影響の大小はわからない[27]。それぞれの効果が実質的に意味のあるものかどうかを検討することで、効果の大きさを測る必要がある[28]。

また、重回帰分析では説明変数が二つ以上あるので、二つ以上の変数が同時に変化することもあり得る。しかし、**回帰分析の結果として得られた係数は、あくまでその係数に対応する説明変数だけが変化するときの応答変数の変化量を表し**

---

[27]　係数を標準化して効果の大小が比較されることもあるが、標準化すると実質的な効果の解釈が難しくなるので、標準化係数については本書では解説しない。

[28]　実質的有意性については第 8 章を参照。

ている。つまり、**重回帰分析の係数は、他の説明変数の値を一定に保ったとき、応答変数がどれだけ変化するかを表している。**

衆院選の例で、選挙費用が 100 万円増えると得票率が約 0.3 ポイント増えるというのは、同じ年齢の候補者を比べたときの話である。同様に、年齢が 1 つ上がると得票率が約 0.05 ポイント増えるというのは、選挙にかけた費用が同じ候補者を比べた場合の話である。このように、重回帰分析の結果を解釈するときには、他の説明変数が一定であると考えることが必要である。

10.3.2 単回帰と重回帰の違い

単回帰分析の説明変数は一つであるのに対し、重回帰分析の説明変数は複数ある。では、重回帰分析は複数の単回帰分析を同時に行っているのだろうか。言い換えると、応答変数 y と二つの説明変数 x_1, x_2 の重回帰

$$\hat{y} = b_0 + b_1 x_1 + b_2 x_2$$

と、二つの単回帰

$$\hat{y}' = a_1 + b_3 x_1$$
$$\hat{y}'' = a_2 + b_4 x_2$$

を考えたとき、重回帰分析で得られる説明変数の係数と二つの単回帰分析で得られる係数が一致し、

$$b_1 = b_3 \quad かつ \quad b_2 = b_4$$

となるのだろうか。

実は、一般的には $b_1 = b_3$ や $b_2 = b_4$ は成り立たない。つまり、**重回帰分析が複数の単回帰分析を同時に行っているわけではない。**

例として、得票率を説明するための重回帰分析に利用した各説明変数を使い、単回帰分析を行ってみよう。得票率を選挙費用で説明するため、

```
fit_01 <- lm(voteshare ~ expm, data = LDP2009)
```

を実行し、得票率を年齢で説明するため、

```
fit_02 <- lm(voteshare ~ age, data = LDP2009)
```

を実行し、それぞれの係数の推定値を coef() で確認すると、

$$得票率の予測値 = 36.65 + 0.35 \times 選挙費用$$
$$得票率の予測値 = 36.78 + 0.07 \times 年齢$$

という関係が得られる。

これを重回帰分析の結果と比べてみよう。先ほど実行した fit_2 の結果が示すとおり、重回帰分析では、

$$得票率の予測値 = 34.10 + 0.32 \times 選挙費用 + 0.05 \times 年齢$$

という結果が得られた。ここから、単回帰分析と重回帰分析では選挙費用と年齢という二つの説明変数の係数が異なることがわかる。つまり、重回帰分析で使った複数の説明変数のそれぞれを使って単回帰分析を行っても、重回帰分析と同じ結果（係数）を得ることはできない。では、重回帰分析は何を行っているのだろうか。

既に説明したとおり、重回帰分析で得られる係数の値は、他の説明変数を一定に保ったとき、ある説明変数の増加が応答変数の値をどのように変化させるかを示している。言い換えると、**重回帰分析の係数は、他の説明変数をコントロールしたときに説明変数が応答変数に与える影響の大きさ**を表している。

重回帰分析におけるコントロールの意味を理解するために、単回帰分析のみを使って重回帰分析で得られる選挙費用の係数（0.32）を求めてみよう。まず、応答変数である得票率をもう一つの説明変数である年齢に回帰する。

```
fit_va <- lm(voteshare ~ age, data = LDP2009)
```

として、

```
coef(fit_va)
```

で確認できるとおり、

$$得票率の予測値 = 36.7791 + 0.06825 \times 年齢$$

という回帰直線が得られる。ここで、この単回帰における残差を考えてみよう。残差とは、散布図上の点と回帰直線のずれ、すなわち観測値と予測値の差だから、

```
e1 <- LDP2009$voteshare -
  (coef(fit_va)[1] + coef(fit_va)[2] * LDP2009$age)
```

とすれば、単回帰分析の残差を表す e1 という変数を新たに作ることができる[29]。この e1 は、得票率の観測値のばらつきのうち、年齢では説明できずに残された変化である。つまり、残差 e1 は、得票率のうち年齢とは関係のない部分と考えることができる。

次に、選挙費用を年齢に回帰してみよう。

```
fit_ea <- lm(expm ~ age, data = LDP2009)
```

とすると、

$$選挙費用の予測値 = 7.7988 + 0.0646 \times 年齢$$

という回帰直線が得られる。先ほどと同様に、この単回帰分析の残差 e2 を求めよう。

```
e2 <- LDP2009$expm -
  (coef(fit_ea)[1] + coef(fit_ea)[2] * LDP2009$age)
```

とすると、残差を表す e2 という変数が新たにできる[30]。この残差は、選挙費用の観測値のばらつきのうち、年齢では説明できずに残された変化である。つまり、残差 e2 は、選挙費用のうち年齢とは関係のない部分と考えることができる。

ここで、残差 e1 をもう一つの残差 e2 に回帰してみよう。つまり、「得票率のうち年齢とは関係のない部分」を「選挙費用のうち年齢とは関係のない部分」

---

[29] ここでは、残差が何を表しているかを明確に示すために実際に式を立てて残差を求めているが、R には残差を求める関数もある。
　　`e1 <- residuals(fit_va)`
とすれば、e1 という名前で残差（residual）が保存される。あるいは、
　　`e1 <- fit_va$residuals`
としても残差が取り出せる。

[30] `e2 <- residuals(fit_ea)`
としてもよい。脚注 29 を参照。

で説明してみる。

```
fit_ee <- lm(e1 ~ e2)
coef(fit_ee)
```

とすると、次の結果が得られる。

```
(Intercept)          e2
  0.0427616   0.3243768
```

ここに示されている e2 の係数を見ると、0.3244 となっている。この値は、選挙費用と当選回数の両者を説明変数として利用した重回帰における選挙費用の係数（fit_2 の結果）に一致する。このように、単回帰分析の残差を使って単回帰分析を行うと、重回帰分析と同じ結果（係数）を求めることができる[31]。ここから、**重回帰分析の係数が表す「他の説明変数をコントロールしたときの説明変数の応答変数に対する影響」というのは、「説明変数のうち他の説明変数とは関係のない部分が、応答変数のうち他の説明変数とは関係のない部分に与える影響」**であることがわかる。

10.4
決定係数

回帰分析では、散布図の点に直線を当てはめる[32]。最小二乗法によって観測値と予測値のずれができるだけ小さくなるようにしているが、当てはめはどれだけうまくいっているのだろうか。

単回帰分析における当てはまりの指標としてかつてよく利用されたものに、決定係数（R^2）と呼ばれる指標がある。同様に、重回帰分析では自由度調整済み決定係数（adjusted R^2）がよく使われた[33]。

---

[31] このような方法は回帰解剖と呼ばれる。

[32] 直線を当てはめるのは単回帰分析の場合である。説明変数が二つの重回帰分析では平面（回帰平面と呼ぶ）を、説明変数が三つ以上の場合には超平面（回帰超平面）を当てはめる。

[33] 決定係数には、説明変数の数が増えるほど大きな値をとるという性質がある。したがって、実際には当てはまりがそれほど改善していなくても、説明変数の数を増やすと決定係数が 1 に近づく。このような性質に対処するため、説明変数の数を考慮に入れ、決定係数の値を割り引いて考えるのが自由度調整済み決定係数である。

決定係数あるいは自由度調整済み決定係数は、0以上1以下の値をとり、数字が1に近いほど回帰分析の当てはまりがよいと考える。決定係数 R^2 は、

$$R^2 = \frac{\sum(\hat{y}_i - \overline{y})^2}{\sum(y_i - \overline{y})^2} = \frac{y の回帰変動}{y の全変動}$$

で求められる[†34]。つまり、**決定係数は観測された応答変数のばらつき（全変動）のうち何パーセントが予測値のばらつき（回帰変動）で説明できるかを表している**。例えば、決定係数が0.9であれば、観測された応答変数（y）のばらつきの90%が、予測値（$\hat{y}$）のばらつきによって説明されるということである。言い換えると、応答変数の変化のうち10%は、回帰分析に利用した説明変数の一次式として表される予測値では説明できないということである。

決定係数は回帰分析の大まかな当てはまりのよさを示してくれるが、**決定係数がいくつ以上であればよい分析であるといえるような基準はない**。決定係数が0に近い分析はあまり当てはまりがよくないと考えられるが、社会科学の研究では決定係数が0.1程度のものもたくさんある[†35]。したがって、決定係数はあくまで一つの目安であると考えたほうがよい。決定係数以外に回帰分析がうまくいっているかどうかを調べる方法は、第12章で説明する。

lm()を使って回帰分析を行い、summary()で分析結果を確認すると、決定係数も表示される。先ほど推定した単回帰の結果を、

```
summary(fit_beer)
```

で表示すると、結果の下から2行目に表示される Multiple R-squared の右にある数値、0.2458 が決定係数である。同様に、重回帰分析 fit_2 に対して、

```
summary(fit_2)
```

を実行したとき、結果の下から2行目にある Adjusted R-squared の右の値 0.02533 が自由度調整済み決定係数である。また、決定係数のみを確認したい

[†34] 決定係数（R^2）は重相関係数（R）の二乗に一致する。単回帰分析の場合、相関係数 r の2乗が R^2 である。重相関係数と自由度調整済み決定係数についての詳細は、高橋他（2005, pp.113-120）や山本（1995, pp.110-111）などを参照。

[†35] ただし、時系列分析では決定係数が非常に大きな値（0.9以上）になるのが普通である。

ときは、

```
summary(fit_2)$adj.r.squared
```

としてもよい。これらの数値が示すとおり、本章で行った回帰分析では、説明変数が応答変数について観測された変化の 2% から 20% 程度しか説明していない。つまり、私たちの回帰分析は、観測された応答変数の変化の一部しか説明できていないようである。

まとめ

- 回帰分析は、説明変数の数が一つの単回帰と説明変数が二つ以上の重回帰に分かれる。
- 単回帰分析とは、散布図に最もよく当てはまる直線を求めることである。このようにして求められる直線を回帰直線と呼ぶ。
- 説明変数が二つの重回帰分析とは、三次元の散布図に最もよく当てはまる平面（回帰平面）を求めることである。
- 回帰直線と観測値との垂直方向のずれを残差と呼ぶ。
- 残差平方和を最小化することによって回帰直線を求める方法を最小二乗法と呼ぶ。
- 回帰直線を使うと、説明変数の値から応答変数の値を予測することができる。回帰直線によって求められる応答変数の値を予測値と呼ぶ。回帰直線は、応答変数の予測値の集合である。
- 回帰分析の観測値への当てはまりのよさは決定係数で測ることができる。決定係数 R^2 は 0 以上 1 以下の値をとり、1 に近いほど当てはまりがよいと考えられる。決定係数はあくまで一つの目安であり、参考程度に確認するものである。
- R で回帰分析を行うには、`lm(y ~ x1 + x2 + …, data = …)` という関数を使う。

練習問題

Q10-1 1996 年の衆議院選挙での自民党候補者の得票率を選挙費用と年齢で説明することはできるだろうか。すなわち、選挙戦でたくさんお金を使っ

た候補者ほど得票率が高く、年齢が高い候補者ほど得票率が高かったといえるだろうか。これに関して以下の各問に答えなさい。

Q10-1-1 得票率を応答変数（縦軸）、選挙費用を説明変数（横軸）とする散布図を描きなさい。その際、散布図中に直線を描き、両変数の間にあるパタンを示しなさい。

Q10-1-2 得票率を応答変数、年齢と選挙費用を説明変数とした重回帰式をRで求めなさい。また、重回帰式を一次式として示しなさい。

Q10-1-3 重回帰式中の説明変数の係数の意味を説明しなさい。

第11章

回帰分析による統計的推定

　前章では、最小二乗法による線形回帰によって、データ内の説明変数と応答変数の関係を要約する方法を解説した。本章では、回帰分析によって統計的推定を行う方法を解説する。

　第7章で解説したように、私たちがデータとして観察するのは、私たちの興味の対象である母集団から抽出された標本であることが多い。前章ではデータ内の説明変数と応答変数の関係を、散布図上の回帰直線（平面、超平面）として記述する方法を学んだが、観察されたデータに回帰直線を当てはめるだけでは標本についての情報をまとめたに過ぎず、母集団についての知識が得られたとはいえない。単なる標本の要約ではなく、標本から得られた情報を利用し、母集団について推測することが求められる。そこで本章では、回帰分析によって母集団における応答変数と説明変数の関係を推測する方法を解説する。

11.1 単回帰による統計的推定

11.1.1 単回帰モデル

前章で考えた次の問題について再び考えてみよう。

> **例 11-1（例 10-1 を再掲）**
> 暑い日にはビールがよく売れるといわれる。では、どれくらい暑いと、どれくらいビールが売れるのだろうか。気温からビールの出荷量（売上）を予測することはできるのだろうか。

前章では、ビールの出荷量と気温のデータを散布図に描き、二つの変数間に観察される直線的パターンを最もうまく要約する直線として回帰直線を求めた。つまり、私たちは観察されたデータ（標本）に現れた変数間の関係を回帰直線を使って要約した。これだけでは観察された関係を要約しただけなので、回帰分析を使って母集団における変数間の関係を推定する方法を考える。

まず、母集団のビールの出荷量を応答変数 Y、気温を説明変数 X とすると、私たちは次のようなモデルを考えることができる。

$$Y_i = \beta_0 + \beta_1 X_i$$

ここで Y_i はある月 i の気温が X_i になったときのビールの出荷量である[†1]。このモデルは、気温さえわかればビールの出荷量もわかることを想定している。このように、説明変数の値が決まれば応答変数の値が完全に決まるモデルを**決定的モデル**と呼ぶ。

気温の上昇とともにビールの出荷量が変化すると考えるのは妥当な仮定といえるだろう。しかし、気温が決まればビールの出荷量が完全に決まると考えるのは現実的ではない。同じ気温であっても、気温以外の様々な条件の違いによってビールの出荷量は異なると考えるのが自然である。そこで、気温だけでは説明しきれない要因を表すために ε（イプシロン）という項を式に加え、

$$Y_i = \beta_0 + \beta_1 X_i + \varepsilon_i$$

というモデルを考える。この ε_i は、**誤差項**（error term）と呼ばれる[†2]。誤差項 ε_i は、平均が 0 の正規分布に従う確率変数[†3]であると仮定する。つまり、気温以外の要因はビールの出荷量を増やすこともあれば減らすこともあるが、平均するとその効果は 0 であると考える。モデルの中に ε_i という確率変数を含んでいるので、このようなモデルは**確率モデル**と呼ばれる。

図 11.1 は、単回帰の確率モデルを表している。図中の直線が、$\beta_0 + \beta_1 x_i$ であり、気温によって決まるビールの出荷量を表している。実際のビールの出荷量は気温以外の要因の影響も受けるので、この直線上に乗るとは限らない。例えば、図に示されているように、気温が x_i のときのビールの出荷量は、直線が示す量よりも多い y_i になるかもしれない。しかし、気温が x_i のとき、ビール以外の要

[†1] ここでは分析単位を「月」としたが、「日」や「週」にすることも可能である。
[†2] 撹乱項（disturbance term）とも呼ばれる。
[†3] 確率変数については鳥居（1994, pp.77-92）や森棟他（2008, pp.160-165）などを参照。

因が与える影響の平均は0になると想定されている。このことは、図中の ε の確率密度曲線の中心が、ちょうど直線上にあることからわかる。つまり、気温が x_i のとき、ビールの出荷量は様々な値をとり得るが、平均すると $\beta_0 + \beta_1 x_i$ になるということである。このように、**誤差の平均が0であると考えると、気温以外の要因によってビールの出荷量が変わるとしても、気温とその気温のときのビール出荷量の平均値の間には直線的関係があると考えることができる。**

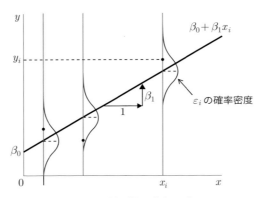

図 11.1　単回帰の確率モデル

前章で登場した、

$$y_i = a + bx_i + e_i$$

が観測された値、すなわち標本内のデータの関係を表していたのに対し、この単回帰モデル、

$$Y_i = \beta_0 + \beta_1 x_i + \varepsilon_i$$

は母集団における応答変数と説明変数の関係を表している。したがって、**β_0 と β_1 は母集団の特徴を示す母数（パラメタ）** であり、それぞれ何らかの数値が真の母数として存在すると考えられる[†4]。そして、**私たちが回帰分析を行うのは、この β_0 と β_1 の値を推定するため**である。

では、この β_0 と β_1 はどのように推定したらいいのだろうか。実は、前章で最小二乗法によって求めた a と b が、これらの値の点推定値として利用でき

---

†4　第7章で説明したように、母集団の特徴である母数にはギリシャ文字（$\alpha, \beta, \cdots$）、標本から計算される統計量（推定量）にはラテン文字（$a, b, \cdots$）を使う。

る[5]。

前章で説明したとおり、ビールの出荷量と気温の関係に関する回帰分析をRで実行するには、

```
library("tidyverse")

# Macユーザは次のコマンドも"#"を外して実行する
# theme_set(theme_gray(base_size = 10,
#                      base_family = "HiraginoSans-W3"))

fit_beer <- lm(beer ~ temp, data = Beer)
```

とする[6]。

```
summary(fit_beer)
```

を実行すると、次のとおり結果が表示される。

```
Call:
lm(formula = beer ~ temp, data = Beer)

Residuals:
    Min      1Q  Median      3Q     Max
-42.860 -20.242   0.882  11.037  76.939

Coefficients:
            Estimate Std. Error t value Pr(>|t|)
(Intercept)   87.546     21.735   4.028  0.00241
temp           2.104      1.165   1.805  0.10117

Residual standard error: 31.98 on 10 degrees of freedom
Multiple R-squared:  0.2458,	Adjusted R-squared:  0.1704
F-statistic: 3.259 on 1 and 10 DF,  p-value: 0.1012
```

この結果の Coefficients: の部分の Estimate の列に係数が表示されており、β_0 の推定値 a が約 87.55、β_1 の推定値 b が約 2.10 であることがわかる。つまり、このデータ（標本）から、母集団における気温とビールの出荷量には、

---

[5] ただし、回帰分析によって統計的推定を行う際、通常はいくつかの前提条件がおかれる。この前提条件については次章で説明する。
[6] Beer という名前のデータフレームに、beer（ビールの出荷量）と temp（気温）という変数が含まれていることを前提とする。第10章を参照。

$$\text{ビールの出荷量} = 87.55 + 2.10 \times \text{気温}$$

という関係があると推定される。

11.1.2 信頼区間と仮説検定

回帰係数の信頼区間

　第7章で説明したとおり、標本は確率的に抽出されたものだから、標本から計算された推定値と母数の値がぴったり一致するとは考えにくい。これは回帰分析であっても同様である。最小二乗法によって求められた推定値は確率的に抽出された標本から求められたものである。その推定値は平均的には真の値に一致する[7]と考えられるが、ある一つの標本から得られた推定値 a, b が、β_0, β_1 に一致するとは考えにくい。**β_0, β_1 の推定値である a, b は、標本をとり直すたびに異なる値をとる**と考えられる。つまり、a と b は分布する[8]。

　ここで、標本平均についての統計的推定を行ったときと同じように[9]、単回帰で推定に用いる a と b を変形する。すると、a と b の標本分布を t 分布として表すことができる。ただし、t 分布の自由度は $n-2$ である。

　まず、切片 a の平均値（期待値）は β_0、そのばらつきは標準誤差[10] $\text{SE}(a)$ だから、a を変形した、

$$\frac{a - \beta_0}{\text{SE}(a)}$$

は自由度 $n-2$ の t 分布[11]に従う。

---

[7] つまり、標本を何度もとり直し、そのたびに最小二乗法による推定を行い、得られた推定値の平均値を求めれば、それが母数の真の値に一致するということ。このような性質を不偏性という。詳しくは第7章を参照。

[8] 正確には、推定量 a と b が確率変数であるということである。推定量とは、$a = \bar{y} - b\bar{x}$、$b = \dfrac{\sum (x_i - \bar{x})(y_i - \bar{y})}{\sum (x_i - \bar{x})^2}$ という計算メカニズムそのものを表す。それに対し、推定量の式に観察された値を代入して得られる具体的な数値が推定値である。

[9] 第7章を参照。

[10] 標準誤差（Standard Error）とは統計量の標準偏差の推定値である。詳しくは第7章を参照。標準誤差の数学的な求め方については浅野・中村（2009, 第2章）を参照。

[11] t 分布とは、平均が0の左右対称な分布であり、標準正規分布によく似ているが、標準正規分布より裾が厚い分布である。t 分布と標準正規分布については、Moore and McCabe（2006, 邦訳 pp.74-93）や石村・石村（2012）、高橋（2004, pp.86-98）、鳥居（1994, pp.111-126）などを参照。

11.1 単回帰による統計的推定

同様に、傾き b の平均値は β_1、そのばらつきは標準誤差 $\mathrm{SE}(b)$ だから、b を変形した、

$$\frac{b - \beta_1}{\mathrm{SE}(b)}$$

は自由度 $n-2$ の t 分布に従う。

a と b を変形したものがどのような標本分布に従うかわかれば、私たちは信頼区間を求めることができる。例として、β_1 の 95% 信頼区間を求めてみよう。

$$\frac{b - \beta_1}{\mathrm{SE}(b)}$$

が自由度 $n-2$ の t 分布に従うので、抽出可能な様々な標本の 95% について、

$$-t_{n-2,\,0.025} \leq \frac{b - \beta_1}{\mathrm{SE}(b)} \leq t_{n-2,\,0.025}$$

が成り立つ[†12]。私たちが知りたいのは β_1 の値だから、この不等式を β_1 について解けば 95% 信頼区間が得られる[†13]。つまり、

$$b - t_{n-2,\,0.025}\mathrm{SE}(b) \leq \beta_1 \leq b + t_{n-2,\,0.025}\mathrm{SE}(b)$$

が β_1 の 95% 信頼区間である。

続いて、ビールの出荷量と気温のデータを使い、実際に信頼区間を求めてみよう。β の 95% 信頼区間を求めるために必要なのは b, $\mathrm{SE}(b)$, $t_{n-2,\,0.025} = t_{10,\,0.025}$[†14] の三つの値である。R で $t_{10,\,0.025}$ を求めるには、

```
qt(p = 0.025, df = 10, lower.tail = FALSE)
```

とする。結果として表示される 2.228139 という数字が $t_{10,\,0.025}$ の値である。

b と $\mathrm{SE}(b)$ は、回帰分析のコマンド、

[†12] より一般的に、自由度 df の t 分布に従う変数の $100(1-\alpha)$% は、$\left[-t_{\mathrm{df}\frac{\alpha}{2}}, t_{\mathrm{df}\frac{\alpha}{2}}\right]$ の区間内の値をとる。t 分布は左右対称な分布であり、95% の区間を分布の中心におくため、両側から 0.05 (5%) の半分の 0.025 ずつの範囲を除外する。詳しくは第 7 章を参照。

[†13] 信頼区間については第 7 章を参照。

[†14] データセットに含まれる観測対象(個体)の数 $n = 12$ である。

```
fit_beer <- lm(beer ~ temp, data = Beer)
summary(fit_beer)
```

で求めることができる。これを実行すると、次のような結果（一部省略）が得られる。

```
Coefficients:
            Estimate Std. Error t value Pr(>|t|)
(Intercept)   87.546     21.735   4.028  0.00241
temp           2.104      1.165   1.805  0.10117
```

b の値は `Estimate` の列に表示されており、約 2.10 になることは既に説明したとおりである。標準誤差 SE は `Std. Error` の列に表示されており、SE(b) は 1.165 である。

これらの数値を使えば、β の 95% 信頼区間は、

$$b - t_{10,\, 0.025} \mathrm{SE}(b) \leq \beta \leq b + t_{10,\, 0.025} \mathrm{SE}(b)$$
$$2.1 - 2.228 \times 1.165 \leq \beta \leq 2.1 + 2.228 \times 1.165$$
$$-0.496 \leq \beta \leq 4.696$$

であることがわかる。

係数の信頼区間はこのように求められるが、R では、`confint()` で信頼区間を求めることもできる。

```
confint(fit_beer)
```

とすると、次のように 95% 信頼区間の下限値と上限値が表示される。

```
                 2.5 %      97.5 %
(Intercept) 39.1173558  135.97544
temp        -0.4928032    4.70094
```

この結果は、気温の係数の 95% 信頼区間が $[-0.49, 4.70]$ であることを示している[15]。

---

[15] 私たちが計算するときには小数第 3 位までの数値を使って計算したのに対し、R はより正確な値を使って計算を行う。そのため、私たちが先ほど行った計算では R より大きな計算上の誤差（丸め誤差）が生じており、数値はぴったり一致していない。しかし、実質的にはほとんど違いがない。

95%以外の信頼度を使いたいときは、`level`を指定する。例えば、97%信頼区間は、

```
confint(fit_beer, level = 0.97)
```

を実行すると、

```
                  1.5 %      98.5 %
(Intercept) 32.611024 142.481770
temp         -0.841687   5.049823
```

と表示される。

単回帰分析の場合、この信頼区間を散布図とともに示すことができる。Rで、ggplot2のグラフィック層に`geom_smooth()`を次のように加えたコマンドを実行してみよう。

```
p_beer <- ggplot(Beer, aes(x = temp, y = beer)) +
  geom_smooth(method = "lm") +
  geom_point() +
  labs(x = "気温 (℃) ", y = "ビールの出荷量 (1,000kl)")
print(p_beer)
```

結果として、図 11.2 のように散布図上に回帰直線と信頼区間が表示される。図中の点は観測値、直線は予測値（回帰直線）である。そして、濃い灰色で表示されている部分が回帰直線の 95% 信頼区間である。**95% 信頼区間を使うと、母集団でのビールの出荷量と気温の関係は、この濃い灰色部分に収まるような直線的関係であると推定される。**濃い灰色部分に収まる直線には、回帰直線よりも正の傾きが急なもの、負の傾きのもの、傾きがない（つまり横軸に平行な）ものなどが含まれる。

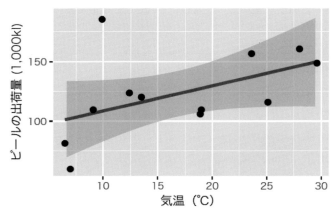

図 11.2　散布図に上書きされた 95% 信頼区間

仮説検定

　第Ⅰ部で説明したとおり、計量政治学における研究は何らかの仮説を検証することを目的としている。回帰分析を行う場合もそれは同じである。では、回帰分析で検証すべき仮説とはどのようなものだろうか。

　再びビールの出荷量と気温の関係について考えよう。この関係を回帰分析するにあたり、私たちは気温を説明変数、ビールの出荷量を応答変数とする因果関係を想定した。つまり、「気温の変化がビールの出荷量に影響を与える」という関係を想定した。回帰分析で検証するのは、「そのような影響が本当にあるといえるか」である。

　したがって、帰無仮説と対立仮説は次のようになる。

　　H_0：気温はビールの出荷量に影響しない。
　　H_a：気温がビールの出荷量に影響する。

　　単回帰モデル

$$\text{ビールの出荷量}_i = \beta_0 + \beta_1 \times \text{気温}_i + \varepsilon_i$$

において、気温がビールの出荷量に与える影響は β_1 である。よって、上の仮説は次のように書き直すことができる。

　　H_0：$\beta_1 = 0$
　　H_a：$\beta_1 \neq 0$

単回帰分析では、有意水準 α を設定し、β_1 についての帰無仮説（H_0）が棄却されるかどうかを確かめる[†16]。帰無仮説が棄却されれば「気温がビールの出荷量に影響する」という結論になる。帰無仮説が棄却されなければ、「気温がビールの出荷量に影響するとはいえない」という結論になる。

第 8 章で説明したように、仮説を検証するには推定に用いる統計量の分布を知る必要がある。β_1 の推定には b を使うが、これを変形した、

$$\frac{b - \beta_1}{\mathrm{SE}(b)}$$

が自由度 $n-2$ の t 分布に従うのは先ほど説明したとおりである。帰無仮説は $\beta_1 = 0$ だから、帰無仮説が正しければ $t_0 = \dfrac{b}{\mathrm{SE}(b)}$ が自由度 $n-2$ の t 分布に従う。

既に説明したとおり、

```
fit_beer <- lm(beer ~ temp, data = Beer)
summary(fit_beer)
```

を実行すると、次のような結果（一部のみ掲載）が得られる。

```
Coefficients:
            Estimate Std. Error t value Pr(>|t|)
(Intercept)   87.546     21.735   4.028  0.00241
temp           2.104      1.165   1.805  0.10117
```

この結果から、ビールの出荷量に対する気温の影響を推定する b について、

$$T_0 = \frac{b}{\mathrm{SE}(b)} = \frac{2.104}{1.165} = 1.806009$$

であることがわかる。この T_0 が検定統計量であり、このデータ（標本）から具体的に計算された値は、帰無仮説が正しいとき、T_0 の標本分布のどの位置にこのデータが位置するかを示している。

帰無仮説を $\beta_1 = 0$ としたときの回帰係数の検定統計量は、R の回帰分析結果の中の `t value` の列に表示されている。また、p 値も検定統計量のすぐ右の `Pr(>|t|)` の列に表示されている。p 値は、帰無仮説が正しいとき、このデー

[†16] β_0 についての仮説が示されていないが、切片 β_0 は説明変数に関係しないので、通常は仮説検定に利用されない。

タから得られた検定統計量の値よりも 0 から離れた値が得られる確率である。

　検定統計量と p 値が得られれば、帰無仮説を検証することができる。**検定統計量の絶対値が有意水準 α の臨界値を超えるとき、帰無仮説を棄却する**。同様に、**p 値が有意水準 α より小さいとき、帰無仮説を棄却する**。

　ここでは、有意水準を $\alpha = 0.05$ としよう。まず、p 値を使って仮説検定を行うと、$p = 0.101 > 0.05$ だから、帰無仮説は棄却されない。次に、検定統計量を使って検定を行う。そのためには臨界値を求める必要があるが、臨界値は信頼区間を求めるときにも利用した、

```
qt(p = 0.025, df = 10, lower.tail = FALSE)
```

で求めることができる。ここから、臨界値は約 2.228 であることがわかる。検定統計量 1.81 は 2.228 より小さいので、有意水準 5% で帰無仮説は棄却されない。このように、仮説検定を行うためには検定統計量と p 値のどちらを使ってもよい[†17]。

　この仮説検定の結果、有意水準 5% で「気温がビールの出荷量に影響を与えるとはいえない」という結論が出る。**標本であるデータを読む限りは気温が影響しているように見えるが、その関係が母集団でも見られるとは限らない**ということを、この結論は示している。

　ビールの出荷量についての単回帰分析の結果は、次のようにまとめることができる。

$$\text{ビールの出荷量} = \underset{(21.73)}{87.5} + \underset{(1.17)}{2.10} \times \text{気温}$$

ただし、括弧内の数字は標準誤差である。

　このように、回帰分析の結果を示すときは、応答変数を説明変数の一次関数として示し、そこに**推定の不確実性を表す指標（ここでは標準誤差）**をつけ加える。そうすれば、説明変数が応答変数に与える影響の大きさとともに、結果を読む側が「$\beta_1 = 0$」という帰無仮説が棄却されるかどうかを判断することができる。**標準誤差の代わりに p 値や検定統計量の値 T_0 を加えてもよいが、どの数値で不確実性を表しているかを明示する必要がある**。この式に加え、標本サイズ n、決定係数 R^2 の値と、最小二乗法によって推定を行った旨を記す必要がある。

---

†17　詳しくは第 8 章を参照。

また、回帰分析の結果を式で示すだけでなく、その式をどのように解釈するかを説明する必要がある。ここで分析したビールの出荷量の場合、「気温が1度上がるごとにビールの出荷量が2,100（2.10×1000）kℓ増える」という解釈を文章で示す。そして、このような関係は「統計的に有意でない」ことを述べる。統計的に有意な結果が得られた場合、その効果（関係の強さ）が実質的な意味をもつかどうかを検討する必要がある[18]。

11.2 重回帰分析による統計的推定

11.2.1 重回帰モデル

重回帰の場合も、単回帰と同じように統計的推定を行うことができる。まず、重回帰の確率的モデルは次のように表すことができる。

$$Y_i = \beta_0 + \beta_1 x_{i1} + \beta_2 x_{i2} + \cdots + \beta_k x_{ik} + \varepsilon_i$$

このモデルにある、$\beta_0, \beta_1, \cdots, \beta_k$ の推定値 $b_0, b_1, \cdots, b_k$ を求めるのが、重回帰分析による統計的推定の目的である。

単回帰分析の場合と同様に、最小二乗法によって求めた係数が重回帰分析の係数の点推定値である[19]。再び、第10章で考えた例を使い、推定値を求めてみよう。

> **例 11-2（例 10-2 を再掲）**
> 2009年の衆議院選挙での自民党候補者の得票率を選挙費用と年齢で説明することはできるだろうか。すなわち、選挙戦でたくさんお金を使った候補者ほど得票率が高く、年齢の高い候補者ほど得票率が高かったといえるだろうか。

この問題を重回帰モデルとして表すと、

$$投票率_i = \beta_0 + \beta_1 \times 選挙費用_i + \beta_2 \times 年齢_i + \varepsilon_i$$

---
[18] 統計的有意性に加えて実質的有意性を確認することの意義については第8章を参照。
[19] ただし、単回帰分析と同様に、いくつかの仮定をおく必要がある。

となる。そして、重回帰分析によって β_m ($m = 0, 1, 2$) の値を推定することを目指す。

データ分析には前章でも利用した衆院選データ (hr-data.Rds) を使う。分析対象が 2009 年の自民党候補だけなので、R で、

```
LDP2009 <- read_rds("data/hr-data.Rds") %>%
  filter(year == 2009, party == "LDP")
```

とし、2009 年の自民党のデータのみを取り出す。

分析に使用するデータの準備ができたので、続いて重回帰分析を行う。

```
fit_3 <- lm(voteshare ~ expm + age, data = LDP2009)
coef(fit_3)
```

とすると、推定したい値が次のように表示される。

```
(Intercept)        expm         age
34.10242771  0.32437682  0.05071889
```

この結果から、β_m ($m = 0, 1, 2$) の点推定値は $b_0 \approx 34.10$, $b_1 \approx 0.32$, $b_2 \approx 0.05$ であることがわかる[20]。

11.2.2 信頼区間と仮説検定

信頼区間

重回帰分析でも、信頼区間を求める方法は単回帰分析と同じである。ただし、利用する t 分布の自由度は $n - k - 1$ (k は説明変数の数) である[21]。$100(1 - \alpha)$% 信頼区間は、

$$b_m - t_{n-k-1, \frac{\alpha}{2}} \mathrm{SE}(b_m) \leq \beta_m \leq b_m + t_{n-k-1, \frac{\alpha}{2}} \mathrm{SE}(b_m)$$

となる ($m = 0, 1, 2, \cdots, k$)。

---

[20] 「$\approx$」は「ほぼ =」という意味の記号である。

[21] 単回帰の場合は自由度が $n - 2$ の t 分布を利用したが、k に単回帰の説明変数の数である 1 を代入すれば、$n - k - 1 = n - 2$ となる。つまり、単回帰は重回帰の特殊ケースであると考えることができる。

先ほど実行した回帰分析の結果を summary() で表示してみよう。

```
summary(fit_3)
```

すると、次のような結果（Coefficients の部分のみ掲載）が表示される。

```
Coefficients:
             Estimate Std. Error t value Pr(>|t|)
(Intercept) 34.10243    2.91670  11.692  < 2e-16
expm         0.32438    0.11997   2.704  0.00727
age          0.05072    0.04951   1.024  0.30652
```

この結果のうち、b_m は Estimate の列に、$\mathrm{SE}(b_m)$ は Std. Error の列に表示される。また、$t_{n-k-1, \frac{\alpha}{2}}$ の値は、

```
qt(p = alpha/2, df, lower.tail = FALSE)
```

で求められる。例えば、$n = 100$, $k = 3$ すなわち $\mathrm{df} = n - k - 1 = 100 - 3 - 1 = 96$ で、有意水準 $\alpha = 0.05$ であれば、

```
qt(p = 0.025, df = 96, lower.tail = FALSE)
```

とすることで、約 1.985 という数値が得られる。これらの数値を利用すれば、それぞれの係数 β の $100(1-\alpha)\%$ 信頼区間を求めることができる。

また、単回帰のときと同様に、confint() で信頼区間を求めることもできる。例えば、92% 信頼区間を求めたいときは、次のようにする。

```
confint(fit_3, level = 0.92)
```

結果として、それぞれの説明変数について、係数の推定値の 92% 信頼区間の下限値と上限値が表示される。

仮説検定

単回帰分析の場合と同じく、重回帰分析で検証したい仮説も「説明変数が応答変数に影響を与えるかどうか」である。ただし、説明変数が二つ以上あるので仮

説検定には二つのパタンが考えられる。

一つ目は、次のような仮説を立てて検証を行うパタンである。

$H_0 : \beta_1 = \beta_2 = \cdots = \beta_k = 0$
$H_a : \beta_1, \beta_2, \cdots, \beta_k$ のうち少なくとも一つは 0 でない

つまり、「モデルに含まれた説明変数の中に応答変数に影響を与えるものは一つもない」という帰無仮説と「一つ以上の説明変数[22]が応答変数に影響を与えている」という対立仮説を立て、**複数の説明変数の影響を包括的に検討する**のが一つ目のパタンである。

これに対し、**一つひとつの説明変数の影響を別々に考える**のが二つ目のパタンである。すなわち、

説明変数 1　$H_{01} : \beta_1 = 0, H_{a1} : \beta_1 \neq 0$
説明変数 2　$H_{02} : \beta_2 = 0, H_{a2} : \beta_2 \neq 0$
　　…
説明変数 k　$H_{0k} : \beta_k = 0, H_{ak} : \beta_k \neq 0$

のように、それぞれの説明変数について帰無仮説と対立仮説のペアを考えて仮説を検証する。

ここでは、得票率を応答変数、選挙費用と年齢を説明変数とする重回帰分析を例として、それぞれのパタンの仮説を検定を行ってみよう。

係数の包括的検定

まず、一つ目のパタンで私たちが考える仮説は、

$H_0 : \beta_1 = \beta_2 = 0$
$H_a : \beta_1$ と β_2 の少なくとも一方は 0 でない。

である。

このような仮説を検定するためには ***F* 分布**という確率分布を利用する。F 分布の確率密度は、二つの自由度によって決まる。重回帰分析の係数の包括的検定では、第 1 自由度 $df_1 = k$、第 2 自由度 $df_2 = n - k - 1$ の F 分布を利用する[23]。

---

[22] 応答変数に影響を与える説明変数の数が 0 か 1 以上かはわかるが、具体的にいくつの説明変数が影響を与えるかはわからない。

[23] 第 1 自由度と第 2 自由度は順番も重要である。つまり、第 1 自由度と第 2 自由度を入れ替えると、確率密度が変わってしまう。F 分布についての詳細は統計学の教科書を参照。

ただし、k は説明変数の数である。そして、検定統計量 F_0 は、

$$F_0 = \frac{R^2}{1-R^2}\frac{n-k-1}{k} = \frac{\sum(\hat{y}-\overline{y})^2}{k} \div \frac{\sum e_i^2}{n-k-1}$$

となる。ここで、R^2 は決定係数である。また、$\sum(\hat{y}-\overline{y})^2$ は回帰変動、すなわち応答変数のばらつきのうち重回帰モデルで説明できるばらつきである。そして、$\sum e_i^2$ は残差平方和、すなわち応答変数のばらつきのうち重回帰モデルで説明できないばらつきである。

回帰分析の結果を summary() で表示すると、最後の行にこの F 統計量の値と自由度が表示される。

```
summary(fit_3)
```

を実行すると、次のような結果が表示される(一部のみ掲載)。

```
Residual standard error: 9.078 on 285 degrees of freedom
  (3 observations deleted due to missingness)
Multiple R-squared:  0.03212,    Adjusted R-squared:  0.02533
F-statistic: 4.729 on 2 and 285 DF,  p-value: 0.009537
```

この結果の最後の行は、$F_0 = 4.729$ で、第 1 自由度が 2、第 2 自由度が 285 であることを示している。検定の臨界値は、qf() で求めることができる。有意水準 α で第 1 自由度 df1、第 2 自由度 df2 の F 分布の臨界値を求めるには、

```
qf(p = alpha, df1, df2, lower.tail = FALSE)
```

とする。得票率の回帰分析で有意水準を $\alpha = 0.05$ とするなら、

```
qf(p = 0.05, df1 = 2, df2 = 285, lower.tail = FALSE)
```

とすれば、結果として約 3.027 という臨界値が得られる。検定統計量である 4.729 はこの臨界値より大きいので、有意水準 5% で帰無仮説を棄却する。あるいは、summary(fit_3) が表示する最後の部分に、帰無仮説の下でこの検定統計量の p 値 0.0095 が示されており、それが 0.05 より小さいことから、帰無仮

説を棄却してもよい。

係数の個別的検定

第1のパタンの仮説検定を行った結果、**説明変数の少なくとも一つが応答変数に影響を与えることがわかった**が、この検定だけではどちらの説明変数が影響を与えているのかはわからない。そこで、それぞれの説明変数が応答変数に影響を与えているかどうかを検定する二つ目のパタンを考える。ここで私たちが考える仮説は、

選挙費用　$H_{01} : \beta_1 = 0, H_{a1} : \beta_1 \neq 0$
年　　齢　$H_{02} : \beta_2 = 0, H_{a2} : \beta_2 \neq 0$

という2組の仮説である。

これらの仮説を別々に検定するときは、単回帰のときと同じ方法を用いることができる。つまり、Rで回帰分析の結果として表示されるp値を有意水準αと比較し、帰無仮説を棄却するかどうか判断すればよい。

ここでは、有意水準$\alpha = 0.05$として仮説検定を行おう。回帰分析の結果をもう1度確認してみる。

```
summary(fit_3)
```

とすると、次の結果が示される（一部のみ掲載）。

```
Coefficients:
            Estimate Std. Error t value Pr(>|t|)
(Intercept) 34.10243    2.91670  11.692  < 2e-16
expm         0.32438    0.11997   2.704  0.00727
age          0.05072    0.04951   1.024  0.30652
```

この結果から、選挙費用についての帰無仮説を検討しよう。Pr(>|t|)の列でexpmの行にあるp値は0.007であり、これは$\alpha = 0.05$より小さい。したがって、選挙費用についての帰無仮説を棄却する。よって、**有意水準5%で「選挙費用が得票率に影響を与えている」**という結論が得られる。

同様に、年齢について帰無仮説を検討しよう。ageの行にあるp値は0.307であり、これは0.05より大きい。したがって、年齢についての帰無仮説は棄却されない。この検定から、**有意水準5%で「年齢は得票率に影響を与えているとはいえない」**という結論が得られる。

このように、重回帰分析では二つのパタンの仮説検定を行うが、二つの仮説検定の関係には注意が必要である。一つ目のパタンの分析で帰無仮説が棄却された場合、少なくとも一つの説明変数は応答変数に影響しているので、第2のパタンの検定でどの説明変数が応答変数に影響を与えるか確かめることになる。しかし、**一つ目のパタンで帰無仮説が棄却されても、二つ目のパタンの検定でどの説明変数の帰無仮説も棄却できないことがある**。そのような結果は、説明変数のどれかが応答変数に影響しているのは間違いなさそうだが、どの変数が影響しているのかはわからないということを示す。このような事態は、説明変数どうしの相関が強いときに起こりやすい[†24]。

最後に、投票率についての重回帰分析の結果は、次のようにまとめることができる。

$$\text{得票率} = 34.10 + 0.32 \times \text{選挙費用} + 0.05 \times \text{年齢}$$
$$(2.92) \quad (0.12) \qquad\qquad (0.05)$$

ただし、括弧内は標準誤差である[†25]。さらに、標本サイズ n と自由度調整済み決定係数 $\bar{R}^2$（Adj R-squared）の値を示す。単回帰分析の結果と同じく、式を示すだけでなく、式の意味を説明し、統計的有意性と実質的有意性の検討を行う必要がある。

ここでは説明変数の数が二つなので一次式で結果を表したが、説明変数が多いときには表で結果を示す。例えば、表 11.1 のような表を作る。表で結果を示す場合でも、文章で表の内容を説明することが求められる。

表 11.1 重回帰分析の結果を示す表の例

応答変数：得票率〔%〕		
説明変数	係数	標準誤差
選挙費用〔100万円〕	0.32	0.12
年齢	0.05	0.05
定数項（切片）	34.10	2.92
観測数	288	
自由度調整済み決定係数	0.21	

[†24] 説明変数どうしの相関が強い場合の問題は、**多重共線性**（multicollinearity）の問題と呼ばれる。多重共線性が強いと回帰分析の推定が不安定になる。また、完全な多重共線性がある場合（説明変数の一部が他の説明変数の一次結合として表現できる場合）、最小二乗法で回帰係数を求めることができない。多重共線性についての詳しい説明は、浅野・中村（2009, 第6章）や山本（1995, 第4章）などを参照。

[†25] 単回帰の場合と同じく、標準誤差の代わりに p 値または検定統計量の値 T_0 を示してもよい。

まとめ

- 回帰分析によって母集団における応答変数と説明変数の関係を推定するために、確率的回帰モデルを利用する。
    - 単回帰モデル：$Y_i = \beta_0 + \beta_1 x_{i1} + \varepsilon_i$
    - 重回帰モデル：$Y_i = \beta_0 + \beta_1 x_{i1} + \beta_2 x_{i2} + \cdots + \beta_k x_{ik} + \varepsilon_i$
- 確率的回帰モデルに含まれる ε_i は誤差項と呼ばれる。誤差項は、説明変数以外に応答変数に影響を与える要因を集めたものであり、平均 0 の正規分布に従う確率変数である。
- 回帰分析による統計的推定の目的は、β_m（$m = 0, 1, 2, \cdots, k$）の値を推定することである。推定値は最小二乗法によって求めることができる。
- 推定値は標本ごとに異なる値をとる。つまり、最小二乗法による回帰係数の推定量は分布する。したがって、信頼区間を使って推定の不確実性を表すことが求められる。95% 信頼区間は、R による回帰分析コマンド `lm()` の実行結果を `fit` に保存した後、`confint(fit)` で求めることができる。また、`level` を指定すれば、95% 以外の信頼区間を求めることもできる。
- 回帰分析を行うとき、検定したいのは「説明変数が応答変数に影響を与えるかどうか」である。したがって、帰無仮説は「説明変数は応答変数に影響を与えない」となる。
    - 単回帰の場合、帰無仮説は $\beta_1 = 0$、対立仮説は $\beta_1 \neq 0$ である。
    - 重回帰の場合、検定すべき帰無仮説には二つのパタンがある。
        1. $\beta_1 = \beta_2 = \cdots = \beta_k = 0$
        2. それぞれの m について、$\beta_m = 0$（$m = 0, 1, 2, \cdots, k$）
    - それぞれの仮説を検定するために、R の分析結果に表示される p 値を利用する。p 値が有意水準 α より小さいとき、帰無仮説を棄却する。
    - 重回帰分析の仮説検定では、パタン 1 の帰無仮説が棄却され、「説明変数の中で少なくとも一つの変数は応答変数に影響を与える」という結果が出ても、パタン 2 の帰無仮説が一つも棄却されないこともある。
    - 回帰分析の推定結果を報告するときは、応答変数を説明変数の一次関数として表現し、それぞれの係数の不確実性（標準誤差、p 値、または検定統計量の T_0 値）を一緒に示す。

練習問題

Q11-1 2012年の衆議院選挙での民主党候補者の得票率を選挙費用と年齢または過去の当選回数で説明することはできるだろうか。すなわち、選挙戦でたくさんお金を使った候補者ほど得票率が高く、年齢の高い候補者ほど得票率が高かったといえるだろうか。これに関して以下の各問に答えなさい。

Q11-1-1 得票率を応答変数、当選回数と年齢を説明変数とした重回帰分析による統計的推定をRで行いなさい（有意水準 $\alpha = 0.05$ とする）。

Q11-1-2 得票率を応答変数（縦軸）、選挙費用を説明変数（横軸）とする散布図と回帰直線を描きなさい。その際、回帰直線とともに95%信頼区間を表示しなさい。

第12章

回帰分析の前提と妥当性の診断

前章で回帰分析による統計的推定を行う方法を解説したが、そのような推定を行えるのはいくつかの前提条件が満たされたときである。本章では、それらの前提条件について解説する。また、Rを使って回帰分析の前提条件が満たされているかどうかを判断する方法を解説する。

12.1 回帰分析の前提

回帰分析による統計的推定は、次の五つの条件が満たされているという前提で行われる[1]。

1. 回帰モデルは妥当なモデルである。
2. 加法性と線形性が満たされている。
3. 誤差の独立性が満たされている。
4. 誤差の分散が均一である。
5. 誤差が正規分布に従う。

本節では、これらの前提の意味と、その前提が満たされないときに生じる問題について解説する。

12.1.1 回帰モデルの妥当性

回帰分析に利用する回帰モデルが妥当であるという前提は、最も重要な前提である。特に、その回帰モデルによってリサーチクエスチョンに答えることができ

---

[1] ここでは Gelman and Hill（2007, pp.45-47）の記述に沿って説明する。教科書によっては異なる条件が示されることもある。例えば、浅野・中村（2009, pp.23-26）や山本（1995, pp.47-50）などを参照。

るかどうかが重要である。

　例えば、気温が人々のアルコール摂取量に与える影響を調べたいとき、第10章で用いた気温とビールの出荷量を使った回帰モデルは適切なモデルとはいえない。なぜなら、回帰式の応答変数であるビール出荷量が人々のアルコール摂取量を適切に捉えているとはいえないからである。気温が高いとビールの出荷量（消費量）が増える代わりに日本酒や焼酎の出荷量が減り、寒いとビールの出荷量が減る代わりに日本酒や焼酎の出荷量は増えるかもしれない。そうだとすれば、ビールの出荷量を測定するだけでは、アルコール摂取量について推論を行うことはできない。したがって、リサーチクエスチョンに答えられるよう、適切な変数を回帰モデルに加える必要がある[†2]。

　また、理論的に考えられる結果を適切に捕捉する応答変数を選べたとしても、その変数に影響する説明変数を適切に選ばなければならないという問題がある。例えば、A, B, Cという三つの要因だけが応答変数yに影響し、Dが影響しないのであれば、A, B, Cはすべて説明変数に加え、Dは加えない。

$$y_i = \beta_0 + \beta_{1i} A_i + \beta_{2i} B_i + \beta_{3i} C_i + \varepsilon_i$$

というモデルを考えるのが理想である。

　しかし、私たちは母集団の真の姿を知らないから統計的推定を行うのであり、応答変数に影響を与える変数を「適切に」選ぶとはいっても、完璧な選択を行うことは不可能である。応答変数に影響を与える変数を回帰モデルに入れ損ねることもあれば、応答変数に影響しない変数を回帰モデルに加えてしまうこともある。私たちにできるのは、なるべく理想に近いモデルを選ぶ努力をすることである[†3]。

　そのとき、**「応答変数に影響を与える変数をモデルに加え損ねる」という誤りと、「応答変数に影響しない変数をモデルに加えてしまう」という誤りが考えられるが、後者の誤りのほうが損害が小さい**。後者の誤りを犯すと推定の効率性が損なわれるが、推定値の不偏性は損なわれない。他方、前者の誤りを犯すと、推定結果にバイアスが生じてしまう[†4]。したがって、前者の誤りを犯すくらいなら

[†2] 言い換えると、変数は適切に作業化（操作化）されなければならないということである。変数の作業化については第3章を参照。

[†3] 統計学の手法を使ってモデルを選択することもできる。統計的モデル選択については竹内他（2004）を参照。

[†4] 9.2.3項「相関関係と因果関係」で説明したように、第三の要因を見逃すと、見せかけの相関を因果関係だと誤解する恐れがある。回帰分析に入れ損ねた変数が他の説明変数と一切無関係ならバイアスは生じないが、そのような場合は稀である。

後者の誤りを犯すほうがましなので、応答変数に影響を与えると思われる要因はできるだけ回帰モデルに加えるようにしたほうがよい[†5]。

回帰モデルが妥当であるという前提を正当化するためには、理論的な概念をどの変数で捉えるか、また、応答変数に影響を与える要因にはどのようなものがあるかについての知識が求められる。したがって、この前提が正しいと主張するためには、学問上の実質的な知識が必要となる。つまり、**計量政治分析を行うためには、比較政治学や国際政治学、政治経済学などの分野の勉強もする必要がある**。ただ闇雲にデータを集め、関係がありそうな変数を使って回帰分析を行うだけでは、回帰分析において最も重要な前提である「回帰モデルの妥当性」が満たされず、回帰分析を行う意味がない。

12.1.2 加法性と線形性

線形回帰モデルでは、誤差を除く応答変数の決定要因が各説明変数の線形関数[†6]で表されなければならない。応答変数を y、説明変数を x_m ($m = 1, 2, \cdots, k$) とすると、

$$y = \beta_1 x_1 + \beta_2 x_2 + \cdots + \beta_k x_k$$

という関係があるということである[†7]。

加法性が満たされないときは、式を変換することによって線形回帰として扱えるようになることもある。例えば、説明変数と応答変数の関係が、

$$y = x_1 x_2 x_3$$

という式で表されるとき、この式は加法性を満たさない。ここで両辺の対数をとれば、

[†5] ただし、**説明変数の数がデータセットに含まれる個体数 n より大きくなると推定ができない**ので、説明変数が多すぎるのも問題である。また、手に入る変数はすべて説明変数に加えてしまうことを勧めているわけではない。あくまで、応答変数に影響すると思われる理論的根拠がある変数のみを説明変数に加えるべきである。

[†6] 「線形性」について詳しくは数学の教科書(長谷川, 2004, pp.1-3, 20-21)を参照。加法性は線形性の必要条件なので別個に挙げる必要はないが、説明を単純にするために挙げておく。

[†7] 切片 β_0 は説明変数とは関係ないので決定要因には含めない。切片を含めた $y = \beta_0 + \beta_1 x_1 + \beta_2 x_2 + \cdots + \beta_k x_k$ ($\beta_0 \neq 0$) は一次関数ではあるが線形関数ではない。

$$\log y = \log(x_1 x_2 x_3) = \log x_1 + \log x_2 + \log x_3$$

となる。したがって、各変数の対数を新たに $Y = \log y$, $X_j = \log x_j$ $(j = 1, 2, 3)$ と定義すれば、

$$Y = X_1 + X_2 + X_3$$

という加法性を満たす式で説明変数と応答変数の関係をモデル化することができる。あるいは、$z = x_1 x_2 x_3$ とすることで、$y = z$ というモデルを考えることも可能である。

　線形性が満たされない（単回帰で考えると、散布図で観察される応答変数と説明変数の関係が直線的でない）ときは、説明変数をそのまま使うのではなく、説明変数の対数や逆数を使うことで対処することになる。例えば、$y = x^2$ という関係が想定されるなら、新たに $s = x^2$ という変数を作って $y = s$ という関係を考える。また、$y = \log x$ という関係を想定するなら、新たに $t = \log x$ という変数を作って $y = t$ という関係を考える[†8]。

12.1.3 誤差の独立性

回帰モデルは各個体 i について、

$$Y_i = \beta_0 + \beta_1 x_{1i} + \beta_2 x_{2i} + \cdots + \beta_k x_{ki} + \varepsilon_i$$

という関係を想定する。このとき、ε_i が母集団の回帰直線と個体 i の応答変数の値の間のずれである誤差を表している。

　誤差が独立であるというのは、別々の個体 i と j の誤差の間に何の関係もないということである。上の式で表される回帰モデルでは、応答変数のうち説明変数に含まれていない変数の影響は誤差項に含まれる。したがって、誤差が独立であるというのは、説明変数に含まれるもの以外で応答変数に影響する要因が互いに独立であるということである。

　もう少し厳密に書くと、$i \neq j$ であるようなすべての i, j について、ε_i と ε_j の共

[†8] 対数変換は計量分析を行う上で非常に重要な事項であるが、紙面の都合上、本書では詳しく説明できない。応答変数と説明変数がともに対数変換されると、回帰係数の値は「説明変数1%の変化が応答変数を何%変化させるか」という弾力性（elasticity）を表す。線形性が満たされないときの対処法や対数変換についての詳細は、森田（2014, 第5章）や浅野・中村（2009, 第2章）を参照。

分散が0になる、つまり、$\mathrm{Cov}(\varepsilon_i, \varepsilon_j) = 0$ ということである[†9]。

例えば、個人の1か月当たりのビール消費量を応答変数、月収を説明変数とするモデルを考える。このとき、もしiさんとjさんが飲み友達であり、いつも一緒にビールを飲む仲であるとすると、iさんのビール消費量が増えればjさんのビール消費量も増える。すると、この二人のビール消費量のうち、各自の月収では説明できない部分が正の相関をもつことなる。したがって、このような場合には誤差が独立ではなくなってしまう。

12.1.4 誤差の分散均一性

誤差の分散が均一であるとは、すべての個体の誤差の分散が同じになるということである。「すべてのiについて、$\mathrm{Var}(\varepsilon_i) = \sigma^2$」と表現される。気温とビールの出荷量の関係で考えると、気温が高い月も低い月も、ビール出荷量のばらつきには違いがないということである。

分散が均一であることを分散均一性（homoscedasticity）と呼ぶ。これに対し、分散が均一でないことを分散不均一性（heteroscedasticity）と呼ぶ。

社会科学の事例では、説明変数の値が大きくなるにつれて誤差の分散が大きくなることが多い。つまり、誤差に分散不均一性が見られることが多い。例えば、ある国において個人が1か月に使う食費を応答変数、その個人の月収を説明変数とするモデルを考えよう。ここで、この国で生きていくためには最低8,000円は毎月の食費に使う必要があるとする。そうすると、月収が1万円の個人が食費にかける金額は8,000円以上1万円以下になる。これに対し、月収が100万円の個人が食費にかける金額は、8,000円以上100万円以下になる。つまり、月収が少ない場合、食費にかける金額を選択する余地が小さいので応答変数の値はあまりばらつかないが、月収が増えれば選択の余地が広がり、食費を節約する人もいれば贅沢な食事を楽しむ人もいるので、ばらつきが大きくなる。応答変数のばらつき自体は誤差のばらつきではないが、**応答変数のばらつきが大きいほど説明変数で説明できない部分が大きくなり、誤差のばらつきも大きくなる**と考えられる。

誤差の分散が均一でないとき、最小二乗法による回帰分析が最も効率のよい分

[†9] この仮定は，計量経済学の教科書では「系列相関がない」と表現されることが多い。系列相関は時系列分析を行う際に特に問題となるが，本書では時系列分析については説明しない。時系列分析を行いたい読者は，北川（2005）や田中（2006）、馬場（2018）などを参照。

析ではなくなってしまう[†10]。

しかし、ほとんどの場合、分散が均一でないことはあまり重大な問題ではない。分散の不均一性は、回帰分析によって推定される説明変数と応答変数の関係には影響しない[†11]。したがって、誤差の分散が不均一であっても、おかしな推定結果を得る心配はあまりない[†12]。

12.1.5 誤差の正規性

誤差の正規性とは、誤差が正規分布に従う確率変数であるということである。

上で仮定した分散均一性の仮定、さらに「誤差の平均（期待値）は0である」という仮定を併せて考えると、各個体の誤差が平均0、分散 σ^2 の正規分布に従う、つまり、すべての i について $\varepsilon_i \sim N(0, \sigma^2)$ ということである。

これは回帰分析においては標準的な仮定である。また、誤差項に様々な要因が含まれていると考えると、**中心極限定理**[†13]により誤差の分布は正規分布で近似できると考えられるので、この仮定を正当化することができる。回帰直線を推定するだけなら、この仮定はあまり気にしなくてよい。

12.2
Rによる回帰診断

回帰分析がうまく行えているかどうか、実行した回帰分析に問題がないかどうかを判断することを回帰診断（regression diagnostics）と呼ぶ。前節では回帰分析による推定の前提条件を五つ挙げた。このうち、前提1（回帰モデルの妥当性）は学問の実質的な知識に基づいて診断されるべき問題である。また、前提2（加法性と線形性）も、分析を行う前に散布図などを描いて確認されるべきで前

[†10] このような場合、各観測点の分散の逆数（これを精度［precision］と呼ぶ）に比例した重みを使った「重み付き最小二乗法」の推定量のほうが、最小二乗法による推定量より効率的になる。効率的というのは、標準誤差が小さいということである。

[†11] **分散が不均一であっても、最小二乗法による係数の推定量は不偏推定量である。**

[†12] ただし、係数の標準誤差が不偏推定量ではなくなるので、仮説検定を行う際には注意が必要である。したがって、重み付き最小二乗法を実行できるならそちらを使ったほうがよい。重み付き最小二乗法については、飯田（2013, pp.66-70）や山本（2015, pp.93-100）などを参照。Rでは、lm()の引数weightで重みを指定すると重み付き最小二乗法を使うことができる。

[†13] 中心極限定理（Central Limit Theorem）については、竹村（2007, pp.106-114）や東京大学教養学部統計学教室（1991, pp.162-170）などを参照。

提である。よって、ここでは回帰分析を行った後に診断される前提 3（誤差の独立性）、前提 4（誤差の分散均一性）、前提 5（誤差の正規性）を、R を使って視覚的に診断する方法を説明する。ただし、**回帰診断によって前提の妥当性が疑われることはあっても、診断結果が前提の正しさを証明することは決してないことに注意が必要である**。

12.2.1 残差プロットによる診断

視覚的に行う回帰診断で最もよく使われるのは、**残差プロット**である。残差プロットは、横軸に予測値、縦軸に残差をとった散布図である。**誤差を直接観察することはできない**ので、回帰分析の予測値と観測値との差である残差を使い、残差が均一に分散しているか、また、残差が独立かどうかを確かめることによって、誤差の分散均一性（前提 4）と誤差の独立性（前提 3）を診断する。

単回帰分析の場合、横軸に説明変数の値をとって残差をプロットすることも可能である。しかし、重回帰分析の場合、残差は各説明変数についてではなく、「説明変数の総体」について考える必要がある。そこで、すべての説明変数の影響を受けて作られる予測値 $\hat{y}$ を横軸にとる。

まず、R で残差プロットを作ってみよう。残差プロットを作るためには回帰分析を行う必要があるので、以下のコマンドで衆院選データを読み込み、2009 年の衆院選における自民党候補の得票率を選挙費用と年齢で説明する回帰分析を行う。

```
library("tidyverse")

# Macユーザは次のコマンドも"#"を外して実行する
# theme_set(theme_gray(base_size = 10,
#                      base_family = "HiraginoSans-W3"))

LDP2009 <- read_rds("data/hr-data.Rds") %>%
  filter(year == 2009, party == "LDP")
fit <- lm(voteshare ~ expm + age, data = LDP2009)
```

lm() で回帰分析すると、残差は residuals、予測値は fitted.values という名前で保存されるので、それらを利用して作図する。

```
res_plt <- tibble(res = fit$residuals,
                  fitted = fit$fitted.values) %>%
  ggplot(aes(x = fitted, y = res)) +
    geom_point() +
    geom_hline(yintercept = 0) +
    labs(x = "予測値", y = "残差")
print(res_plt)
```

各個体（ここでは 2009 年衆院選における自民党候補）の残差は平均すると 0 になると考えられるので、geom_hline(yintercept = 0) によって残差（縦軸）が 0 になる位置に直線を加えている。このコマンドを実行すると、図 12.1 のような残差プロットが表示される。

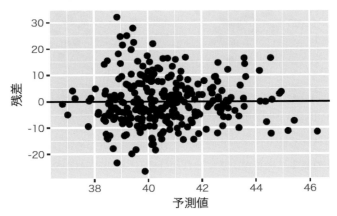

図 12.1　2009 年衆院選における自民党候補の得票率を選挙費用と年齢で説明するモデルの残差プロット

残差プロットができたので、(1) 残差が独立かどうか、(2) 残差の分散が均一かどうかに注目して図を見てみよう。まず、残差が独立であるかどうか診断する。残差どうしがお互いに関連し合っているなら、残差プロットに何らかのパタンを見出すことができるはずである。しかし、図 12.1 の残差プロットから明らかなパタンを見出すことはできない。よって、残差どうしに特別な関係はなさそうである。つまり、独立性の前提が間違っているという証拠はないように思われる[†14]。

---

† 14　誤差の独立性（系列相関）を検定する方法もある。詳細については浅野・中村（2009, 第 7 章）を参照。

誤差が独立でない場合、図 12.2 のような残差プロットが得られると考えられる。もちろん、この図は極端な場合を表しており、このようにきれいなパタンが見出されることは滅多にない。しかし、この図が示すような残差どうしの関連性があるとき（予測値が隣り合う残差の値が近い場合）、残差は独立ではなく、誤差も独立ではないという診断を下す。

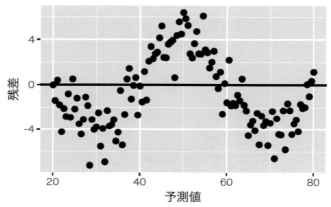

図 12.2　誤差が独立でないときの残差プロット

次に、残差の分散は均一だろうか。これを確認するためには、予測値（横軸）のそれぞれの値で、残差が上下にどれだけばらついているかを比べればよい。すると、予測値の大きさによってばらつきが違うようである。例えば、図 12.1 を見ると予測値が 39 の位置での残差のばらつきは、予測値が 44 の位置でのばらつきより大きいことがわかる。したがって、**残差のばらつきが一定ではなく、誤差の分散が不均一で、最小二乗法による推定が効率的ではなくなっている可能性があると診断する**[†15]。回帰分析の標準的前提が満たされていないので、回帰分析の実行には注意が必要である[†16]。ただし、既に述べたとおり、最小二乗法で求めた回帰直線自体が誤っているわけではないので、回帰分析を行ってはいけないということではない。

このように、残差プロットを使えば回帰分析の前提に問題がありそうかどうか、ある程度把握することができる。問題がなければ、第 10 章と第 11 章で説明した手順に従って回帰分析を行えばよい。問題がある場合、回帰モデルに新たな

---

† 15　分散が不均一であるかどうかを検定する方法もある。詳細については浅野・中村 (2009, 第 7 章) を参照。

† 16　重み付き最小二乗法が使えるなら、そちらを利用する。

説明変数を加えたり、変数間の関係について定式化を変更することによって、前提条件を満たすような状況で分析を行うことが望ましい。

12.2.2 正規 QQ プロットによる診断

正規 QQ プロット (normal quantile-quantile plot) とは、ある変数が正規分布に従っているかどうかを確かめるために使われる図である。正規 QQ プロットの点が 45 度線上に並ぶとき、変数が正規分布に従っていると考え、そうでなければ正規分布に従っていないと考える[†17]。残差の正規 QQ プロットを描くことで、誤差が正規分布に従っているかどうかを診断する。

R では、ggplot2 の geom_qq() で QQ プロットを描くことができる。これを利用して作図するために、残差を標準化して、それをデータフレームに保存しよう。

```
res <- fit$residuals
df <- tibble(z_res = (res - mean(res)) / sd(res))
```

とすると、df という名前で標準化された残差のデータフレームができる。これを利用して、次のように図を作る。

```
qqplt <- ggplot(df, aes(sample = z_res)) +
  geom_abline(intercept = 0, slope = 1, linetype = "dashed") +
  geom_qq() +
  labs(x = "標準正規分布", y = "標準化した残差の分布")
print(qqplt)
```

これで残差の標準正規 QQ プロットが得られる。geom_abline() は図に直線を描き足す関数で、ここでは 45 度線（切片 a が 0 で傾き b が 1 の直線）を点線で加えており、結果として図 12.3 のような QQ プロットが得られる。

図 12.3 を見ると、多少のずれはあるものの、だいたい 45 度線上に並んでいるように見える。したがって、残差が正規分布に従っているといえそうである。**残差が正規分布に従っているので、誤差も正規分布に従っているだろうと考えることにする。**

[†17] 正規分布以外の分布についても、それぞれの分布の QQ プロットを使い、ある変数がその分布に従っているかを確かめることができる。

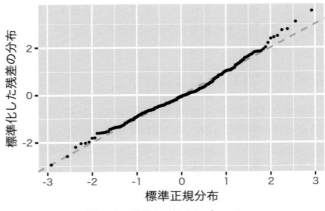

図 12.3　残差の正規 QQ プロット

　回帰分析を実行する上で最も重要なのは「回帰モデルが妥当である」という前提である。この前提が崩れると、回帰分析を行う意味がなくなってしまう。また、回帰モデルの決定的な部分（確率的な部分を除いたもの）が線形性を満たさないとき、推定結果が正しくないものになってしまう。その他の前提は、満たされるほうが望ましいことはいうまでもないが、満たされないからといって回帰分析が行えないというわけではない。紙幅の都合上、回帰診断については簡単な説明のみになってしまったが、より詳しい説明は森棟 (1999, pp.145-180) や豊田 (2012, pp.138-142)、Cook and Weisberg (1999, chs.14-17)、Fox (1997, chs.11-13) などを参照してほしい。

まとめ

- 回帰分析による統計的推定を行うために、次の五つの前提が成り立つことが望ましい。
    1. 回帰モデルが妥当なモデルである。
    2. 加法性と線形性が満たされる。
    3. 誤差が独立である（系列相関がない）。
    4. 誤差の分散が均一である。
    5. 誤差が正規分布に従う。
- これらの五つの前提が満たされないと、最小二乗法による回帰分析が最も望ましいものにならない。

- 五つの前提のうち、最初の二つは特に重要であり、これらの前提が満たされないと、回帰分析の結果を信じることができない。
- 第1の前提を正当化するためには、自分が答えようとするリサーチクエスチョンに関連する学問分野（比較政治学や国際政治学など）の知識が必要である。したがって、比較政治学や国際政治学などの理論を学ぶことなく計量政治分析を実践することは不可能である。
- 第3から第5の前提は、最初の二つの前提に比べると、それほど重要ではない。これらの前提が満たされなくても、回帰直線を推定することは可能である。ただし、これらの前提が崩れる場合、前章で説明した統計的検定をそのまま実行することはできない。
- 回帰分析の前提が満たされているかどうかを確かめることを回帰診断と呼ぶ。
- 簡便な回帰診断として残差プロットと正規QQプロットを作成し、残差の特徴を確認するという方法がとられる。
- 残差プロットを描くには、回帰分析を実行した後、残差を標準化し、ggplot2のgeom_qq()を使う。

練習問題

Q12-1 前章で行ったビールの出荷量に関する分析について、残差プロットと正規QQプロットを使った回帰診断を実行しなさい。

Q12-2 hr-data.Rdsを使い、以下の各問に答えなさい。

Q12-2-1 2012年衆院選における自民党候補の得票率を選挙費用と年齢で説明する回帰モデルを推定しなさい。

Q12-2-2 上のモデルについて、残差プロットと正規QQプロットを使った回帰診断を実行しなさい。

第13章

回帰分析の応用

本章では回帰分析の応用について解説する。これまで回帰分析で扱ってきた例では、説明変数が量的変数だったが、本章ではカテゴリ変数を回帰分析に利用する方法を考える。具体的には、ダミー変数を説明変数として利用する方法を解説する。また、回帰分析の結果をわかりやすくするために変数を変換する方法について解説する。

13.1 ダミー変数の利用

13.1.1 ダミー変数

ダミー変数（dummy variable）とは、ある属性を備えているかどうかを示す変数であり、特定のカテゴリに属している場合は1という値を、そのカテゴリに属さない場合に0という値をとる二値変数である。

代表的なカテゴリ変数として性別を考えよう。性別には男と女という二つのカテゴリがあるとする[1]。したがって、性別については2種類のダミー変数を作ることができる。まず、男性というカテゴリに属するかどうかを示す「男性」ダミーを作ることができる。このダミー変数の値は男性なら1、女性なら0になる。同様に、女性というカテゴリに属するかどうかを示す「女性」ダミーを作ることもできる。この変数の値は女性なら1、男性なら0になる。

表13.1は、「性別」というカテゴリ変数と、「男性」ダミー、「女性」ダミーの値を示している。IDが1, 4, 5の人物は女性なので、男性ダミーは0、女性ダミーは1という値をとっている。反対に、IDが2, 3の人物は男性なので、男性ダ

---

[1] 単純化のため、他の性については割愛する。

ミーは 1、女性ダミーは 0 をとっている。

表 13.1 性別—カテゴリ変数とダミー変数

ID	性別	男性	女性
1	女	0	1
2	男	1	0
3	男	1	0
4	女	0	1
5	女	0	1

「性別」変数の値を男、女の代わりに 0, 1 とすると、変数名以外は女性ダミーとまったく同じになる。しかし、値が 1 になるカテゴリの名前が変数名になっている「女性」変数だけをダミー変数と考えたほうがよい。なぜなら、性別という変数は性別というカテゴリに属しているかどうかを示しているわけではなく、どちらの値が女性を表しているかわかりにくいからである。したがって、変数の値が男・女という文字から 0, 1 という数値に変わったとしても、「性別」はダミー変数ではなくカテゴリ変数であると考えることにする。

表 13.1 からわかるとおり、男性ダミーの値がわかれば女性ダミーの値もわかる。男性ダミーが 0 であれば女性ダミーは必ず 1 であり、男性ダミーが 1 であれば女性ダミーは必ず 0 である。同様に、女性ダミーの値がわかれば男性ダミーの値もわかる。このように、カテゴリの数が二つのとき、ダミー変数が一つあればすべてのカテゴリを表すことができる。

より一般的に、**カテゴリの数が k 個のカテゴリ変数は、$k-1$ 個のダミー変数で表現することができる**。ダミー変数を作った $k-1$ 個のカテゴリについては、それぞれのダミー変数の値が 1 のとき、そのカテゴリに属していることがわかる。また、ダミー変数を作っていないカテゴリに属しているのは、$k-1$ 個のダミー変数の値がすべて 0 のものである。

では、R でダミー変数を作ってみよう。ここでは、衆院選のデータ（hr-data.Rds）を再び使用し、status というカテゴリ変数からダミー変数を作ってみる。

まず、library() で利用するパッケージを読み込む。

```
library("tidyverse")
library("makedummies")

# Macユーザは次の行のコマンドも"#"を外して実行する
# theme_set(theme_gray(base_size = 10,
#                      base_family = "HiraginoSans-W3"))
```

次に、データセットを読み込み、HR という名前をつける。

```
HR <- read_rds("data/hr-data.Rds")
```

データが読み込めたら、status という変数の中身を確認してみよう。

```
with(HR, table(status))
```

```
status
  新人  現職  元職
  5096  3138   569
```

この変数は、新人、現職、元職という3つのカテゴリを示すカテゴリ変数であることがわかる。この変数から「新人」ダミー new と「元職」ダミー old の二つのダミー変数を作る。

データセット内の変数から新たに変数を作るには、dplyr::mutate() を使えばよい。また、特定の条件が満たされているかどうか確認し、条件が満たされたときと満たされないときで異なる処理を行える ifelse() を使えば、カテゴリ変数からダミー変数を簡単に作ることができる。ifelse() は、ifelse(条件 , 条件が満たされたきの値 , 条件が満たされないときの値) という使い方をする。new と old という二つのダミー変数を作るために、次のコードを実行する[2]。

---

[2] ダミー変数を作るときは、as.numeric() を使って、例えば、new = as.numeric(status == " 新人 ") とすることもできる。括弧内の条件判断は TRUE または FALSE になり、それを as.numeric() で数値に置き換えると、TRUE が 1 に、FALSE が 0 に変わる。

13.1 ダミー変数の利用

```
HR <- HR %>%
  mutate(new = ifelse(status == "新人", 1, 0),
         old = ifelse(status == "元職", 1, 0))
```

新たに作ったダミー変数と元のカテゴリ変数を比べてみる。

```
with(HR, table(status, new))
```

```
         new
status      0    1
   新人      0 5096
   現職   3138    0
   元職    569    0
```

```
with(HR, table(status, old))
```

```
         old
status      0    1
   新人   5096    0
   現職   3138    0
   元職      0  569
```

これらのコマンドを実行すると、新人ダミー new の値は status が「新人」の場合は1でその他の場合は0に、また、元職ダミー old の値は status が「元職」の場合は1、その他の場合は0になっていることがわかる。status が「現職」の候補は、新人ダミーも元職ダミーも0になっている[†3]。このように、カテゴリ変数はその変数がもつカテゴリの数より一つ少ない数のダミー変数で表現し直すことができる。

　カテゴリの数が少ないときには上の方法でダミー変数を作ればよいが、カテゴリの数が多いとき、一つひとつダミー変数を作るのは面倒である。例えば、候補者の所属政党を示す party というカテゴリ変数には28通りの値がある。したがって、それぞれの政党に所属しているかどうかを示すダミー変数を上記の方法で作ろうとすると、27通りの新たな変数を dplyr::mutate() で作らなけれ

---

†3　このデータセットには、現職を表すダミー変数 inc が含まれているが、ここでは無視する。

ばならない。

　こんなときは、makedummies::makedummies() を使う[4]。この関数を使うときは、元となるカテゴリ変数をあらかじめ因子（factor）型（またはnumerical 型）にする必要があるので、party 変数を factor() で因子型にしてから makedummies() を使う。

```
party_dummies <- HR %>%
  mutate(party = factor(party)) %>%
  makedummies(col = "party")
```

このコマンドを実行すると、27個のダミー変数（28個ではない）をもつparty_dummies というデータフレームができる。新たにできた変数名は、

```
names(party_dummies)
```

で確認できる（結果の一部）。

```
[1] "party_CGP"       "party_CP"          "party_daichi"
[4] "party_DPJ"       "party_hoshusinto"  "party_independent"
[7] "party_ishin.to"  "party_JCP"         "party_jiyu.rengo"
```

「元の変数名 _ カテゴリ名」という変数名になっていることがわかる。
　このデータフレームを元のデータフレームと結合するために、次のコマンドを実行する。

```
HR <- bind_cols(HR, party_dummies)
```

13.1.2 ダミー変数を使った回帰分析

　カテゴリ変数は一つの変数ですべてのカテゴリを表せるのに、1度に一つのカテゴリしか表すことができないダミー変数をわざわざ作るのはなぜだろうか。理由の一つは、回帰分析で利用するためである。

---

[4] makedummies パッケージをインストール済みでない場合は、第4章を参照してインストールすること。

13.1 ダミー変数の利用

ダミー変数を利用した回帰分析の例として、次の問題について考えよう。

例 13-1
2009 年の衆院選で、民主党からの公認は得票率に影響したのだろうか。

衆院選のデータフレーム HR の分析対象を 2009 年に限定しよう。

```
HR2009 <- filter(HR, year == 2009)
```

今私たちが興味をもっているのは、民主党による公認の影響なので、先ほど party 変数を元に作った、民主党の候補か否かを示す「民主党」ダミー party_DPJ を回帰分析の説明変数として利用する。

ここでは得票率 voteshare を応答変数、選挙費用 expm[5] と民主党ダミー party_DPJ を説明変数として回帰分析を行う。ダミー変数を説明変数に使う場合でも、回帰分析に使うコマンドは変わらない。したがって、

```
fit_dpj <- lm(voteshare ~ expm + party_DPJ, data = HR2009)
```

とする。分析結果は、

```
summary(fit_dpj)
```

で表示され、次のとおりである(結果の一部)。

```
Coefficients:
            Estimate Std. Error t value Pr(>|t|)
(Intercept)  3.89321    0.53949   7.217 9.81e-13
expm         2.62981    0.06805  38.646  < 2e-16
party_DPJ   27.45274    0.79766  34.417  < 2e-16
```

この結果は、次のようなことを示している。まず、切片の係数が約 3.89 だから、選挙費用 expm と民主党ダミー party_DPJ の両者が 0 のとき、得票率の予測値は 3.89% である。次に、選挙費用の係数が約 2.63 だから、民主党ダミーの値が一

---

[5] expm = exp/1000000 である。exp ではなく expm を利用する理由については第 10 章と本章の 13.2 節「変数変換」を参照。

定であれば、選挙費用が1単位増えると、つまり、選挙費用が100万円増えると、得票率が2.63%ポイント（以後%ポイントは単にポイントと記す）上昇することが予測される。最後に、**民主党ダミーの係数が27.45だから、選挙費用が一定であれば、民主党ダミーが1単位増えると、得票率が27.45ポイント上昇する**ことがわかる。

では、民主党ダミーが1単位増えるとはどういうことだろうか。民主党ダミーの値は、民主党に所属していれば1、所属していなければ0である。よって、このダミー変数の値が1単位増えることは、民主党に所属していない状態から民主党に所属している状態への変化を表す。したがって、「民主党ダミーが1単位増えると、得票率が27.45ポイント上昇する」というのは、他の条件が等しければ「民主党候補者は民主党以外の候補者に比べて得票率が27.45ポイント高い」ということを意味する。

この結果を式で表すと次のようになる。

$$\text{得票率の予測値} = 3.89 + 2.63 \times \text{選挙費用} + 27.45 \times \text{民主党ダミー}$$

民主党ダミーは0と1の2通りの値しかとらないので、それぞれ場合についてこの式の内容を吟味してみよう。

まず、民主党ダミーが0のとき、すなわち候補者が民主党に属していないとき、上の式は次のようになる。

$$\begin{aligned}\text{得票率の予測値} &= 3.89 + 2.63 \times \text{選挙費用} + 27.45 \times 0 \\ &= 3.89 + 2.63 \times \text{選挙費用}\end{aligned}$$

同様に、民主党ダミーが1のとき、すなわち候補者が民主党に属しているとき、式は次のようになる。

$$\begin{aligned}\text{得票率の予測値} &= 3.89 + 2.63 \times \text{選挙費用} + 27.45 \times 1 \\ &= (3.89 + 27.45) + 2.63 \times \text{選挙費用} \\ &= 31.34 + 2.63 \times \text{選挙費用}\end{aligned}$$

民主党ダミーの値が異なる二つの式を比べると、違うのは切片だけであることがわかる。つまり、**ダミー変数を説明変数に加えると、ダミー変数の値によって回帰直線が平行移動するような変化を捉えることができる**のである。

この結果を図示すると、図13.1のようになる。この図の縦軸は得票率voteshare、横軸は選挙費用expmである。民主党候補（DPJ）と非民主党

候補（non-DPJ）は異なるシンボルを使って表されており、全体的に民主党候補者の得票率がその他の候補者の得票率より高いことがわかる。この図には2本の回帰直線が描かれており、それぞれ民主党候補と非民主党候補の選挙費用と得票率の関係を捉えている。二つの回帰直線は平行だが、その切片は異なっており、民主党に属していることが回帰直線を上方に移動させていることがわかる。

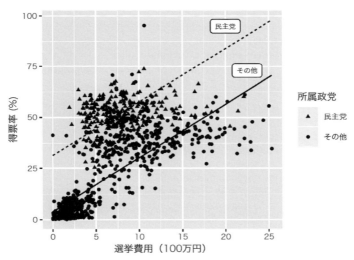

図 13.1 2009年衆院選の得票率―選挙費用と民主党ダミーを説明変数とする回帰分析の結果

図 13.1 を描くには、次のようにする。まず、各説明変数の観測された値の範囲内で、回帰分析の結果から得られる予測値を計算し、pred という名前のデータフレームに保存する。ここで、expand.grid() は、与えた変数についてすべての組み合わせの行をもつデータフレームを作る関数である。また、predict() は、lm() で得た結果を、newdata で指定したデータフレームに適用して応答変数の予測値を計算する関数である。

```
pred <- HR2009 %>%
  with(expand.grid(expm = seq(min(expm, na.rm = TRUE),
                              max(expm, na.rm = TRUE),
                              length.out = 100),
                   party_DPJ = 0:1))
pred$voteshare <- predict(fit_dpj, newdata = pred)
```

元のデータである HR2009 を利用して散布図を描き、その上に pred を用いて回帰直線 (回帰直線は予測値の集まり) を上書きする。その際、民主党の候補者とそれ以外の候補者を区別する。shape に party_DPJ を指定することで、散布図の点の形を所属政党によって変えている。同様に、linetype に party_DPJ を指定することで、民主党の回帰直線を点線に、その他の候補者の回帰直線を実線にしている[†6]。

```
plt_dpj <- ggplot(HR2009,
                  aes(x = expm, y = voteshare,
                      shape = as.factor(party_DPJ),
                      linetype = as.factor(party_DPJ))) +
  geom_point() +
  geom_line(data = pred) +
  labs(x = "選挙費用 (100万円)", y = "得票率 (%)") +
  scale_linetype_discrete(guide = FALSE) +
  scale_shape_discrete(name = "所属政党",
                       labels = c("その他","民主党")) +
  guides(shape = guide_legend(reverse = TRUE)) +
  geom_label(aes(x = 20, y = 95, label = "民主党"),
             family = "HiraginoSans-W3", size = 2) +
  geom_label(aes(x = 22.5, y = 73, label = "その他"),
             family = "HiraginoSans-W3", size = 2)
print(plt_dpj)
```

この図に 95% 信頼区間を加えてみよう。そのために、まず予測値の標準誤差を求める。

```
err <- predict(fit_dpj, newdata = pred, se.fit = TRUE)
```

次に、予測値と標準誤差を利用して 95% 信頼区間の下限と上限を求める。

```
pred <- pred %>%
  mutate(lower = err$fit + qt(0.025, df = err$df) * err$se.fit,
         upper = err$fit + qt(0.975, df = err$df) * err$se.fit)
```

ここで求めた信頼区間を、geom_ribbon() で塗りつぶす。このとき、

[†6] Mac ユーザ以外は、geom_label() の family は指定しなくてよい。aes 内で color = party_DPJ とすれば、2 つのグループを色分けすることもできる。

alphaで透明度を指定する[7]。ある程度透明にしないと、信頼区間が塗りつぶされ、その領域にある点や線が見えなくなってしまう。

```
plt_dpj_ci <- plt_dpj +
  geom_ribbon(data = pred, aes(ymin = lower, ymax = upper),
              fill = "gray", alpha = 0.6)
print(plt_dpj_ci)
```

これを実行すると、図 13.2 ができる。

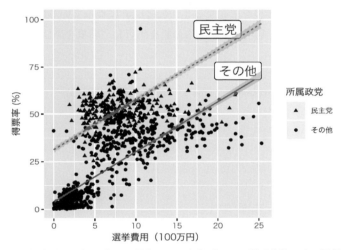

図 13.2 2009 年衆院選の得票率―選挙費用と民主党ダミーを説明変数とする回帰分析の結果に 95% 信頼区間を加える

例 13-2

2009 年の衆院選で、候補者の所属政党は得票率に影響したのだろうか。今度は、民主党に所属していたかどうかだけでなく、所属政党ごとに得票率が異なるかどうかを検討する。

カテゴリ変数を回帰分析の説明変数として利用する際には、カテゴリ変数を因子（factor）型にして利用する。変数の型は class() で確認する。party 変数の型を確認してみよう。

---
[7] alpha = 0 が完全に透明、alpha = 1 が完全な塗りつぶし（透明度ゼロ）である。

```
class(HR2009$party)
```

結果として、"factor"という結果が表示されれば、そのまま変数を利用することができる。それ以外の型、例えば文字列（character）型になっている場合は、次のようにしてfactorに変換する。

```
HR2009 <- mutate(HR2009, party = factor(party))
```

もう一度class()で型を確認すると、factorになっているはずだ。

このカテゴリ変数を利用して、回帰分析を実行し、結果を確認しよう（結果は一部のみ掲載）。

```
fit_parties <- lm(voteshare ~ expm + party, data = HR2009)
summary(fit_parties)
```

```
Coefficients:
                  Estimate Std. Error t value Pr(>|t|)
(Intercept)        31.3278     3.3962   9.224  < 2e-16
expm                0.7245     0.0773   9.373  < 2e-16
partyDPJ           14.8843     3.3120   4.494 7.72e-06
partyindependent  -20.5795     3.4701  -5.931 4.03e-09
partyJCP          -24.8969     3.4160  -7.288 5.94e-13
partykofuku       -31.0076     3.3933  -9.138  < 2e-16
partykokumin        0.9296     4.2179   0.220 0.825600
partyLDP            1.0301     3.2905   0.313 0.754305
partyothers       -24.9995     8.6179  -2.901 0.003794
partySDP          -13.3630     3.6033  -3.709 0.000219
partyshintonihon    6.2080     6.5330   0.950 0.342192
partyyour         -14.5513     3.9264  -3.706 0.000221
```

2009年の衆院選では無所属も含めて11の党派から候補者が出ているので、10個のダミー変数を利用して回帰分析を行った場合と同じ結果が得られる。例13-1で説明したように、それぞれのカテゴリに所属していると、回帰直線の切片が変化する。**基準となるカテゴリ（参照カテゴリ）**は、結果に表示されているpartyDPJ（民主党）からpatyyour（みんなの党）のいずれの政党にも属さない候補者である。各政党カテゴリの係数は、そのカテゴリに所属することによって参照カテゴリに比べてどれだけ得票率が高くなるかを示す。したがって、結

果に表示されているカテゴリの数は、実際のカテゴリ数より 1 つ少ない 10 となっている。

この分析結果では、**CGP（公明党）が参照カテゴリ**になっているが、これは私たちが指定したわけではない。参照カテゴリには、因子型変数で第 1 因子になっている変数が使われるので、因子型に変数を変換する際に第 1 因子を指定すれば、参照カテゴリを自分で選べる。例えば、自民党（LDP）を基準にして、他の政党に所属することで得票率がどのように変化するかを調べるためには、次のようにする。

まず、HR2009 の party 変数を一度 character 型に戻す。

```
HR2009 <- HR2009 %>% mutate(party = as.character(party))
```

次に、政党名のベクトルを作り、どの政党が候補者を出していたか確認する。

```
(party_names <- unique(HR2009$party))
```

```
[1] "DPJ"          "LDP"          "JCP"          "kofuku"
[5] "SDP"          "your"         "kokumin"      "shintonihon"
[9] "independent"  "CGP"          "others"
```

ここで、自民党（LDP）が 2 番目にあることを確認する[8]。続いて、party 変数を LDP を第 1 因子とする因子型に作り直す。

```
HR2009 <- HR2009 %>%
  mutate(party = factor(party,
                        levels = c(party_names[2],
                                   party_names[-2])))
```

この変数を使って先ほどと同様に回帰分析を実行すると、次のような結果が得られる（一部のみ掲載）。

```
fit_parties2 <- lm(voteshare ~ expm + party, data = HR2009)
summary(fit_parties2)
```

---

[8] LDP の位置が異なる場合は、以下のコマンドを適宜変更（2 を他の数字に変更）する。

```
Coefficients:
                   Estimate Std. Error t value Pr(>|t|)
(Intercept)         32.3579     0.9962  32.482  < 2e-16
expm                 0.7245     0.0773   9.373  < 2e-16
partyDPJ            13.8543     0.7300  18.979  < 2e-16
partyJCP           -25.9270     1.0748 -24.123  < 2e-16
partySDP           -14.3930     1.5842  -9.085  < 2e-16
partykofuku        -32.0377     0.9980 -32.101  < 2e-16
partyindependent   -21.6095     1.2493 -17.298  < 2e-16
partyyour          -15.5814     2.2253  -7.002 4.36e-12
partykokumin        -0.1004     2.7122  -0.037  0.97046
partyCGP            -1.0301     3.2905  -0.313  0.75431
partyshintonihon     5.1779     5.6758   0.912  0.36182
partyothers        -26.0296     7.9906  -3.258  0.00116
```

先ほどの分析では結果に表示されていた partyLDP が参照カテゴリになり、結果に表示されていないことがわかる。

係数の推定値（Estimate）を確認してみよう。まず、expm の係数が 0.72 だから、政党カテゴリが一定であれば（つまり、所属政党が同じなら）、選挙費用が 100 万円増えるごとに得票率が 0.72 ポイント上がることがわかる。次に、切片の値は 32.36 であり、これはすべての説明変数が 0 のときの得票率の予測値である。つまり、選挙費用が 0 のとき、参照カテゴリである自民党候補者の得票率は、32.36% になると予測される。

カテゴリ変数の値もこれまでどおり解釈することができる。まず、partyDPJ について考えよう。これは、DPJ すなわち民主党に所属することを表すダミー変数と同じように扱うことができる。この変数の係数は、13.85 だから、民主党ダミーが 0 から 1 に変化すると、得票率が 13.85 ポイント上がることを示している。**基準となるのは自民党の候補者だから、民主党の候補者は自民党の候補者より 13.85 ポイント得票率が高いと考えられる。**同様に、共産党（partyJCP）候補者は、自民党所属候補より得票率が 25.93 ポイント低く、社民党（partySDP）候補者は、自民候補より得票率が 14.39 ポイント低いことがわかる。他の政党についても同様である。また、民主党候補者と共産党候補者を比べると、$13.85 - (-25.93) = 39.78$ より、民主党候補者は共産党候補者より得票率が 39.78 ポイント高いということがわかる。

ただし、有意水準 5% で影響があるかどうかを調べるとすると、p 値が 0.05 より大きな変数は、「影響が 0 である」という帰無仮説を棄却できないので、影響があるとはいえないということなる。上の結果を見ると、partyCGP（公明党）

の係数の p 値が $0.75 > 0.05$ であり、係数が 0 であるという帰無仮説が受容される。したがって、選挙費用が等しければ、公明党所属候補者と自民党所属候補者の得票率が異なるとはいえない。

ダミー変数によって回帰直線の切片と傾きを変える

　ここまでの回帰分析では、政党ごとに得票率が異なるかどうかについて検討してきた。その際、「選挙費用が得票率に与える影響」については、どの政党についても同じであると考えた。このことは、図 13.1 に示された二つの回帰直線が平行であることに表れている。しかし、得票率の高さだけでなく、選挙費用が得票率に与える影響も政党ごとに異なるかもしれない。つまり、**政党によって回帰直線が平行移動するだけでなく、その傾きも政党ごとに異なるかもしれない**。そこで、次の問題を例に、ダミー変数を使って回帰直線の傾き（説明変数の影響の大きさ）が異なるかどうかを分析する方法について考えよう。

> **例 13-3**
> 選挙費用が得票率に与える影響は、民主党候補者とその他の候補者で異なるだろうか。

この問題を分析するには、次のモデルを考えればよい。

$$得票率_i = \beta_0 + \beta_1 \times 選挙費用_i + \beta_2 \times 民主党ダミー_i$$
$$+ \beta_3 \times 選挙費用_i \times 民主党ダミー_i + \varepsilon_i$$

この式は、民主党以外の候補者（つまり、民主党ダミーが 0 の候補者）については、

$$得票率_i = \beta_0 + \beta_1 \times 選挙費用_i + \beta_2 \times 0 + \beta_3 \times 選挙費用_i \times 0 + \varepsilon_i$$
$$= \beta_0 + \beta_1 \times 選挙費用_i + \varepsilon_i$$

となる。同様に、民主党候補者（つまり、民主党ダミーが 1 の候補者）については、

$$得票率_i = \beta_0 + \beta_1 \times 選挙費用_i + \beta_2 \times 1 + \beta_3 \times 選挙費用_i \times 1 + \varepsilon_i$$
$$= (\beta_0 + \beta_2) + (\beta_1 + \beta_3) \times 選挙費用_i + \varepsilon_i$$

となる。これらの二つの式を比べると、民主党ダミーが 0 から 1 に変わると、回帰式の切片が β_0 から $\beta_0 + \beta_2$ に、傾きは β_1 から $\beta_1 + \beta_3$ に変わることがわかる。

このモデルがこれまで考えてきた式と違うのは、「**選挙費用**$_i$×**民主党ダミー**$_i$」という、二つの説明変数が掛け合わされた項が式に含まれている点である。このように、複数の説明変数が掛け合わされた項を**交差項**（interaction term）と呼ぶ。**交差項は、交差項に含まれる一方の説明変数の値によってもう一方の説明変数が応答変数に与える影響に変化があるかどうかを分析するときに利用される。**交差項を利用した回帰分析については次章で詳しく解説するが、ここでは交差項に含まれる一方の変数がダミー変数の場合について解説する。

交差項を含む回帰分析を実行するには、以下のコマンドのように掛け合わせる変数を * で繋ぐ。

```
fit_int <- lm(voteshare ~ expm * party_DPJ, data = HR2009)
```

結果を、

```
summary(fit_int)
```

で表示してみよう（一部のみ掲載）。

```
Coefficients:
                Estimate Std. Error t value Pr(>|t|)
(Intercept)      2.29096    0.52339   4.377 1.31e-05
expm             2.91640    0.06807  42.845  < 2e-16
party_DPJ       45.77138    1.67183  27.378  < 2e-16
expm:party_DPJ  -2.42900    0.19817 -12.257  < 2e-16
```

結果を見てみると、説明変数が三つ表示されている。この例のように、lm() の説明変数に A * B という項を含めると、(1) A、(2) B、(3) AB（A:B と表示される）の三つの項を説明変数とする回帰分析が実行される。

分析結果を確認してみよう。まず、切片 β_0 の推定値は 2.29 である。次に、選挙費用の影響である β_1 の推定値は expm の行にある 2.92 である。また、民主党ダミーの影響である β_2 の推定値は party_DPJ の行にある 45.77 であり、選挙費用と民主党ダミーの交差項の係数 β_3 の推定値は expm:party_DPJ の行にある −2.43 である。

この推定結果を式として表してみよう。まず、民主党以外の候補者については、

$$\text{得票率の予測値} = 2.29 + 2.92 \times \text{選挙費用}$$

となる。したがって、選挙費用が 0 のとき得票率が 2.29% になり、選挙費用が 100 万円増えるごとに得票率が 2.92 ポイント上昇することが推測される。

また、民主党候補については、

$$\text{得票率の予測値} = (2.29 + 45.77) + (2.92 - 2.43) \times \text{選挙費用}$$
$$= 48.06 + 0.49 \times \text{選挙費用}$$

となる。したがって、選挙費用が 0 のとき得票率が 48.06% になり、選挙費用が 100 万円増えるごとに得票率が 0.49 ポイント上昇することが推測される。

民主党候補者とそれ以外の候補者についての二つの回帰式を比べると、選挙費用が 0 のときには民主党候補者の得票率がそれ以外の候補者に比べて圧倒的に高いことがわかる。また、民主党候補者の選挙費用の係数がそれ以外の候補者の場合に比べて小さくなっていることから、**民主党候補者については選挙費用を増やしてもあまり得票率に影響しなかったことがわかる**。

これらの回帰直線を散布図上に示してみよう。回帰直線の切片と傾きの両者をカテゴリごとに変える場合、ggplot2 の geom_smooth(method = "lm") を使って簡単に回帰直線を図示することができる。次のコマンドを実行してみよう[†9]。

```
plt_int <- ggplot(HR2009, aes(x = expm, y = voteshare)) +
  geom_point(aes(shape = as.factor(party_DPJ))) +
  geom_smooth(method = "lm", aes(linetype = as.factor(party_DPJ))) +
  scale_linetype_discrete(guide = FALSE) +
  scale_shape_discrete(name = "所属政党", labels = c("その他", "民主党")) +
  guides(shape = guide_legend(reverse = TRUE)) +
  geom_label(aes(x = 0.8, y = 50, label = "民主党"),
             family = "HiraginoSans-W3", size = 2) +
  geom_label(aes(x = 23, y = 86, label = "その他"),
             family = "HiraginoSans-W3", size = 2)
print(plt_int)
```

すると、図 13.3 のように、散布図の上に回帰直線が上書きされた図が得られる。

[†9] Mac ユーザ以外は geom_label() の family は指定しなくてよい。

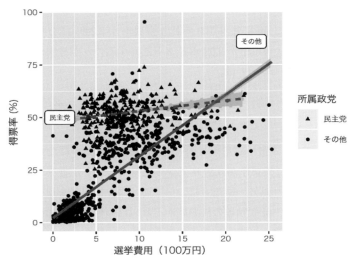

図 13.3 2009 年衆院選の得票率―選挙費用、民主党ダミーと 2 変数の交差項を説明変数とする回帰分析の結果

この図を見ると、民主党候補者かどうかによって、回帰直線の切片だけでなく傾きも異なることがわかる。選挙費用が得票率に与える影響が民主党候補者にとってはあまり大きくなかったことは、回帰直線がより水平に近いことからわかる。また、ダミー変数によって切片だけを変化させた図 13.1 では常に民主党候補者の得票率がその他の候補者より高いことが推測されたが、この図では選挙費用が「ある値」を超えると民主党候補者の得票率のほうがその他の候補者より低くなることが見てとれる。民主党候補者とその他の候補者の得票率が逆転する選挙費用の「ある値」は、二つの回帰直線が交わる点だから、次のようにして求められる[10]。

民主党候補者の得票率の予測値＝民主党以外の候補者の得票率の予測値
$$\therefore (b_0+b_2)+(b_1+b_3)\times 選挙費用 = b_0+b_1\times 選挙費用$$
$$\therefore [(b_1+b_3)-b_1]\times 選挙費用 = b_0-(b_0+b_2)$$
$$\therefore 選挙費用 = \frac{-b_2}{b_3} = \frac{-45.77}{-2.43} \approx 18.84$$

したがって、選挙費用 expm が 18.84、すなわち 1,884 万円以上であれば、民主党以外の候補者が民主党の候補者よりも高い得票率を達成することができたと

---

[10] 母数 β_m の推定値が b_m ($m=0, 1, 2, 3$) である。

推測される。ただし、散布図からわかるように、それほどの選挙費用を使った候補者はあまり多くない。また、二つの回帰直線が交わる点より右側で、「その他（民主党以外）」の候補者を表す点は一つを除いてすべて回帰直線の下側にある。このことから、選挙費用が非常に多い場合（1,884万円以上）については、あまりよい予測値が得られていないと考えられる。

ダミー変数によって回帰直線の傾きだけを変えることは可能か？

これまで、ダミー変数によって回帰直線の切片だけを変える方法（図13.1）と切片と傾きの両者を変える方法（図13.3）について説明した。では、ダミー変数を使って傾きだけを変えることもできるだろうか。理論的には、そのようなモデルを考えることも可能である。しかし、傾きだけを変えるモデルを使うことはあまりない。

これまで考えてきた二つのモデルと傾きだけを変えるモデル、さらに切片も傾きも変えないモデル（ダミー変数を含めないモデル）の四つのモデルのそれぞれについて、どのようなことが想定されているかを考えてみよう。

(1) 回帰直線の切片と傾きを変化させる

まず、「切片と傾きの両者を変える」モデルはどのようなことを想定しているだろうか。本章で考えてきた例を使えば、民主党候補者とそれ以外の候補者で回帰直線の「切片と傾きの両者」が異なるというのは、民主党に所属しているかどうかによって選挙費用が得票率に与える影響はまったく別物であると想定している。有権者が投票先を選ぶにあたり、候補者がどの政党に属している（どの政党の公認を受けているかどうか）は重要な要因の一つだろう。したがって、政党の違いによって得票率が異なるのは自然なことであり、異なる回帰直線が得られるという想定も自然なものだろう。

(2) 回帰直線の傾きを固定し、切片だけを変化させる

次に、「切片だけを変える」モデルはどのようなことを想定しているだろうか。このモデルも、民主党候補者とそれ以外の候補者で異なる回帰直線が得られることを想定している。ただし、このモデルは、民主党に属しているかどうかによって得票率が異なるとしても、「選挙費用が得票率に与える影響は同じである」と想定している。「切片と傾きの両者を変える」モデルは、選挙費用が得票率に与える影響は同じであるかどうかについては何も想定していなかった。つまり、同じであるかもしれないし、違うかもしれないという立場で分析したわけである。それに対し、「切片だけを変える」モデルは、「選挙費用が得票率に与え

る影響は同じ」という仮定をおいて分析を行っている。つまり、「切片だけを変える」モデルは、「傾きを固定する」モデルであると言い換えることができる。(1) の場合よりも強い仮定をおいている。「選挙費用の影響は同じ」という仮定を正当化する根拠があれば、「切片だけを変える」モデルを使ってもよいということになる。

(3) 回帰直線の切片を固定し、傾きだけを変化させる

では、「傾きだけを変える」モデルはどうだろうか。このモデルは「切片を固定する」モデルと言い換えることができる。つまり、「切片と傾きの両者を変える」モデルに、「選挙費用が 0 のときの得票率は民主党候補者もそれ以外の候補者も同じ」という仮定を加えたものが、「傾きだけを変える」モデルである。傾きを固定する（切片だけを変える）場合には説明変数が特定の値のときの予測値を限定していないのに対し、切片を固定する（傾きだけを変える）場合には説明変数が特定の値 (0) のときの予測値が一致するという非常に強い仮定をおくことになる。この仮定を正当化できればこのモデルを使ってもよいことになるが、一般的には正当化が非常に難しい仮定である。「選挙費用が 0 のときに民主党候補者とそれ以外の候補者の得票率は同じ」という仮定を正当化するのは難しいだろう。

また、切片を固定することは傾きの大きさにも影響することに注意する必要がある。図 13.4 は、民主党ダミーによって傾きだけを変化させる回帰分析によって得られた回帰直線を示している。切片が固定されているため、選挙費用が 0 になるところで二つの直線が交わる。図 13.4 と図 13.3 を比べると、切片が固定されているために民主党候補者の回帰直線が急勾配になっていることがわかる。その結果、回帰直線が散布図上の民主党候補者の点にあまりよく当てはまっていないことがわかる。

このような事態を避けるため、**交差項を回帰式に含めるときは、交差項を構成するすべての変数をそれぞれ別個の説明変数として回帰式に含めるようにすることが必要**である[11]。私たちの例で考えると、選挙費用と民主党ダミーの交差項を使うなら、選挙費用と民主党ダミーのそれぞれを説明変数として回帰式に含めるということである。R では、既に示したコマンドのとおり、回帰分析を実行する際に交差項を構成する二つの説明変数を「*」で繋げばよい。

---

[11] 計量政治学における交差項の扱いについてより詳しくは、第 14 章を参照。

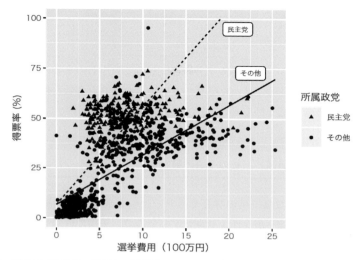

図 13.4　2009 年衆院選の得票率―選挙費用と民主党ダミーの交差項を説明変数とする回帰分析の結果

（4）回帰直線の切片も傾きも変化させない（固定する）

　最後に、ダミー変数を一切含めないモデルについて考えてみよう。このモデルは、ダミー変数の値にかかわらず、回帰直線の切片と傾きが同じであるということを想定している。ダミー変数によって切片と傾きの両者が変化するモデルでは、ダミー変数が表すカテゴリごとに回帰直線が自由に当てはめられた。それに対し、このモデルは二つのカテゴリの回帰直線が完全に一致するようなモデルである。つまり、ダミー変数を考慮しないということは、「ダミー変数の係数とダミー変数と他の変数の交差項の係数がすべて0である」という制約を課していることになる。したがって、ダミー変数が応答変数に影響を与えているのであれば、ダミー変数を回帰分析に含める必要がある[†12]。

[†12]　ダミー変数に限らず、応答変数に体系的な影響を与える（つまり、偶然の影響ではない）変数は、説明変数に含めなければならない。結果変数の原因となる変数であるにもかかわらず説明変数に含まれなかった変数が、回帰式の説明変数と相関をもつとき、推定値に偏りが生じる。このような偏りを除外変数バイアス（omitted variable bias）と呼ぶ。反対に、応答変数に対して体系的な影響をもたない変数（したがって、回帰式に含めるべきでない変数）を説明変数に加えると、推定の精度が落ちる。

13.2
変数変換

　回帰分析を行うとき、データセットに含まれる変数をそのままの形で使うのではなく、変数を変形させて使ったほうがよい場合がある。変数変換について学ぶため、次のような単純な例を考えよう。

例 13-4
父親の身長が高いほど、その子供の身長は高くなるだろうか。

　この問題の応答変数は子供の身長であり、説明変数は父親の身長である。また、一般的に男性のほうが女性より身長が高いので、子供の性別も考慮する必要がある。そこで、女性を表すダミー変数を説明変数に加える。したがって、次のようなモデルを考えることになる[13]。

$$子供の身長_i = \beta_0 + \beta_1 \times 父親の身長_i + \beta_2 \times 女性かどうか_i + \varepsilon_i$$

　本章では、架空のデータ (`height.csv`)[14] を使い、回帰分析を行おう。

```
HT <- readr::read_csv("data/height.csv")
```

データを読み込んだら、`summary()` やヒストグラム、散布図などを使ってデータの特徴を一通り把握しよう[15]。
　データの特徴がつかめたところで回帰分析を行う。子供の身長は `ht`、父親の身長は `father`、女性ダミーは `female` という変数で測定されているので、

```
fit_ht <- lm(ht ~ father + female, data = HT)
summary(fit_ht)
```

とすると、次のような結果が得られる。

---

[13] 父親の身長が子供の身長に与える影響は子供の性別にかかわらず同じであると想定し、交差項を含まないモデルを考える。
[14] ファイルは、5.2 節でダウンロードしてある。
[15] データの全体像を把握するための方法については第 5 章を参照。

```
Coefficients:
            Estimate Std. Error t value Pr(>|t|)
(Intercept) 108.3505    27.5524   3.933 0.000158
father        0.3631     0.1619   2.243 0.027187
female      -10.7016     1.9327  -5.537 2.63e-07
```

各変数の p 値はどれも 0.05 より小さいので、各変数について有意水準 5% で「応答変数に与える影響は 0 である」という帰無仮説を棄却する。つまり、父親の身長と子供の性別（女性であるかどうか）は、子供の身長に影響を与えていることがわかる。この分析結果を回帰式で表すと、

$$\text{子供の身長の予測値} = 108.35 + 0.36 \times \text{父親の身長} - 10.70 \times \text{女性ダミー}$$

となる。切片の推定値である 108.35 は、すべての説明変数の値が 0 の場合、すなわち父親の身長が 0 cm の子供の男性の身長の予測値である。父親の身長の係数の推定値である 0.36 は、女性ダミーの値が一定であれば、父親の身長が 1 単位増えるごとに子供の身長が 0.36 単位増えることを示している。ここでは、ht と father の単位がともに cm なので、父親の身長が 1 cm 高くなるごとに子供の身長が 0.36 cm 高くなることが予測される。最後に、女性ダミーの係数の推定値である −10.70 は、女性ダミーの値が 0 から 1 に変わると、子供の身長の予測値が 10.70 単位減少することを示している。つまり、父親の身長が同じであれば、女性は男性に比べて 10.7 cm 身長が低くなると予測される。

次に、この例を用い、代表的な変数変換である線形変換と中心化について説明する。

13.2.1 線形変換

身長のデータフレーム HT の中身をよく見ると、父親の身長を測定した変数が father 以外にあと二つあることがわかる。一つは metfather であり、もう一つは infather である。father の測定単位が cm であるのに対し、metfather の測定単位はメートル、infather の測定単位は inch [16] である。これらの変数は、測定する単位が違うだけで実質的な中身は同じであり、以下のように father を変形することで求めることができる。

---

[16] 1 inch = 2.54 cm。

$$\text{metfather} = \frac{\text{father}}{100}$$

$$\text{infather} = \frac{\text{father}}{2.54}$$

このように、一次関数を使った変数の変換を線形変換（linear transformations）と呼ぶ。説明変数を線形変換して回帰分析を行っても、変換前の変数を使った分析と同じ分析結果が得られる。次のコマンドによって三つの回帰分析を行い、結果を比べてみよう

```
fit_cm <- lm(ht ~ father + female, data = HT)
fit_met <- lm(ht ~ metfather + female, data = HT)
fit_in <- lm(ht ~ infather + female, data = HT)
```

まず、決定係数（R-squared）の値や F 値などは、三つの分析で一致していることがわかる[†17]。次に Coefficients の内容を比較すると、t 値と p 値が一致している。これらの事実から、三つの分析のうちのどれを使っても、統計的仮説検定の結果が同じになることがわかる。ただし、父親の身長を表す変数の係数の推定値（Estimate）や標準誤差（Std. Error）はそれぞれの分析で異なる。

これらの分析結果を回帰式で表すと、次のようになる。

子供の身長の予測値 $= 108.35 + 0.36 \times$ 父親の身長〔cm〕$- 10.70 \times$ 女性ダミー

子供の身長の予測値 $= 108.35 + 36 \times$ 父親の身長〔m〕$- 10.70 \times$ 女性ダミー

子供の身長の予測値 $= 108.35 + 0.92 \times$ 父親の身長〔inch〕$- 10.70 \times$ 女性ダミー

父親の身長の係数の予測値以外は一致しているので、父親の身長についてのみ検討しよう。

まず、父親の身長を cm で測定した分析から、父親の身長が 1 cm（= 1 単位）増えるごとに子供の身長が 0.36 cm 高くなることが予測される。次に、父親の身長をメートルで測定した分析から、父親の身長が 1 m（= 1 単位）増えるごとに子供の身長が 36 cm 高くなることが予測される。最後に、父親の身長を inch で測定した分析から、父親の身長が 1 inch（= 1 単位）増えるごとに子供の身長が 0.92 cm 高くなることが予測される。これらの結果は、表示されている数値こそ異なるが、主張の内容はまったく同じである。父親の身長が 1 cm 増えるご

[†17] summary() で表示される内容は掲載しないが、各自で確認すること。

とに子供の身長が 0.36 cm 高くなるということは、父親の身長が 100〔cm〕= 1〔m〕増えるごとに子供の身長が 0.36〔cm〕× 100 = 36〔cm〕高くなるということであり、第1の分析と第2の分析が一致することがわかる。また、父親の身長が 1 cm 増えるごとに子供の身長が 0.36 cm 高くなるということは、父親の身長が 2.54〔cm〕= 1〔inch〕増えるごとに子供の身長が 0.36〔cm〕× 2.54 = 0.91〔cm〕高くなるということであり、第1の分析と第3の分析が等しいことがわかる[18]。したがって、第2の分析と第3の分析の結果も同じであるといえる。

このように、**説明変数を線形変換しても回帰分析の結果は変わらない。したがって、結果が解釈しやすくなるように線形変換した説明変数を使ってよい**ということになる。例えば、父親の身長を 1 m 単位で測定した変数を使うと、「父親の身長が 1 m 増えるごとに子供の身長が 36 cm 高くなる」ことがわかるが、父親の身長が 1 m も違うということは滅多にない。つまり、この結論はあまり現実的でない変化についての主張であり、そのままでは意味を捉えにくい。それに対し、父親の身長を 1 cm 単位で測定した変数を使えば、「父親の身長が 1 cm 増えるごとに子供の身長が 0.36 cm 高くなる」ことがわかる。二人の父親の身長が 1 cm 以上異なるというのはよくあることだろう。実質的な内容はまったく同じであるにもかかわらず、この結論は現実的な変化について説明しているため、先ほどの結論よりわかりやすい。データセットに 1 m 単位で測定した父親の身長しか含まれていないのであれば、その変数を線形変換して 1 cm 単位の変数を作り、その変数を説明変数とする回帰分析を行ったほうが結果がわかりやすくなるのである。

得票率を選挙費用で説明する回帰分析を行うとき、私たちは選挙費用が 1 円単位で測定された exp という変数の代わりに、100 万円を測定単位とする expm という変数を利用してきた。expm というのは exp を線形変換した変数[19]であるから、どちらの変数を使っても回帰分析の実質的な結論は変わらない。しかし、expm を使ったほうが結果の解釈が容易になる。exp を使った分析で係数に表示されるのは、選挙費用が 1 円増えたときの得票率の増分である。費用が 1 円変わったくらいで得票率はほとんど変化しないので、係数の推定値も非常に小さいものになる。「選挙費用が 1 円増えるごとに得票率が 1×10^{-7} ポイント上昇する」といわれても、何をいっているのかよくわからないだろう。それに対し、

---

[18] 0.91 と 0.92 の差は、計算途中で四捨五入を行ったために生じたものであり、より厳密な(すべての桁を考慮して)計算を行えばぴったり一致するはずである。

[19] `expm = exp/1000000`。

expmを使った分析では、選挙費用が100万円増えたときの得票率の増分が推定値として表示される。expを使った分析と比較すると、係数の値が100万倍になるだけだが、結果の解釈はだいぶ楽になる。「選挙費用が100万円増えると、得票率が0.1ポイント上昇する」といわれれば、主張の内容は簡単に理解できるはずである。2009年の総選挙での選挙費用は1万円程度から2,500万円ほどの間に分布しているから、選挙費用が100万円増えるというのは現実的な変化であり[20]、結果が解釈しやすいexpmを使った分析のほうが望ましいと考えられる。

13.2.2 中心化

身長データを使った分析で、次のような回帰式が得られた。

子供の身長の予測値 $= 108.35 + 0.36 \times$ 父親の身長 $- 10.70 \times$ 女性ダミー

ここで、この式の切片について再び考えてみよう。

切片の推定値である108.35というのは、すべての説明変数が0のときの応答変数の予測値である。この回帰式には父親の身長と女性ダミーという二つの説明変数が含まれており、この両者が0のときの子供の身長の予測値が108.35である。つまり、父親の身長が0 cmで、子供の性別が男（女性ダミー＝0）のとき、子供の身長が108.35 cmになるという予測を示している。この結果には二つの問題がある。第1に、父親の身長が0 cmとはどういうことだろうか。当然、身長が0 cmの父親など存在しない。したがって、切片の値はそのままでは実質的な意味をつかむことができない。第2に、身長が0 cmの父親というものが存在するとしても、切片として表示されているのは男性の子供の身長の予測値である。データセットには男と女が含まれているのに、男に限定した結果が表示されるのはあまり便利ではない。データの全体像をつかむためには、男女を含めた平均的な値が表示されたほうがわかりやすい。

このような問題に対処するため、説明変数を中心化（centering）する。**中心化は、各変数の値からその変数の平均値を引くことによって行う**。平均値を引くというのは一次関数で表すことができるから、中心化は線形変換の一種である。中心化に利用する平均は理論的に考えられる平均値[21]でもかまわないが、ここ

---

[20] もし実際の選挙費用の最小値が10万円、最大値が50万円だとしたら、100万円の変化を考えることに意味はない。

[21] 例えば、女性ダミーの値は男性が0、女性が1だから、男女の比が1対1であると考えれば、理論的な平均値は0.5になる。

では標本平均[22]を使って二つの説明変数を中心化してみよう[23]。

まず、fatherを中心化したc_fatherという変数を作ってみよう。中心化は次のコマンドによって実行する。

```
HT <- mutate(HT, c_father = father - mean(father))
```

同様に、femaleを中心化してc_femaleという変数を作るには、

```
HT <- mutate(HT, c_female = female - mean(female))
```

とする[24]。

中心化した変数の統計量を、

```
summary(HT$c_father)
summary(HT$c_female)
```

というコマンドで調べると、どちらも平均値が0になっていることが確認できる。

これらの中心化された変数を使い、

```
fit_ht_c <- lm(ht ~ c_father + c_female, data = HT)
summary(fit_ht_c)
```

を実行すると、次のような結果が得られる。

```
Coefficients:
            Estimate Std. Error t value Pr(>|t|)
(Intercept) 164.6320     0.9552 172.353  < 2e-16
c_father      0.3631     0.1619   2.243   0.0272
c_female    -10.7016     1.9327  -5.537 2.63e-07
```

---

[22] ダミー変数の標本平均は、そのダミーによって示されるカテゴリに所属する個体の割合である。身長データではfemaleの平均値は0.48だが、これはデータセットに含まれる100人のうち、48%（すなわち48人）が女性であることを示している。

[23] 平均値の代わりに中央値やその他の「代表的な値」を使ってもよい。中心化の方法は、変数の特徴や目的に応じて選択する。

[24] 理論的な平均値である0.5を使って中心化するには、
```
HT <- mutate(HT, c_female = female - 0.5)
```
とすればよい。

中心化は線形変換の一種だから、実質的な結果は中心化する前の変数を使った回帰分析と変わらない。Estimate に注目すると、c_father と c_female の行の数値は、中心化する前の回帰分析結果の father と female の行に示された数値に一致する。father が1単位増加すれば c_father も1単位増加し、female が1単位増加すれば c_female も1単位増加するから、この結果は当然である。

中心化した説明変数を使うことによって変化するのは切片の値である。中心化した変数を利用した分析結果を回帰式で表すと、

$$子供の身長の予測値 = 164.63 + 0.36 \times 中心化した父親の身長 - 10.70 \times 中心化した女性ダミー$$

となる。ここで、切片の推定値である 164.63 に注目してみよう。この値が示すのは、他の説明変数がすべて0のときの応答変数の予測値である。つまり、c_father と c_female が0のときの子供の身長の予測値である。c_father は標本平均によって中心化された変数だから、c_father が0ということは father が平均値をとるということである。同様に、c_female が0ということは、female が平均値をとるということである[25]。つまり、**164.63 cm というのは、このデータセットの中で説明変数の値が平均値をとるような「平均的個体」の子供の身長の予測値**である。実際、mean(HT$ht) とすれば、身長 ht の平均値が 164.632 であり、中心化された説明変数を使った分析の切片に一致することがわかる。

このように、説明変数を中心化すると回帰直線の切片の解釈が容易になることがある。この例に限らず、社会科学で扱う変数の多くは正の値しかとらないので、「値が0」というのは変数の分布の中で最も極端な値である。さらに、身長のように0という値をとり得ない変数もあり、そのような変数について「値が0」の場合を考えても意味はない。回帰分析の結果として表示される切片の値が実質的に解釈できないとき、説明変数の中心化を試す価値がある。

---

†25 このような「男性と女性の平均」という解釈が難しいと感じるなら、父親の身長だけ中心化し、女性ダミーは中心化せずにそのまま利用してもよい。ただし、切片の値は父親の身長が平均値のときの「男性（女性ダミー＝0）」の子供の身長の予測値になる。これは、男性の子供の身長の標本平均に一致する。

まとめ

- ダミー変数とは、あるカテゴリに属しているかどうかを示す変数である。カテゴリに属しているなら1、属さないなら0という数値が割り当てられる。
- ダミー変数は回帰分析の説明変数として利用することができる。
- カテゴリの数が三つ以上あるカテゴリ変数をそのままの形で説明変数に加えることはできない。そこで、それぞれのカテゴリに属しているかどうかを表すダミー変数を作り、それを説明変数として利用する。ただし、説明変数に利用するダミー変数の数は、カテゴリ変数のカテゴリ数より少なくなければならない。
- ダミー変数を使うと、その変数が示すカテゴリごとに回帰直線の切片の値を変えたり、切片と傾きの値を変えたりすることができる。一般的に、傾きだけを変えるというモデルは考えない。
- 回帰分析の結果を解釈しやすくするため、変数の変換を行うことがある。
- 説明変数の測定単位を変更すると、係数の値が解釈しやすくなることがある。
- 説明変数を中心化すると、切片の値が解釈しやすくなることがある。

練習問題

Q13-1 衆院選挙データ（`hr-data.Rds`）を使い、以下の各問に答えなさい。

- **Q13-1-1** 2000年の衆院選の小選挙区における得票率を、候補者の選挙費用と所属政党によって説明するモデルを想定し、回帰分析を実行しなさい。
- **Q13-1-2** 2000年の衆院選で、選挙費用が得票率に与える影響が自民党候補者とそれ以外の候補者で異なっていたかどうか確かめなさい。
- **Q13-1-3** 分析対象を自民党候補者に限定し、得票率を選挙費用と当選回数で説明するモデルを想定して回帰分析を実行しなさい。
- **Q13-1-4** Q13-1-3と同様の回帰分析を、説明変数を中心化してから実行しなさい。
- **Q13-1-5** Q13-1-3とQ13-1-4の結果を比較し、異なる点と一致する点を答えなさい。

第14章

交差項の使い方

　本章では、ある説明変数が応答変数に与える影響の大きさが、他の説明変数の値によって変化する様子をモデル化する方法について解説する。そのようなモデル化には、交差項と呼ばれる、複数の説明変数を掛け合わせた項が利用される。前章では、交差項を構成する変数の片方がダミー変数の場合について簡単に解説した。本章は、交差項を構成する変数が二つとも量的変数の場合における重回帰分析について解説する。分析結果の解釈の仕方や分析結果をわかりやすく可視化する方法を紹介する。

14.1
交差項で何がわかるのか

　主な説明変数が X、応答変数が Y、そして Z という第 2 の説明変数が「X が Y に与える影響（直接効果）」に対して影響を与えるというモデルを考えてみよう。このとき、Z は調整変数（moderation variable）と呼ばれる。図 14.1 はこれら三つの変数の関係を表している。説明変数 X と調整変数 Z を掛け合わせて作った変数 XZ は**交差項**（interaction term）と呼ばれ[1]、説明変数 X が応答変数 Y に与える影響を Z が「調整する」と考える。

　ここで X（説明変数）が、Y（応答変数）に与える影響が、Z（調整変数）の値によって異なるのかどうかを調べるためには、図 14.2 のようなモデルが必要である。

　X と Z を掛け合わせて作った交差項 XZ を重回帰分析に説明変数の一つとして投入することで、**説明変数 X が応答変数 Y に与える影響を、Z の値を調整することで確かめる**というのが交互作用項の基本的な考え方である。第 13 章「回帰分析

---
[1]　交互作用項と呼ばれることもある。

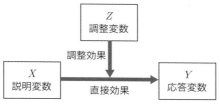

図 14.1　説明変数・調整変数・応答変数

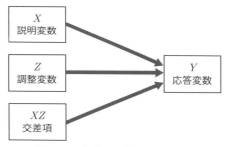

図 14.2　交差項を含む回帰モデル

の応用」では、Z（調整変数）が 0 と 1 の値をとるダミー変数の場合について、交差項を使った回帰分析を紹介したが、ここでは Z が**量的変数の場合**を解説する。

14.2 交差項を入れた回帰分析の注意点

回帰分析で交差項を使う際に注意すべき点は次の四つである。

1. 条件付き仮説[2]を検証する場合には交差項を使う。
2. 交差項を含むモデルには、交差項を構成する二つの変数[3]も含める。
3. 交差項を構成する二つの変数の係数をそのまま解釈してはいけない。
4. 分析結果として限界効果（marginal effects）と標準誤差（standard errors）を示す。

Brambor et al.（2006）は 1998 年から 2002 年までの間に政治学における三つ

---

[2] 条件付き仮説（conditional hypothesis）の一例としては「調整変数 Z の値を変えると、説明変数 X が応答変数 Y に与える影響は異なる」というもの。

[3] 交差項の元となるそれぞれの変数は、構成変数（constitutive terms）と呼ばれる。ここで考えているモデルでは、構成変数の一つが主な説明変数 X、もう一つが調整変数 Z である。

のトップジャーナル[4]に掲載された学術論文の中から回帰分析で交差項を使った164の論文を特定し、それらが上記四つの条件を満たしているか否かを調べた。すべての条件を満たしたのは、たった16論文（約10%）だけだった。近年、この数値は改善傾向にあるが、米国政治学のトップジャーナルに論文を掲載する研究者たちにも、交差項の使い方と正しい解釈が十分浸透しているとはいえない状況である。ここでは2005年衆議院選挙結果データを使って具体的な例題に答える形式で、交差項を使った重回帰分析とその解釈方法、そして分析結果の表示方法を解説する。

14.3 衆議院選挙結果を事例とした交差項の分析

例 14-1

2005年衆議院選挙において、有権者一人当たりに費やした選挙費用が得票率に与える影響は、小選挙区の有権者数の大小で異なるのだろうか。

まず、図14.3のような交差項を含まない単純なモデルを想定してみよう。説明したい応答変数は得票率、説明変数は一人当たり選挙費用である。

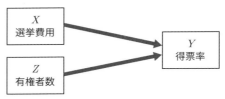

図 14.3　交差項を含まないモデル

第10章「回帰分析の基礎」で説明したように、このモデルでわかることは**有権者数をコントロールしたときに、選挙費用（説明変数）が得票率（応答変数）に与える影響の大きさ**である。つまり、有権者数を一定に保ったときに、選挙費用を1円増やすと候補者の得票率がどれだけ上がるか（下がるか）ということが明らかになる[5]。

---

[4] 著者たちが選んだ三つのトップジャーナルは *American Political Science Review* (APSR), *Journal of Politics* (JOP), *American Journal of Political Science* (AJPS) である。

[5] 選挙費用を一定の値に保ったときに、有権者数が一人増えると候補者の得票率がどれだけ上がるか（下がるか）ということも、同時にわかる。

14.3 衆議院選挙結果を事例とした交差項の分析

しかし、ここで知りたいのは**有権者数の規模に応じて、選挙費用が得票率に与える影響の大きさが異なるかどうか**である。そのような場合、交差項を使った回帰分析が大きな威力を発揮する。上記の単純なモデルに交差項（XZ）を加えた図 14.4 のような回帰モデルを考えてみる。

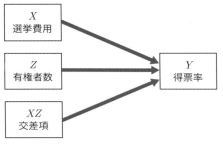

図 14.4　交差項を含んだモデル

このモデルの応答変数 Y は候補者の「得票率」である。説明変数には有権者一人当たりに立候補者が使う「選挙費用」X、「有権者数」Z、そして説明変数 X と調整変数 Z を掛け合わせた「交差項」XZ が含まれている。

この回帰モデルは、次の式で表される。

$$\text{得票率}_i = \beta_0 + \beta_1 \times \text{選挙費用}_i + \beta_2 \times \text{有権者数}_i + \beta_3 \times \text{選挙費用}_i \times \text{有権者数}_i + \varepsilon_i$$

14.3.1 データの読み込み

実際に衆院選挙のデータ（hr-data.Rds）を読み込んで分析してみよう。Rds 形式のデータの読み込みには、`readr::read_rds()` を使う。

```r
library("tidyverse")

# Macユーザのみ次2行の#を削除してggplot2のthemeを設定する
# theme_set(theme_gray(base_size = 10,
#                      base_family = "HiraginoSans-W3"))

HR <- read_rds("data/hr-data.Rds")
```

`glimpse()` を使って、データセットの中身を確認してみる。

```
glimpse(HR)
```

データフレーム HR には「有権者一人当たりに候補者が費やした選挙費用」を表す exppv があるので、この変数を利用して分析を進める。

次に、分析に必要なデータだけ抜き出す。1996 年から 2017 年までの衆院選データフレーム HR から、filter() を使って 2005 年の衆院選（year == 2005）だけを抜き出し、select() を使って三つの変数（voteshare, exppv, eligible）だけを選び、HR05 というデータフレーム名を付ける。

```
HR05 <- HR %>%
  filter(year == 2005) %>%
  select(voteshare, exppv, eligible)
```

14.3.2 記述統計と散布図の表示

三つの変数の記述統計を確認する。

```
summary(HR05)
```

次のとおり五数と平均値が表示される。

```
   voteshare          exppv           eligible
 Min.   : 0.60    Min.   : 0.148   Min.   :214235
 1st Qu.: 8.80    1st Qu.: 8.352   1st Qu.:297385
 Median :34.80    Median :22.837   Median :347866
 Mean   :30.33    Mean   :24.627   Mean   :344654
 3rd Qu.:46.60    3rd Qu.:35.269   3rd Qu.:397210
 Max.   :73.60    Max.   :89.332   Max.   :465181
                  NA's   :4
```

標準偏差も確認しておく。apply() を使うと、一気に計算できる。

```
apply(HR05, MARGIN = 2, FUN = sd, na.rm = TRUE)
```

それぞれの標準偏差が、19.23、17.91、63898.23 であることがわかる。

14.3 衆議院選挙結果を事例とした交差項の分析

次に、一人当たり選挙費用（`exppv`）と得票率（`voteshare`）の散布図を描いてみる。

```
plt_vs_ex <- ggplot(HR05, aes(x = exppv, y = voteshare)) +
  geom_point() +
  geom_smooth(method = "lm") +
  labs(x = "有権者一人当たり選挙費用", y = "得票率")
print(plt_vs_ex)
```

これで図14.5が描画される。この図を見ると、候補者が有権者一人当たりに費やす選挙費用と得票率の間には正の相関がありそうだ。

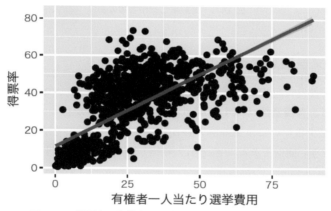

図14.5　得票率と有権者一人当たり選挙費用〔円〕の関係

同様に、有権者数（`eligible`）と得票率（`voteshare`）との散布図を描いてみる。

```
plt_vs_el <- ggplot(HR05, aes(x = eligible, y = voteshare)) +
  geom_point() +
  geom_smooth(method = "lm") +
  labs(x = "有権者数", y = "得票率")
print(plt_vs_el)
```

これで図14.6が描画される。有権者数と得票率の間には負の相関があるようにも見えるが、その関係は極めて弱い。

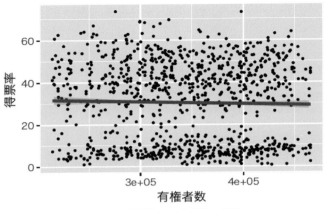

図 14.6　得票率と有権者数の関係

14.3.3　交差項を使った重回帰分析

　私たちが知りたいのは「選挙費用（exppv）が得票率（voteshare）に与える影響は、有権者数（eligible）によって変わるか」ということである。これを確認するために、交差項（exppv × eligible）を含めた、次の重回帰分析を行う。回帰モデルに exppv * eligible と記述すると、exppv と eligible という二つの構成変数に加え、exppv:eligible という交差項も含めたモデルが推定される。

```
model_1 <- lm(voteshare ~ exppv * eligible, data = HR05)
summary(model_1)
```

次の結果が表示される（一部のみ掲載）。

```
Coefficients:
                Estimate Std. Error t value Pr(>|t|)
(Intercept)    9.638e+00  3.793e+00   2.541   0.0112
exppv          1.917e-02  1.140e-01   0.168   0.8665
eligible      -1.483e-06  1.073e-05  -0.138   0.8901
exppv:eligible 2.549e-06  3.497e-07   7.289 6.44e-13
```

　重回帰のときと同じようにこの結果を解釈すると、交差項（exppv:eligible）の p 値がほぼ 0（6.44e-13）であることから、この係数が有意水準 5% で統計的

に有意であると考えられる。すなわち、**選挙費用が得票率に与える影響は、有権者数の多寡と関係がある**ということことがわかる。この結果から、次の式が得られる。

$$
\begin{aligned}
得票率の予測値 &= 9.64 + 0.019 \times 選挙費用 - 0.0000015 \times 有権者数 \\
&\quad + 0.00000255 \times (選挙費用 \times 有権者数) \\
&= 9.64 + (0.019 + 0.00000255 \times 有権者数) \times 選挙費用 \\
&\quad - 0.0000015 \times 有権者数
\end{aligned}
$$

この式から選挙費用の係数（つまり得票率に対する選挙費用の影響力の総合値）を取り出すと、

$$(b_1 + b_3 \times 有権者数) = 0.019 + 0.00000255 \times 有権者数$$

である。この係数の値は、候補者が有権者一人当たり選挙費用（exppv）を1円費やすことで増える得票率（voteshare）を表している。したがって、**選挙費用が得票率に与える影響は、有権者数によって変わる**。回帰分析の結果として表示されている $b_1 = 0.019$ というのは、**有権者数（eligible）が0のとき**の結果であることに注意する必要がある。つまり、有権者数が0のとき、有権者一人当たり選挙費用が1円増えるごとに、得票率が0.019ポイント[†6]上がるということになる。実際の選挙において、有権者がゼロというのはあり得ない。さらに、交差項（exppv:eligible）を含めた上記モデルにおいて、有権者数が0の選挙区において、選挙費用（exppv）が得票率に与える影響は統計的に有意ではない。そのため、調整変数である**有権者数（eligible）が現実的な値をとる場合に選挙費用が得票率に与える影響力を確認する必要がある**。

14.3.4 交差項を含む回帰分析結果の解釈と可視化

交差項を構成する説明変数の影響力

以上の結果から、2005年の衆院選において有権者一人当たり選挙費用が得票率に与える影響は、選挙区の有権者数によって異なると考えられる。では、選挙費用の影響はどの程度の大きさだと解釈できるだろうか。

交差項をもたない重回帰分析の場合、特定の変数 X の係数 b は、他の変数の

[†6] 一般的に、パーセント間の差を表すときはパーセンテージポイント（percentage points）を使うが、本書では簡略化して「ポイント」と表記する。

値を一定に保ったとき、X が 1 単位増加すると、応答変数 Y の予測値が b 単位だけ増えること示す。つまり、説明変数 X が応答変数 Y に与える影響の大きさは b であると考えられる[†7]。

しかし、交差項を含む回帰モデルでは、この考え方をそのまま使うことはできない。それは、「他の変数の値を一定に保つ」ことができないからだ。上で考えたモデルに含まれる項は、選挙費用（X）、有権者数（Z）、選挙費用×有権者数（XZ）の三つである。そして私たちが知りたいのは、選挙費用 1 単位（1 円）の増加が、得票率に与える影響である。そこで、他の変数すなわち Z と XZ の値を一定に保ったまま、X の値だけを変えることができるだろうか。一般的に、それは不可能である。**X の値を変えると、XZ の値も変わってしまう**。それができるのは、$Z=0$ のときだけである。

既に述べたとおり、**回帰分析（model_1）の結果として得られた選挙費用の係数 0.019 が示すのは、有権者数が 0 のときに選挙費用が得票率に与える影響**である。当然ながら、そのような選挙区は存在しない。したがって、回帰分析の結果として表示されている係数そのものにはまったく意味がない。

この問題は、回帰分析の切片に意味がない値が出てしまうということと同種の問題である。したがって、**説明変数を中心化することで対処可能**である。説明変数を中心化して、回帰分析を再実行しよう。

```
HR05 <- HR05 %>%
  mutate(exppv_c = exppv - mean(exppv, na.rm = TRUE),
         eligible_c = eligible - mean(eligible))
model_2 <- lm(voteshare ~ exppv_c * eligible_c, data = HR05)
summary(model_2)
```

次の結果が得られる（一部のみ掲載）。

```
Coefficients:
                    Estimate Std. Error t value Pr(>|t|)
(Intercept)        3.123e+01  4.187e-01  74.595  < 2e-16
exppv_c            8.977e-01  2.514e-02  35.702  < 2e-16
eligible_c         6.129e-05  6.576e-06   9.320  < 2e-16
exppv_c:eligible_c 2.549e-06  3.497e-07   7.289 6.44e-13
```

この結果を中心化する前の結果と比べてみよう。すると、交差項の効果は、先ほ

[†7] b の影響力の大きさは、変数を測定する単位に依存することに注意。

どとまったく同じであることがわかる。交差項の意味を考えれば、当然の結果である。

それに対し、exppv_c の係数は、先ほどのモデルで推定した exppv の係数とは異なる。exppv の係数が有権者数 0 のときに選挙費用が得票率に与える影響だったのに対し、**ここでの係数 0.898 は、eligible_c = 0 のとき、すなわち有権者数が平均値のときに選挙費用が得票率に与える影響**である。このように、変数を中心化することによって、交差項を含むモデルで意味のある係数の値を得ることができる。

しかしこの値は、有権者数が平均値の場合についてしか述べていない。**有権者数が他の値のときにはどの程度の影響があるのだろうか**。可視化して確かめてみよう。

二つの有権者数を設定して影響力を可視化する

ここでは調整変数である有権者数（eligible）を二つの異なる値に設定し、それぞれの値において応答変数である得票率（voteshare）に、説明変数である有権者一人当たり選挙費用（exppv）が与える影響の大きさを可視化してみよう。二つの値として、有権者数が多い場合と少ない場合を考えてみる。

まず、有権者数（eligible）の平均値（mean）と標準偏差（sd）を求める。

```
mean(HR05$eligible)
sd(HR05$eligible)
```

有権者数の平均値は 344,654 人、標準偏差は 63,898 人であることがわかる。ここでは有権者数に応じて、選挙費用が得票率に与える影響力を可視化するグラフを作成したいので、有権者が「多い」選挙区と「少ない」選挙区を次のように定義してみる。

- 有権者が少ない場合（有権者数の平均値 − 1 標準偏差）≈ 280,802 人
- 有権者数が多い場合（有権者数の平均値 + 1 標準偏差）≈ 408,598 人

ここでいう有権者数が少ない場合は、有権者数の平均値から 1 標準偏差を減じた値（mean - 1sd）= 344700 − 63898 = 280,802〔人〕の選挙区を示す。他方、有権者数が多い場合は、有権者数の平均値に 1 標準偏差を加えた値（mean

$+\ \texttt{1sd}) = 344700 + 63898 = 408{,}598$〔人〕の選挙区を示す。次に、有権者が少ない場合と多い場合、それぞれにおいて選挙費用が得票率に与える影響力を可視化してみよう。

有権者数が少ない場合

ここでは、有権者数が少ない場合を、有権者数 280,802 人と設定している。選挙費用が得票率に与える影響力を可視化するためには、有権者数が 280,802 人のときの回帰式を求める必要がある。このモデルの回帰式は次のとおりである。

$$\begin{aligned}
\text{得票率の予測値}_i &= 9.64 + 0.019 \times \text{選挙費用} - 0.0000015 \times \text{有権者数} \\
&\quad + 0.00000255 \times (\text{選挙費用} \times \text{有権者数}) \\
&= 9.64 + (0.019 + 0.00000255 \times \text{有権者数}) \times \text{選挙費用} \\
&\quad - 0.0000015 \times \text{有権者数}
\end{aligned}$$

有権者数が 280,802 人のときの回帰式を求めるために、この回帰式に「有権者数 $= 280{,}802$」という数値を代入してみる。

$$\begin{aligned}
\text{得票率の予測値}_{\text{small}} &= 9.64 + 0.019 \times \text{選挙費用} - 0.0000015 \times 280802 \\
&\quad + 0.00000255 \times (\text{選挙費用} \times 280802) \\
&= 9.64 + (0.019 + 0.00000255 \times 280802) \times \text{選挙費用} \\
&\quad - 0.0000015 \times 280802 \\
&= 9.22 + 0.72 \times \text{選挙費用}
\end{aligned}$$

これで、有権者数が平均より標準偏差一つ分少ない場合の回帰式が求められた。

有権者数が多い場合

同様に、有権者数が多い場合（408,598 人）について考えよう。選挙費用が得票率に与える影響力を可視化するために、有権者数が 408,598 人のときの回帰式を求める。

$$\begin{aligned}
\text{得票率の予測値}_{\text{large}} &= 9.64 + 0.019 \times \text{選挙費用} - 0.0000015 \times 408598 \\
&\quad + 0.00000255 \times (\text{選挙費用} \times 408598) \\
&= 9.64 + (0.019 + 0.00000255 \times 408598) \times \text{選挙費用} \\
&\quad - 0.0000015 \times 408598 \\
&= 9.03 + 1.06 \times \text{選挙費用}
\end{aligned}$$

14.3 衆議院選挙結果を事例とした交差項の分析

有権者数が平均より標準偏差一つ分多い場合の回帰式が求められた。

二つの回帰式を散布図に描く

次に、ここで求めた二つの回帰式が表す直線を散布図とともに描いてみよう。ggplot() を使う場合、geom_point() で描く散布図に、有権者数が少ない選挙区と多い選挙区の回帰直線を、それぞれ geom_abline() で加えればよい。family の指定（太字の部分）は Mac ユーザのみ行う。

```
plt_int <- ggplot(HR05, aes(x = exppv, y = voteshare)) +
  geom_point(pch = 16) +
  geom_abline(intercept = 9.22, slope = 0.72, linetype = "dashed") +
  geom_abline(intercept = 9.03, slope = 1.06) +
  ylim(0, 100) +
  labs(x = "選挙費用（有権者一人当たり：円）", y = "得票率（%）") +
  geom_text(label = "得票率 = 9.22 + 0.72・選挙費用\n(有権者数 = 280802)",
            x = 65, y = 8, family = "HiraginoSans-W3") +
  geom_text(label = "得票率 = 9.03 + 1.06・選挙費用\n(有権者数 = 408598)",
            x = 40, y = 90, family = "HiraginoSans-W3")
print(plt_int)
```

図 14.7 には右上がりの回帰直線が示されており、有権者一人当たりの選挙費用が増えると、得票率が上がる傾向が読み取れる。**二つの回帰直線の傾きの大き**

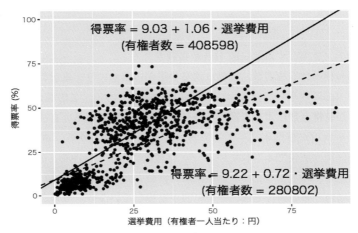

実線は有権者が多い選挙区（408,598 人）、破線は有権者が少ない選挙区（280,802 人）を示している。二つの回帰式は、それぞれの有権者数を代入して計算した。

図 14.7　選挙費用と得票率（有権者数が多い選挙区と少ない選挙区別）

さが異なることから、**選挙費用が得票率に与える影響の大きさは有権者数に応じて変わる**ことがわかる。有権者数が少ない選挙区において候補者が有権者一人あたり 1 円だけ選挙費用を増やすと得票率が 0.72 ポイント増え、有権者数が多い選挙区において候補者が 1 円だけ選挙費用を増やすと得票率が 1.06 ポイント増えることがわかる。

限界効果の可視化

ここまでの分析で、選挙費用が得票率に与える影響は、有権者数によって変わりそうだということがわかってきた。しかし、**本当に交差項の効果は偶然得られたものではない（統計的に有意な）**のだろうか。言い換えると、図 14.7 で作った図で得られた 2 本の回帰直線の傾きの違いは、統計的にも意味のある違いなのだろうか。

それを確かめるために、`interplot::interplot()` を使う。この関数を使うときは、交差項を含む回帰モデル（引数 m で指定）、交差項のうち主な説明変数（var1）、調整変数（var2）を指定する。上で推定した model_1 の交差項を、次のコマンドで可視化する。

```
library("interplot")

int_1 <- interplot(m = model_1, var1 = "exppv", var2 = "eligible") +
  labs(x = "有権者数", y = "選挙費用が得票率に与える影響")
print(int_1)
```

このコマンドを実行すると、図 14.8 が描画される。

この図の横軸は有権者数、縦軸は選挙費用が得票率に与える影響である。縦軸が得票率（応答変数）ではないことに注意が必要である。**この図は、「選挙費用の影響」が有権者数によって変わる様子を明らかにしている**。有権者数が増えるほど、選挙費用が得票率に与える影響は大きいことがわかる。直線の周りには 95% 信頼区間が灰色で示されている[†8]。信頼区間が示す範囲を、有権者数を特定の値に固定してみる（つまり、信頼区間の縦軸方向の距離を測る）と、有権者数が少ない場合と多い場合では、その範囲が重複していない。このことから、選挙費用と有権者数の交差項は、現在検討しているモデルにおいては統計的に意味がある交差項であると考えられる。

[†8] 信頼度は、`interplot()` の引数 ci で指定できる。例えば、77% 信頼区間に変えるには、`ci = 0.77` とする。

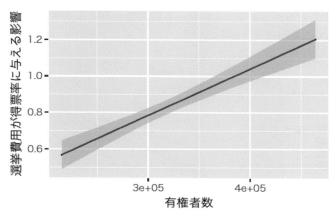

図 14.8　選挙費用が得票率に与える影響の変化

　図 14.8 における縦軸の値は、それぞれの有権者数における、選挙費用の限界効果（marginal effect）と呼ばれる。限界効果は、説明変数 1 単位の増加が応答変数を何単位増加させるかを示す。**交差項をもたない重回帰分析の場合、それぞれの変数の係数が限界効果**である。しかし、**交差項があると、限界効果が調整変数の値によって変化してしまう**。したがって、図 14.8 のように、調整変数の値に応じた限界効果を示す必要がある。

　また、図中の 95% 信頼区間を見ると、有権者数によって信頼区間の幅が異なることがわかる。これは、限界効果の標準誤差が、調整変数である有権者数の値に応じて変わるからだ。したがって、**主な説明変数が応答変数に与える影響が統計的に有意かどうかの判断も、`summary()` で表示される分析結果だけではできない**。図 14.8 のように、調整変数の値によって標準誤差（信頼区間）が変化する様子も示す必要がある。ここで検討しているモデルについては、観察された有権者数の範囲で 95% 信頼区間全体が 0 より大きい範囲にある。したがって、選挙費用が得票率に与える影響は、有権者数にかかわらず統計的に有意であると考えられる。

　しかし、場合によっては、図 14.9 のような結果になることがある。この図では、限界効果が 0 を跨いでいるので、解釈に注意が必要である。まず、調整変数の値がおおよそ −1 より小さい範囲では、限界効果は負である。反対に、調整変数の値がおおよそ 0 より大きい範囲では、限界効果は正である。つまり、主な説明変数が応答変数に与える影響の方向性（符号）が、調整変数の値によって変わるということである。また、**調整変数の値が −1 から 0 の範囲付近では、95%

信頼区間が 0 を含んでいる。これは、この範囲においては限界効果が統計的に有意ではないということを示している。

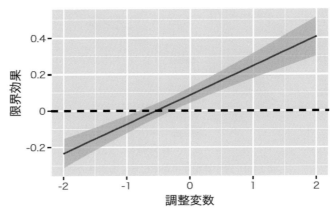

図 14.9　限界効果と調整変数

この例からわかるとおり、交差項を含む回帰分析では、主な説明変数の効果が調整変数の値によって変わるだけでなく、統計的に有意な範囲と有意でない範囲の両方をもつことがあり得る。調整変数がどの範囲の値をとると限界効果が統計的に有意になるかどうかを、回帰分析の係数の推定値を見ただけで判断することは非常に難しい。本章で説明したように、限界効果を図示してはじめて、限界効果がどの範囲でどのような符号をもつか、どの範囲で統計的に有意かが明らかになる。したがって、**交差項を使うときは、回帰分析結果の表を示すだけでは不十分であり、限界効果を信頼区間付きで図示することが必須である**。係数の推定値をそのまま解釈しようとすることは、絶対にやめるべきである。

まとめ

- 交差項とは、説明変数 X と調整変数 Z を掛け合わせて作った変数 XZ のことであり、説明変数 X が応答変数 Y に与える影響が、調整変数 Z の値によって異なるのかどうかを調べる「条件付き仮説」を検証する場合に使われる。
- 交差項は交互作用項と呼ばれることもある。
- 交差項を使うときは、交差項を構成する二つの変数（説明変数 X と調整変

- 交差項を使うときは、変数を中心化してから使ったほうがよい。
- 交差項を構成する二つの変数の係数を、交差項をもたない重回帰と同じ方法でそのまま解釈してはいけない。
- 交差項を構成する説明変数が統計的に有意かどうかの判断を、係数の推定値と標準誤差だけで判断するのは危険である。
- 分析結果として限界効果と信頼区間（標準誤差）を図示することが必要である。
- 交差項を含むモデルの推定結果は`interplot`パッケージで可視化することができる。

練習問題

Q14-1 衆議院選挙データ（`hr-data.Rds`）を使い、以下の各問に答えなさい。

Q14-1-1 「選挙費用が得票率に与える影響は、当選回数の多寡と関係があるのかどうか」を調べたい。2012年に実施された総選挙における得票率（`voteshare`）、有権者一人当たりに候補者が費やした選挙費用（`exppv`）、当選回数（`previous`）の三つの変数に関する記述統計を示しなさい。

Q14-1-2 得票率をy軸、有権者一人当たりに候補者が費やした選挙費用をx軸とした散布図を描き、両者の関係に関して簡単に説明しなさい。

Q14-1-3 衆議院選挙において「選挙費用が得票率に与える影響は、当選回数の多寡と関係があるのかどうか」に関してあなたの仮説を述べなさい。また、そう考える理由を簡単に述べなさい。

Q14-1-4 「選挙費用が得票率に与える影響は、当選回数の多寡と関係がある」といえるか？　その根拠を示しなさい。

Q14-1-5 当選回数が「少ない場合」と「多い場合」における選挙費用と得票率の関係を、一つの散布図に描きなさい。散布図に二つの回帰式も表示しなさい（ここでは当選回数が「少ない場合」は0回、当選回数が「多い場合」を4回とする）。

Q14-1-6 interplot パッケージを使い、選挙費用の限界効果とその信頼区間が当選回数によって変わる様子を可視化しなさい。

第15章

ロジスティック回帰分析

　本章では、ロジスティック回帰分析（logistic regression analysis）の基本的な考え方を紹介する。第10〜14章では量的変数を応答変数とする線形回帰分析について説明した。線形回帰分析では「ビールの売り上げ」「身長」「得票率」などといった「数値」がいくつになるかを予測したが、ロジスティック回帰分析では「ビールが売れるか売れないか」「候補者が当選するか落選するか」など、カテゴリ変数の「どのカテゴリの事象が発生するか」を予測する。例えば、ビールが売れる場合を1、売れない場合を0とする応答変数を使い、「ビールが売れるかどうか」を説明変数の値によって予測する[†1]。応答変数が0または1という値しかとらないため、応答変数が量的変数の場合に利用される通常の線形回帰は利用できない。代わりに使われるのが、ロジスティック回帰分析という方法である。まず、ロジスティック関数について解説し、その後で議院選挙データを例にしてロジスティック回帰分析の方法とその解釈を紹介する。

15.1
ロジスティック関数

　「選挙で当選したか落選したか」を変数で表したいとき、当選なら1、落選なら0という値をとる変数を考える。このような変数は、とり得る値が2通りしかないので二値変数（binary variable）と呼ばれる[†2]。二値変数の二つの値は通常

[†1] 応答変数が二値ではなく、複数の値をとる場合に使われる多項ロジットモデル（multinominal logit model）と呼ばれる分析手法も存在するが、高度な統計学の知識を必要とするため、本書では扱わない。応答変数がカテゴリ変数の場合の分析法の詳細については、Long（1997）、Long and Freese（2006）を参照。

[†2] ダミー変数は二値変数の一種である。

0と1である。

二値変数 y が応答変数のとき、どのような回帰分析を行うことができるだろうか。ここで、説明変数を x とする単回帰分析を行うと、回帰直線は、

$$\hat{y} = b_0 + b_1 x$$

となる。b_0 と b_1 は様々な値をとり得る。例えば $b_0 = -2$, $b_1 = 2$ であるとしよう。すると、$x = 1$ のとき予測値 $\hat{y} = -2 + 2 \times 1 = 0$ となり、$x = 1.5$ のとき $\hat{y} = -2 + 2 \times 1.5 = 1$ となることがわかる。では、x が1と1.5以外の値をとるとき、予測値 $\hat{y}$ はいくつになるだろうか。当然、予測値は0と1以外の数値をとる。しかし、応答変数は二値変数であり、0と1以外の数値を予測するのはおかしい。このように、応答変数が二値変数のとき、通常の線形回帰はおかしな予測をしてしまう。

したがって、応答変数として二値変数を扱うために二値変数に適したモデルを考える必要がある。そのために、まずは二値変数の特徴にについて考えてみよう。私たちが手にするデータセットの二値変数は0と1の2種類の数字の列だが、これらの数はどのようにして生み出されたのだろうか。つまり、どのようなメカニズムが応答変数の値が0になるか1になるかを決めているのだろうか。

0と1という二つの結果のいずれかしか起こらないというのは、ベルヌーイ試行であると考えることができる。つまり、第 i 番目の Y_i ($i = 1, 2, \cdots, n$) は、1をとる確率（成功確率）が π_i のベルヌーイ分布に従っていると考えられる[†3]。このとき、Y_i が1をとる確率 $\Pr(Y_i = 1) = \pi_i$、Y_i が0をとる確率 $\Pr(Y_i = 0) = 1 - \pi_i$ である。また、Y_i の期待値 $E(Y_i) = \pi_i$ である。

このように、Y_i が0になるか1になるかを決めるメカニズムは、一つの母数 π_i を使って表すことができる[†4]。そこで、私たちは Y_i の値そのものではなく、Y_i が1になる確率 π_i を予測するモデルを考える。

確率は0以上1以下の値をとる。したがって、確率を表すためには0以上1以下の値しかとらないモデルを考える必要がある。そこで利用されるのが、ロジス

[†3] ベルヌーイ分布についての詳細は、統計学の教科書、例えば森棟他（2008, pp.196-197）を参照。

[†4] ただし、π_i の値が決まっても Y_i の値が0になるか1になるかはわからない。それを決めるのは確率的な要素である。π_i は確率なので0以上1以下の値をとり、π_i が1に近ければ Y_i が1をとりやすく、π_i が0に近ければ Y_i が1をとりにくい（0をとりやすい）ことになるが、$\pi_i = 0.9$ であっても $Y_i = 0$ になるかもしれないし、$\pi_i = 0.1$ であっても $Y_i = 1$ になるかもしれない。

ティック (logistic) 関数である。ロジスティック関数、

$$\text{logistic}(x) = \frac{\exp(x)}{1+\exp(x)} = \frac{1}{1+\exp(-x)}$$

は、連続値 x を $(0, 1)$ の範囲（0 より大きく 1 未満）の値に変換する関数である[†5]。

このロジスティック関数を使うと、説明変数が一つ (x) のときに Y_i が 1 をとる確率は、

$$\Pr(Y_i = 1) = \text{logistic}(b_0 + b_1 x_i) = \frac{1}{1+\exp\{-[b_0 + b_1 x_i]\}}$$

と表現できる[†6]。

ここで、$b_0 + b_1 x$ の説明変数が含まれている項が線形関数で表現されるので、$b_0 + b_1 x$ を線形予測子（linear predictor）と呼ぶ。そして、ロジスティック回帰分析では、この線形予測子の b_0 や b_1 の値を推定する。

図 15.1 は、ロジスティック関数の例である。左の図は、ロジスティック関数 $\text{logistic}(x)$ の曲線である。右の図は、$\text{logistic}(-2+0.5x)$ の曲線を示している。曲線の形は同じだが、曲線の位置とスケールが違うことに注意してほしい。

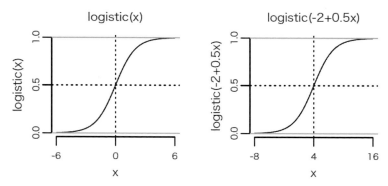

二つの図からわかるとおり、ロジスティック関数は、$(-\infty, \infty)$ の実数 x を $(0, 1)$ の範囲の値に変換する。

図 15.1 ロジスティック関数の例

[†5] $\exp(a) = e^a$ である。e はネイピア数（自然対数の底）であり、$e = 2.718\cdots$ である。e の a 乗であれば e^a とすればよいが、e^{a+bx} のように e の右肩に乗るのが式になると読みにくいので、exp を使って $\exp(a+bx)$ と書く。

[†6] ただし、すべての $i \neq j$ について Y_i と Y_j は独立な確率変数であると仮定する。

どちらの図でも、予測される確率が 0.5 になるところが点線で示されている。左の図では、$x=0$ のときに確率が 0.5 になる。右の図では、$-2+0.5x=0$ すなわち $x=4$ のときに確率が 0.5 になる。線形予測子の説明変数にかかる係数 b_1 が負の値であれば、ロジスティック曲線は右下がりになる。ロジスティック曲線は「直線」ではないので、x の変化が確率 π_i に与える影響は x の値によって異なる。logistic(x) の場合、$x=0$ 付近の影響が最も大きいといえる。

15.2 ロジスティック回帰分析の手順

ロジスティック回帰分析の手順は次のとおりである。

1. 帰無仮説と対立仮説を設定する。
2. 説明変数と応答変数の散布図を表示する。
3. ロジスティック回帰式を求める。
4. ロジスティック回帰モデルの当てはまり具合を評価する。
5. 回帰係数の有意性を検定する。
6. 推定結果の意味を解釈する。

ここでは、上記の手順に従い、次の事例を使ってロジスティック回帰分析を行ってみよう。

例 15-1
表 15.1 はある衆議院選挙での候補者の小選挙区での選挙結果のサンプルである。立候補者の当落を選挙費と当選回数で説明したい。どのような分析を行えばいいだろうか。

表 15.1 には 15 人の候補者データしか示されていないが、ここに挙げた 15 人のデータは立候補者全員という母集団から抽出したサンプルと考えることができる。previous は候補者の「当選回数」、expm は候補者が選挙で使った「選挙費」である。ここで説明したい応答変数（wlsmd =「当落」）は候補者の当落を表す二値変数で、0 は落選、1 は当選とコード化している。説明変数である previous と expm は量的変数である。例えば、一番上の候補者は新人で（previous = 0）、選挙費は 1,000 万円使い（expm = 10）、当選している

表 15.1　衆議院小選挙区での選挙結果・当選回数・選挙費（架空データ）

候補者 ID	wlsmd	previous	expm
1	1	0	10
2	1	1	10
3	1	3	8.9
4	1	5	7.7
5	1	7	5.4
6	1	4	3
7	1	5	2
8	1	4	7
9	0	0	2.2
10	0	0	4.3
11	0	5	4
12	0	2	3
13	0	4	4
14	0	1	2.2
15	0	3	4

※ wlsmd = {0（落選），1（当選）}、expm = 選挙費（単位は百万円）

（wlsmd = 1）という意味である。

応答変数が二値変数なので、量的変数である二つの説明変数 expm と previous の一次式から得られる値を $(0, 1)$ の範囲の値に変換するロジスティック関数を使い、関係をモデル化しよう。前節では、説明変数が一つ（x のみ）のときに Y_i が 1 をとる確率をロジスティック関数を使って表した。ここでは説明変数が二つ（previous と expm）なので、Y_i（ここでは wlsmd_i のこと）が 1 をとる確率、つまり、候補者が当選する確率を次のようにモデル化する。

$$\Pr(\text{wlsmd}_i = 1) = \text{logistic}(b_0 + b_1[\text{previous}]_i + b_2[\text{expm}]_i)$$
$$= \frac{1}{1 + \exp\{-(b_0 + b_1[\text{previous}]_i + b_2[\text{expm}]_i)\}}$$

このロジスティック回帰式を図示してみよう。例えば、説明変数の一つである previous を一定の値に固定し、expm を横軸にとると、図 15.2 のようになる。

横軸の中央付近にある点線が表しているのは、候補者の当選確率 $\Pr(Y_i = 1)$ が 0.5（= 50%）のポイントに相当する expm の値である。選挙費用がこの値に近いとき、選挙費用が当選確率に与える影響が大きく、この値から離れるほど、選挙費用の変化が当選確率に与える影響は小さくなる。

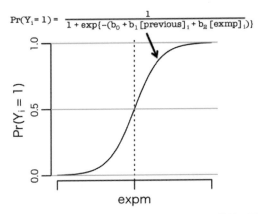

図 15.2　ロジスティック曲線：縦軸は当選確率、横軸は選挙費

15.2.1 帰無仮説と対立仮説を設定する

ここで検証したい仮説（つまり対立仮説）は次の二つである。

H_{a1}：当選回数の多い候補者ほど、小選挙区での当選確率は大きい。
H_{a2}：選挙費を使えば使うほど、小選挙区での当選確率は大きい。

したがって、否定されるために設定する帰無仮説は次のようになる。

H_{01}：当選回数は、小選挙区での当選確率とは関係がない。
H_{02}：選挙費の額は、小選挙区での当選確率とは関係がない。

ロジスティック回帰分析における検定では、重回帰分析における検定と同様、得られた p 値が有意水準よりも小さいときに帰無仮説を棄却し、対立仮説を受け容れる。

15.2.2 説明変数と応答変数の散布図を描く

重回帰分析と同様、ロジスティック回帰分析においても、説明変数と応答変数の関係を、散布図を描いて確かめる。まず、`tidyverse` パッケージを読み込む。

15.2 ロジスティック回帰分析の手順

```
library("tidyverse")

# Macユーザは次の2行の#を消してggplot2のテーマを設定する
# theme_set(theme_gray(base_size = 10,
#                      base_family = "HiraginoSans-W3"))
```

次に、選挙に関する架空のデータ logit.csv をダウンロードして読み込み、Fake という名前のデータフレームを作る。

```
download.file(url = "https://git.io/fxqzo",
              destfile = "data/logit.csv")
Fake   <- read_csv("data/logit.csv")
```

データの中身を確認する。

```
glimpse(Fake)
```

変数 id は不要なので除外し、wlsmd の値にラベルをつけて因子型にした smd という変数を新たに作る。

```
Fake <- Fake %>%
  select(-id) %>%
  mutate(smd = factor(wlsmd, levels = 0:1, labels = c("落選", "当選")))
```

データフレーム Fake の記述統計を表示する。

```
summary(Fake)
```

変数間の相関係数も調べてみよう。cor() をデータフレームに適用すると、データフレーム内にある変数のすべてのペアについて、相関係数を示してくれる[7]。

```
Fake %>%
  select(-smd) %>%
  cor()
```

---

[7] 相関係数が行列表示されるので、相関行列と呼ばれる。ただし、欠測値がある変数を含む相関係数は NA になってしまう。

結果は、次のように表示される。

```
              wlsmd     previous       expm
wlsmd     1.0000000    0.3500396  0.6132906
previous  0.3500396    1.0000000 -0.1005589
expm      0.6132906   -0.1005589  1.0000000
```

この結果から、小選挙区の当落と当選回数には弱い正の相関（0.35）、当落と選挙費用には中程度の強さの正の相関（0.61）、当選回数と選挙費用には極めて弱い負の相関（−0.1）があることがわかる。

続いて、候補者の小選挙区における当落（wlsmd）を縦軸に、それまでの当選回数（previous）を横軸にとった散布図を描いてみる。散布図上で重なり合う点を少しずつずらして表示するために、geom_point() の代わりに geom_jitter() を使う。

```
fk_1 <- ggplot(Fake, aes(x = previous, y = wlsmd)) +
  geom_smooth(method = "lm", se = FALSE) +
  labs(x = "当選回数", y = "選挙での当落") +
  geom_hline(yintercept = c(0, 1), color = "gray") +
  geom_jitter(width = 0.05, height = 0.05)
print(fk_1)
```

図 15.3 は、候補者の小選挙区における当落（wlsmd）を縦軸に、それまでの当選回数（previous）を横軸にした散布図である。重回帰分析で使う量的変数と異なり、ロジスティック回帰分析の応答変数は二値変数なので、wlsmd の値は 1 と 0 にのみ分布し、その間の値は存在しない。他方、説明変数である previous は量的変数なので、0 回から 7 回まで広がりのある分布を示している[†8]。相関係数（r）が 0.35 であることと合わせて、wlsmd と previous の間にはやはり弱い正の相関があると考えられる。

同様に、当落（wlsmd）を縦軸に、選挙費用（expm）を横軸にとった散布図を描いてみる。

[†8] wlsmd の値は 0 と 1 なので、4 番目と 7 番目の候補者（wlsmd＝1, previous＝5）、6 番目と 8 番目の候補者（wlsmd＝1, previous＝4）の点は重複してしまう。この重複を避けて図を見やすくするため、ここでは geom_jitter() を使い、点の位置を適度（上下、左右にそれぞれ 0.05 ずつの範囲）に散らしている。

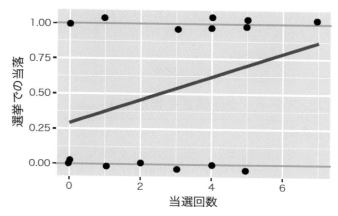

図 15.3　当落と当選回数の散布図

```
fk_2 <- ggplot(Fake, aes(x = expm, y = wlsmd)) +
  geom_smooth(method = "lm", se = FALSE) +
  labs(x = "選挙費用（100万円）", y = "選挙での当落") +
  geom_hline(yintercept = c(0, 1), color = "gray") +
  geom_jitter(width = 0.05, height = 0.05)
print(fk_2)
```

図 15.4 は，候補者の小選挙区における当落（`wlsmd`）を縦軸に、候補者の使った選挙費（`expm`）を横軸にした散布図である。相関係数が 0.61 であることと合わせて、`wlsmd` と `expm` の間には、中程度の強さの正の相関が認められる。ま

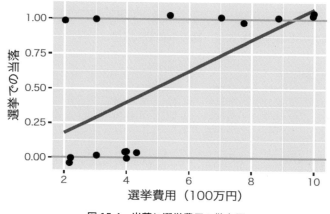

図 15.4　当落と選挙費用の散布図

た、図に加えられた回帰直線が示す予測値が1を超える部分があり、二値変数（あるいは特定の結果が起こる確率）を線形回帰モデルで説明しようとしてもうまくいかないことが示唆される。

15.2.3 ロジスティック回帰式を推定する

次に、当選確率を予測するため、ロジスティック回帰式を推定してみよう。前述のように、二つの説明変数 previous と expm を使い、候補者が当選する確率 $\Pr(\text{wlsmd}_i = 1)$ を説明するロジスティック回帰式は次のように示すことができる。

$$\Pr(\text{wlsmd}_i = 1) = \text{logistic}(b_0 + b_1[\text{previous}]_i + b_2[\text{expm}]_i)$$
$$= \frac{1}{1 + \exp\{-(b_0 + b_1[\text{previous}]_i + b_2[\text{expm}]_i)\}}$$

ここで、$b_0 + b_1[\text{previous}]_i + b_2[\text{exmp}]_i$ は線形予測子である。ロジスティック回帰分析では、この線形予測子の b_0 や b_1 や b_2 の推定値を R で求める[†9]。

R でロジスティック回帰分析を行うには、`glm()` を使い、`family = binomial(link = "logit")` と指定する[†10]。ここでは、応答変数が wlsmd（小選挙区での当落、smd でもよい）、説明変数が expm（選挙費）と previous（当選回数）なので、次のように入力する。

```
model_1 <- glm(wlsmd ~ previous + expm, data = Fake,
               family = binomial(link = "logit"))
summary(model_1)
```

分析結果は次のとおりである（一部のみ掲載）。

```
Coefficients:
            Estimate Std. Error z value Pr(>|z|)
(Intercept) -6.3811     3.5147  -1.816   0.0694
previous     0.8085     0.5851   1.382   0.1670
expm         0.8088     0.4000   2.022   0.0431
```

[†9] R は最尤法（maximum likelihood method）と呼ばれる方法で推定値を求める。最尤法については浅野・中村（2009, 第9章）を参照。

[†10] ロジット（logit）関数はロジスティック関数の逆関数である。ロジットを使うと、$\text{logit}(\pi_i) = b_0 + b_1 x_i$ と書ける。推定したい値（ここでは π_i）を線形予測子で表すために使われる関数（ここではロジット関数）はリンク関数と呼ばれる。

まず、推定された係数を確認しよう。ロジスティック回帰式の係数である b_0, b_1, b_2 の値は、切片（`(Intercept)`）、当選回数（`previous`）、選挙費用（`expm`）のそれぞれについて推定値（`Estimate`）として示されている。

- $\hat{b}_0 \approx -6.381$
- $\hat{b}_1 \approx 0.809$
- $\hat{b}_2 \approx 0.809$

したがって、ここで候補者が当選する確率 $\Pr(\mathrm{wlsmd}_i = 1)$ の予測値 $\hat{\pi}_i$ の式は、次のように表すことができる。

$$\hat{p}_i = \frac{1}{1 + \exp\{-(-6.381 + 0.809 \mathrm{previous}_i + 0.809 \mathrm{expm}_i)\}}$$

この式を可視化しよう。横軸を当選回数（`previous`）、縦軸を当選確率にした散布図に、ロジスティック回帰分析で推定された曲線を上書きする。このとき、横軸に使わないもう一つの説明変数（つまり選挙費用 `expm`）は、平均値に固定する。まず、この予測に利用するデータフレームを作る。

```
pred_prev <-  tibble(previous = min(Fake$previous):max(Fake$previous),
                     expm = mean(Fake$expm))
```

次に、`predict()` を使って予測値を計算し、作ったデータフレームに加える。このとき、`type` に `response` を指定することで、確率（ここでは、当選確率）が計算される。

```
pred_prev$fit <- predict(model_1, type = "response", newdata = pred_prev)
```

`Fake` で散布図（丸い点 [`pch = 16`]）を描いた上に、たった今作ったデータフレームで当選確率の予測値（正方形の点 [`pch = 18`]）を上書きする。過去の当選回数は連続な変数ではない（つまり、離散変数だ）が、各当選回数に対して計算された予測値を線で結び、曲線のようなものを描いてしまおう。

```
plt_prev <- ggplot(Fake, aes(x = previous)) +
  geom_hline(yintercept = c(0, 1), color = "gray") +
  geom_jitter(aes(y = wlsmd), pch = 16, width = 0.05, height = 0.05) +
  geom_line(data = pred_prev, aes(y = fit)) +
  geom_point(data = pred_prev, aes(y = fit), pch = 18) +
  labs(x = "過去の当選回数", y = "当選確率")
print(plt_prev)
```

これで、図15.5が描画される。当選回数が増えるにつれて、当選確率も大きくなることがわかる。

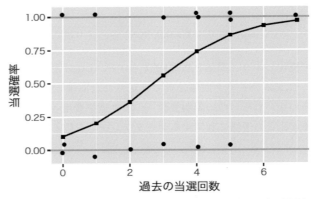

図 15.5　過去の当選回数と当選確率（選挙費用が平均値の場合）

次に、横軸を選挙費用に変えて、同様の図を描いてみよう。当選回数は平均値に固定する。当選回数とは違い、選挙費用は連続な変数だと考えられるので、特定の選挙費用に対する点は描かずに、関数を表す曲線を描く。

```
pred_expm <-  tibble(
  expm = seq(0, max(Fake$expm), length.out = 100),
  previous = mean(Fake$previous))
pred_expm$fit <- predict(model_1, type = "response", newdata = pred_expm)
plt_expm <- ggplot(Fake, aes(x = expm)) +
  geom_hline(yintercept = c(0, 1), color = "gray") +
  geom_jitter(aes(y = wlsmd), pch = 16, width = 0.05, height = 0.05) +
  geom_line(data = pred_expm, aes(y = fit)) +
  labs(x = "選挙費用 (100万円) ", y = "当選確率")
print(plt_expm)
```

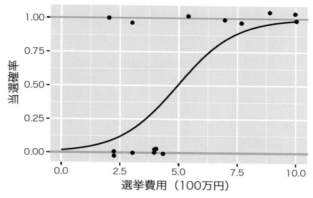

図 15.6　選挙費用と当選確率（当選回数が平均値の場合）

これで、図 15.6 が描画される。選挙費用が増えるにつれて、当選確率も大きくなることがわかる。また、図 15.4 に示された回帰直線とは異なり、ロジスティック曲線は 0 以上 1 以下の範囲に収まっていることがわかる。

15.2.4　ロジスティック回帰モデルの評価

　ロジスティック回帰モデルの当てはまりのよさは、どう評価すべきだろうか。ここでは、代表的な二つの方法を紹介する。

予測の的中率

　私たちが説明しようとしている応答変数は二値変数で、各候補者が「当選」か「落選」かを示している。上で推定したロジスティック回帰式は、当落をどの程度正確に予測しているだろうか。完全に予測できていれば、実際に当選した人を当選と予測し、落選した候補者を落選と予測するだろう。model_1 の結果を使って確かめてみよう。そのために、当選確率が 0.5 以上という予測は、「当選」と予測したものと考える。model_1 の予測値を fitted() で取り出し、予測値に基づく当落と実際の当落をクロス集計表にする。

```
Pred <- (fitted(model_1) >=  0.5) %>%
  factor(levels = c(FALSE, TRUE), labels = c("落選予測","当選予測"))
table(Pred, Fake$smd) %>% addmargins()
```

このコマンドを実行すると、次の表ができる。

```
Pred      落選  当選  Sum
 落選予測    5    2    7
 当選予測    2    6    8
   Sum    7    8   15
```

この表を見ると、実際に落選した7人のうち、落選と予測されたのは5人で、残りの2人については当選という誤った予測をしていることがわかる。同様に、実際に当選した8人のうち、6人については当選という正しい予測をしているが、2人については落選という誤った予測をしている。全体としては、15人中11人については正しい予測、残りの4人については誤った予測をしている。したがって、このモデルの的中率は、11/15すなわち約73%である。

では、73%という的中率をどう評価すべきだろうか。ここで注意しなければならないのは、ロジスティック回帰によって予測の的中率が0%から73%に上がったわけではないということである。この例では15人中8人が当選しているので、説明変数を何も加えず、「全員当選」という予測をすれば、予測の精度は8/15、すなわち約53%である。つまり、model_1は、的中率を53%から73%へ20ポイント上げただけである。このように、ロジスティック回帰の予測精度が高いといえるかどうかは、説明変数をいっさい使わなくても得られる的中率と比較して評価する必要がある。

ROC曲線とAUC

ロジスティック回帰モデルを評価するもう一つの方法は、受信者操作特性（receiver operating characteristic：ROC）曲線を用いる方法である。まず、ROC曲線の描き方を説明する。

ROC曲線の横軸には、偽陽性率（false positive rate：FPR）と呼ばれるものを使う。偽陽性とは、本当は陰性なのに誤って陽性と判断されることをいう。私たちの例では、本当は落選したのに当選と予測することが、偽陽性である。先ほどクロス集計表で確認したとおり、当落の境界線を当選確率0.5に設定すると、偽陽性率は2/7である。偽陽性は誤った判断なので、偽陽性率は小さくなることが望ましい。

縦軸には、真陽性率（true positive rate：TPR）を使う。真陽性率は感度（sensitivity）とも呼ばれる[11]。真陽性とは、本当は陽性のときに陽性であると

---

[11] 感度とともに特異度（specificity）という概念が用いられることがある。特異度とは、真陰性率（true negative rate：TNR）のことであり、1から特異度を引くと偽陽性率になる。したがって、ROC曲線の横軸は、「1－特異度」でもある。

正しく判断されることである。私たちの例では、実際に当選した候補者を当選すると予測することが真陽性である。当落の境界線を当選確率0.5に設定した場合の感度は6/8である。感度は正しい判断の確率を表すので、大きいほうが望ましい。

陽性（当選）と予測するか陰性（落選）と予測するかの判断基準（上の例では当選確率0.5）が一つしかない場合、感度も偽陽性率も一つの値なので、1点が得られるだけで曲線は描けない。曲線を描くために、この判断基準を0から1まで連続的に動かす。判断基準が0のとき、すなわち、予測確率が0以上の者をすべて当選と予測すると、感度と偽陽性率はいくつになるだろうか。この場合、説明変数の値にかかわらず全員を「当選」と予測するので、感度は1になる。また、誰も「落選」と予測されないので、偽陽性率も1になる。つまり、当落の判断の基準を0にすると、ROC曲線は(1, 1)という点をとる。反対に、判断基準が1に設定されるとどうなるだろうか。今度は、「当選」と予測される者がいなくなるので、感度も偽陽性率も0になる。よって、当落の基準を1にすると、ROC曲線は(0, 0)という点をとる。このことから、ROC曲線は必ず(0, 0)と(1, 1)を結ぶ線になることがわかる。

ROC曲線が2点(0, 0)と(1, 1)以外でどのような軌跡を描くかは、ロジスティック回帰モデルによって変わる。当てはまりのよいモデルでは、どのようなROC曲線が得られるだろうか。既に確認したとおり、当落の判断基準を当選確率0にすると、偽陽性率が1になってしまう。つまり、この状態ではモデルの予測が役に立たない。そこで、判断基準を上げることによって偽陽性率を下げたい。推定したモデルの当てはまりがよければ、基準を上げて偽陽性率を下げても、感度はそれほど落ちないはずだ。そうだとすれば、ROC曲線は点(1, 1)から左方向に伸びていくはずだ。

同様に、当落の判断基準を当選確率0にすると、感度が0になってしまう。やはり、この状態ではモデルの予測が役に立たない。そこで、判断基準を下げることによって感度を上げたい。推定したモデルの当てはまりがよければ、基準を下げて感度を上げても偽陽性率はそれほど大きくならないはずだ。そうだとすれば、ROC曲線は点(0, 0)から上方向に伸びていくはずだ。

こう考えると、当てはまりがよいモデルのROC曲線は、点(0, 0)から点(0, 1)の近くに進み、そこから点(1, 1)に向かって進む曲線になることが期待される。反対に、当てはまりの悪いモデルでは、偽陽性率と感度のトレードオフにより、ROC曲線が45度線の近くを通過すると考えられる。上で推定したモデルの

ROC 曲線を描いて確かめてみよう。

ROC 曲線は、ROCR パッケージを使うと簡単に描ける。まず、パッケージを読み込む。

```
library("ROCR")
```

次に、回帰モデルによって推定された、それぞれの観測値に対する予測当選確率を計算する。

```
pi_hat <- predict(model_1, type = "response")
```

この予測当選確率を使い、当落の判断基準を 0 から 1 まで変化させたときの予測結果（当選か落選か）を ROCR::prediction() で計算する。このとき、labels にはモデルで使った応答変数を指定する。

```
pr <- prediction(pi_hat, labels = Fake$wlsmd)
```

この予測結果から、RORC::performance() で真陽性率（感度、tpr）と偽陽性率（fpr）のペアを求める。

```
roc <- performance(pr, measure = "tpr", x.measure = "fpr")
```

ここから、ROC 曲線の描画に必要な横軸と縦軸の値を取り出す。次のコマンドで値を取り出してデータフレームにする。

```
df_roc <- tibble(fpr = roc@x.values[[1]], tpr = roc@y.values[[1]])
```

このデータフレームを利用して、ROC 曲線を描く。

```
plt_roc <- ggplot(df_roc, aes(x = fpr, y = tpr)) +
  geom_line() +
  geom_abline(intercept = 0, slope = 1, linetype = "dashed") +
  coord_fixed() +
  labs(x = "偽陽性率 (1 - 特異度)", y = "真陽性率 (感度)")
print(plt_roc)
```

これで、図 15.7 が描画される。ROC「曲線」とはいっても、階段状の線が引かれている。これは、観測数が少ないためである。観測数が多くなるほど、ROC 曲線が通る点の数が多くなるので、全体が曲線に近づく。図中の ROC 曲線は 45 度線から点 (0, 1) のほうに離れており、モデルの当てはまりがいいことが見て取れる。

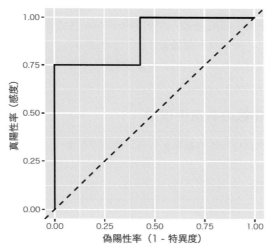

図 15.7　選挙での当落を予測するモデルの ROC 曲線

しかし、目視だけで当てはまり具合の良し悪しを判断するのには限界がある。そこで利用されるのが、AUC（area under the curve：ROC 曲線の下側の面積）と呼ばれる指標である。その名のとおり、図中の $0 \leq x \leq 1$、$0 \leq y \leq 1$ の範囲で ROC 曲線より下の面積を求めると、この指標が得られる。先ほど確認したとおり、すべての ROC 曲線が 2 点 (0, 0) と (1, 1) を通り、当てはまりのよいモデルほど (1, 1) の近くを通る。ROC 曲線が 3 点 (0, 0)、(0, 1)、(1, 1) を通るなら、曲線の下側の面積は 1 になる。したがって、当てはまりのよいモデルの AUC は 1 に近くなる。反対に、当てはまりの悪いモデルの ROC 曲線は 45 度線に近づくので、AUC は 0.5 に近くなる[†12]。この指標を使えば、当てはまりのよさを数値で確認することができる。

AUC も、`ROCR::performance()` で求めることができる。次のコマンドを実行しよう。

[†12] 当てはまりが悪くても 0 に近くなるわけではないので注意。

```
auc <- performance(pr, measure = "auc")
auc@y.values[[1]]
```

結果として、0.89 という数値が得られる。この数値は 1 に近いので、このモデルの当てはまりはよさそうである。

実際の分析では、特定のデータにいくつかの異なるモデルを当てはめたとき、的中率や ROC 曲線、AUC を使ってどのモデルの当てはまりがよさそうかを比較することが多い。そのような場合には、より高い的中率、より大きな AUC をもつモデルの当てはまりが他のモデルよりよいと判断できる。

15.2.5 回帰係数の有意性検定

ロジスティック回帰分析の結果をもう一度確認しよう。

```
summary(model_1)
```

を実行すると、次の結果が表示される。

```
Coefficients:
            Estimate Std. Error z value Pr(>|z|)
(Intercept)  -6.3811     3.5147  -1.816   0.0694
previous      0.8085     0.5851   1.382   0.1670
expm          0.8088     0.4000   2.022   0.0431
```

この結果のうち Pr(>|z|) に説明変数係数の p 値が表示されている。有意水準を 0.05 とすると、当選回数（previous）の p 値は 0.167 なので、その影響は 0（影響なし）と統計的に区別できない。他方、選挙費用（expm）の p 値は 0.0431 なので、「影響がない」という帰無仮説を棄却する。つまり、過去の当選回数が当選確率に与える影響は確認できないが、選挙費用は当選確率に影響すると判断する。

15.2.6 推定結果の意味を解釈する

　ロジスティック回帰分析の係数は、どのように解釈すればよいだろうか。例えば、選挙費用の係数の推定値は約 0.81 である。これが重回帰分析の結果であれば、「当選費用が 1 単位（100 万円）増えるごとに、当選確率が 0.81 ポイント大きくなる」という意味である。しかし、ロジスティック回帰分析の係数を、重回帰分析の係数と同じように解釈してはいけない。**ロジスティック曲線は直線ではないので、説明変数 1 単位の変化が応答変数に与える影響は説明変数の値によって異なる**。したがって、説明変数が応答変数に与える影響を考えるためには、説明変数の値を特定し、特定された値における影響を計算する必要がある[13]。

　例えば、過去の当選回数が 3 回のとき、選挙費用を 0 円から 100 万円に変化させると、応答変数にどのような変化が見られるだろうか。この影響を確認するためには、それぞれの予測確率を計算してその差をとる必要がある。当選回数が 3 回で選挙費用が 0 円の候補者の当選確率は、先ほど求めた回帰式に、previous = 3、expm = 0 を代入すれば求められる。R で求めるには次のようにする。

```
p_0 <- predict(model_1, type = "response",
               newdata = tibble(previous = 3, expm = 0))
```

同様に、当選回数が 3 回で選挙費用が 100 万円の候補者の当選確率は、previous = 3、expm = 1 を代入すれば求められる。R では、

```
p_1 <- predict(model_1, type = "response",
               newdata = data_frame(previous = 3, expm = 1))
```

で求められる。選挙費用を 0 円から 100 万円に変化させたときの当選確率の変化は、求めた二つの確率の差なので、

```
p_1 - p_0
```

で求められ、約 0.022 である。つまり、選挙費用を 0 円から 100 万円に増やす

---

[13] ロジスティック曲線の傾きが最も大きな点での影響はだいたい「係数/4」になる。

と、予測当選確率は 2.2 ポイント上昇する。

では、当選回数を変えずに、選挙費用を 100 万円から 200 万円に増やすと、どのような変化が見られるだろうか。選挙費用が 200 万円のときの予測確率は、

```
p_2 <- predict(model_1, type = "response",
               newdata = data_frame(previous = 3, expm = 2))
```

で求められる。選挙費用を 100 万円から 200 万円に増やしたときの当選確率の変化は、

```
p_2 - p_1
```

で計算でき、約 0.047 である。つまり、選挙費用を 100 万円から 200 万円に増やすと、予測当選確率は 4.7 ポイント上昇する。

　0 円から 100 万円への変化も、100 万円から 200 万円への変化も、選挙費用の増分としては同じである。しかし、それらの変化が応答変数（すなわち当選確率）に与える影響は異なる。**0 円から 100 万円への 100 万円の変化より、100 万円から 200 万円への 100 万円の変化のほうが、応答変数に与える影響が大きい**。また、実際に何ポイント当選確率が上昇するかを、具体的な予測確率を計算せずに係数の推定である 0.81 から読み取るのは難しい。よって、ここでやったように、いくつかの値で予測確率を計算し、その差を比較する作業が必要になる。

　しかし、予測確率を複数計算し、その差をとるという作業を繰り返すのは面倒である。そこで、特定の値における限界効果を直接計算するための margins パッケージを使うのが便利である。まず、このパッケージを読み込む。

```
library("margins")
```

このパッケージに含まれる、**margins()** という関数を使うと、特定の値での**限界効果を求めることができる**。例えば、過去の当選回数が 5 回で選挙費用が 400 万円のとき、選挙費用 1 単位（100 万円）の増加が当選確率に与える影響の大きさは、次のコマンドで求められる。

```
margins(model_1, variables = "expm",
        at = list(previous = 5, expm = 4))
```

どの値での限界効果を求めるかは、引数 at に変数のリストを渡すことで指定する。このコマンドを実行すると、限界効果が約 0.17 であることがわかる。複数の値、例えば、選挙費用が 400 万円のときと 580 万円のときの限界効果を同時に求めるには、次のようにする。

```
margins(model_1, variables = "expm",
        at = list(previous = 5, expm = c(4, 5.8)))
```

これを実行すると、次の結果が表示される。

```
 at(previous) at(expm)    expm
            5      4.0 0.16643
            5      5.8 0.06415
```

当選回数を 5 回に固定すると、選挙費用が 400 万円のときの選挙費用の限界効果は約 0.17、選挙費用が 580 万円のときの選挙費用の限界効果は約 0.06 であることがわかる。

このように、ロジスティック回帰分析の係数の限界効果は、説明変数の値によって変化する。したがって、各説明変数の係数が載っている表を見ただけでロジスティック回帰の結果を理解するのは困難である。そこで、**ロジスティック回帰分析を行うときは、説明変数が応答変数に影響を与える様子をいくつかの条件について図示しよう**。そうすれば、説明変数が応答変数にどの程度の影響を与えているかを理解するのが容易になる。

ここまで考えてきた model_1 において、当選回数の影響は統計的に有意ではないので、選挙費用の額に応じた選挙費用の平均限界効果を図示してみよう。**平均限界効果は、margins::cplot() を利用して図示することができる**。限界効果を示すために、引数 what で effect（効果）を指定する。

第15章 ロジスティック回帰分析

```
mplt <- cplot(model_1, x = "expm", what = "effect") %>%
  as_tibble() %>%
  ggplot(aes(x = xvals, y = yvals, ymin = lower, ymax = upper)) +
  geom_ribbon(fill = "gray") +
  geom_line() +
  labs(x = "選挙費用 (100万円)", y = "選挙費用の平均限界効果")
print(mplt)
```

このコマンドを実行すると、図15.8が描画される。限界効果曲線の周りには95%信頼区間が描かれている。選挙費用の平均限界効果は、選挙費用が400万円程度のときに最大になり、選挙費用がそれより多くても少なくても効果が小さくなることがわかる。

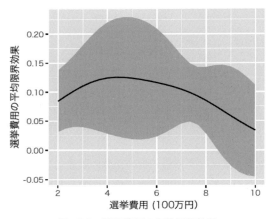

図 15.8　選挙費用の平均限界効果

選挙費用に応じた予測当選確率の変化は、次のコマンドで図示できる。予測確率を示すために、引数 what で prediction（予測）を指定する。

```
pplot <- cplot(model_1, x = "expm", what = "prediction") %>%
  as_tibble() %>%
  ggplot(aes(x = xvals, y = yvals, ymin = lower, ymax = upper)) +
  geom_ribbon(fill = "gray") +
  geom_line() +
  labs(x = "選挙費用 (100万円)", y = "当選確率の予測値")
print(pplot)
```

このコマンドを実行すると、図 15.9 が描画される。回帰曲線の周りには 95% 信頼区間が描かれている。選挙費用が小さいとき、予測確率は緩やかに上昇する。選挙費用が中程度になると曲線の傾きが少しずつ急になるが、選挙費用が大きくなると再び傾きが小さくなることがわかる。

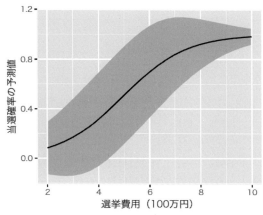

図 15.9　選挙費用と予測当選確率

15.3 衆議院選挙データの分析

　2005 年の総選挙のデータを使ってロジスティック回帰分析を実行してみよう。立候補者が小選挙区で当選したか否かを表す変数 smd を応答変数、過去の当選回数 (previous)、選挙費用 (expm) と二つの説明変数の交差項 (expm:previous) を含んだモデルを推定してみる。

　まず、1996 年から 2017 年までの衆議院選挙データ (hr-data.Rds) を読み込み[14]、HR という名前のデータフレームを作る。

```
HR <- read_rds("data/hr-data.Rds")
```

次に、2005 年総選挙を抜き出し、分析に必要な三つの変数のみを含む HR05 というデータフレームを作る。

---

[14] このデータの入手方法については、第 6 章を参照。

第 15 章　ロジスティック回帰分析

```
HR05 <- HR %>%
  filter(year == 2005) %>%
  select(smd, previous, expm)
```

記述統計を示してみよう。

```
summary(HR05)
```

を実行すると、次の結果が表示される。

```
     smd         previous          expm
  落選:689    Min.   : 0.000    Min.   : 0.06271
  当選:300    1st Qu.: 0.000    1st Qu.: 2.91743
              Median : 1.000    Median : 7.69602
              Mean   : 1.916    Mean   : 8.14224
              3rd Qu.: 3.000    3rd Qu.:11.82280
              Max.   :16.000    Max.   :24.64971
                                NA's   :4
```

2005 年の総選挙では 989 人が立候補しており、そのうち 300 人の候補者が当選している。選挙費用については、最低額が約 6 万円、最高額が約 2,465 万円で、平均額は約 814 万円であることがわかる。当選回数に関しては、当選経験のない候補者から、16 回当選経験がある者までおり、過去の平均当選回数はおおよそ 2 回 (mean = 1.9) だとわかる。

　説明変数と応答変数の間の関係を簡単に確認するため、各自で散布図を描いてみよう（ここでは省略する）。散布図で大まかな関係が確認できたら、ロジスティック回帰分析を実行する。smd を応答変数、選挙費用（expm）と当選回数（previous）を説明変数として、まずは**交差項のないモデル**を推定してみる。expm に欠測が四つあるので、na.omit() で欠測のない観測だけを残す[15]。

```
HR05 <- na.omit(HR05)
model_2 <- glm(smd ~ previous + expm, data = HR05,
               family = binomial(link = "logit"))
summary(model_2)
```

[15] 欠測のある観測値の割合がある程度大きい場合、欠測がない観測値だけを分析すると、分析結果にバイアスが生じると考えられるので、このような方法はとらないほうがよい。ここでは、4/989 を取り除いても影響はないと判断し、欠測のある観測値を除外する。欠測のあるデータの扱いについては、高橋・渡辺 (2017) を参照。

次のような結果が得られる（一部のみ掲載）。

```
Coefficients:
            Estimate Std. Error z value Pr(>|z|)
(Intercept) -3.60191    0.23343  -15.43   < 2e-16
previous     0.54812    0.04957   11.06   < 2e-16
expm         0.16421    0.02060    7.97  1.59e-15
```

同様に、**交差項のあるモデル**を推定する。

```
model_3 <- glm(smd ~ previous * expm, data = HR05,
               family = binomial(link = "logit"))
summary(model_3)
```

次のような結果が得られる（一部のみ掲載）。

```
              Estimate Std. Error z value Pr(>|z|)
(Intercept)  -4.287395   0.329646 -13.006  < 2e-16
previous      0.930646   0.117025   7.953 1.83e-15
expm          0.233749   0.029100   8.033 9.53e-16
previous:expm -0.034931  0.008922  -3.915 9.04e-05
```

有意水準を 0.05 にすると、どちらのモデルでもすべての係数の推定値が統計的に有意であることがわかる。しかし、このままでは係数の意味がわかりにくい。前節で説明したように、様々な工夫をすることによって、結果を読み解く作業が必要である。

まず、交差項を含まない `model_2` と交差項を含む `model_3` のどちらの当てはまりがよいかを、ROC 曲線を描いて考えよう。ROCR パッケージを使って、次のコマンドを実行する。

```
pi2 <- predict(model_2, type = "response")
pi3 <- predict(model_3, type = "response")
pr2 <- prediction(pi2, labels = HR05$smd == "当選")
pr3 <- prediction(pi3, labels = HR05$smd == "当選")
roc2 <- performance(pr2, measure = "tpr", x.measure = "fpr")
roc3 <- performance(pr3, measure = "tpr", x.measure = "fpr")
df_roc2 <- tibble(fpr2 = roc2@x.values[[1]],
                  tpr2 = roc2@y.values[[1]],
                  fpr3 = roc3@x.values[[1]],
                  tpr3 = roc3@y.values[[1]])
```

```
roc <- ggplot(df_roc2) +
  geom_line(aes(x = fpr2, y = tpr2)) +
  geom_line(aes(x = fpr3, y = tpr3), linetype = "dashed") +
  coord_fixed() +
  labs(x = "偽陽性率 (1 - 特異度)", y = "真陽性率 (感度)")
print(roc)
```

これを実行すると、図15.10が描画される。図を見る限り、二つのモデルの当てはまりのよさに大きな差はなさそうである。

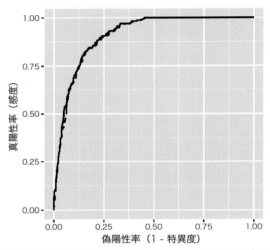

図 15.10 交差項を含むモデル（点線）と含まないモデル（実線）の ROC 曲線

念のため、AUC を計算してみよう。交差項のないモデルの AUC は、

```
auc2 <- performance(pr2, measure = "auc")
auc2@y.values[[1]]
```

で計算でき、約 0.91 である。同様に、交差項のあるモデル AUC は、

```
auc3 <- performance(pr3, measure = "auc")
auc3@y.values[[1]]
```

で計算でき、こちらも約 0.91 である。やはり、当てはまりのよさについては、二つのモデルに差がないようだ。以下では、交差項のない model_2 の結果を

詳しく見ていくことにする。

回帰分析の結果をもう一度確認しよう。

```
summary(model_2)
```

を実行すると、次の結果が表示される（一部のみ掲載）。

```
Coefficients:
            Estimate Std. Error z value Pr(>|z|)
(Intercept) -3.60191    0.23343  -15.43  < 2e-16
previous     0.54812    0.04957   11.06  < 2e-16
expm         0.16421    0.02060    7.97 1.59e-15
```

この結果のうち Pr(>|z|) に説明変数係数の p 値が表示されている。有意水準を 0.05 とすると、当選回数（previous）の p 値は、2e-16≈0 なので、その影響は統計的に有意である。同様に、選挙費用（expm）の p 値もほぼ 0 なので、「影響がない」という帰無仮説を棄却する。つまり、**過去の当選回数も選挙費用も、当選確率に影響すると判断する**。係数の符号がプラスなので、どちらも当選確率を上げる効果をもつと考えられる。

では、それぞれの説明変数が応答変数に与える影響は、どの程度強いのだろうか。margins パッケージを使ってそれぞれの係数の限界効果を確認する。当選回数は 0 回以上 16 回以下なので、0、4、8、12、16 という 5 つの異なる回数で限界効果を求めよう。選挙費用は、10 万円弱から 2,500 万円弱の範囲に分布しているので、500 万、1,000 万、1,500 万、2,000 万という四つの金額で限界効果を求める。次のコマンドで求められる。

```
margins(model_2, at = list(previous = seq(0, 8, by = 2),
                           expm = seq(5, 20, by = 5)))
```

これを実行すると、次の結果が得られる。

```
 at(previous) at(expm) previous     expm
            0        5 0.030125 0.009025
            2        5 0.072349 0.021675
            4        5 0.125821 0.037694
            6        5 0.128561 0.038515
            8        5 0.076400 0.022888
```

```
            0     10  0.059327  0.017773
            2     10  0.114350  0.034258
            4     10  0.135192  0.040502
            6     10  0.090724  0.027180
            8     10  0.040929  0.012262
            0     15  0.100698  0.030168
            2     15  0.136967  0.041033
            4     15  0.105067  0.031477
            6     15  0.051223  0.015346
            8     15  0.019766  0.005922
            0     20  0.133628  0.040033
            2     20  0.118198  0.035410
            4     20  0.063202  0.018935
            6     20  0.025421  0.007616
            8     20  0.009073  0.002718
```

当選回数（previous）と選挙費用（expm）が特定の組み合わせのとき、それぞれの変数が応答変数に与える限界効果が示されている。例えば、当選回数が2回（at(previous) = 2）で選挙費用が1,000万円（expm = 10）のとき、当選回数が1回増えると予測当選確率は約11ポイント上がる。同じ状況で、選挙費用が1単位（100万円）増えると、予測当選確率は約3ポイント上がる。このように、それぞれの説明変数が応答変数に与える影響の大きさは、自らの値と他の変数の値の両者に依存して変化する。

次に、margins::cplot()を利用して、平均限界効果を図示してみよう。限界効果を示すために、引数whatでeffect（効果）を指定する[16]。

```
mplt1 <- cplot(model_2, x = "expm", dx = "expm", what = "effect") %>%
  as_tibble() %>%
  ggplot(aes(x = xvals, y = yvals, ymin = lower, ymax = upper)) +
  geom_ribbon(fill = "gray") +
  geom_line()

mplt2 <- cplot(model_2, x = "previous", dx = "expm", what = "effect") %>%
  as_tibble() %>%
  ggplot(aes(x = xvals, y = yvals, ymin = lower, ymax = upper)) +
  geom_ribbon(fill = "gray") +
  geom_line()

mplt3 <- cplot(model_2, x = "expm", dx = "previous", what = "effect") %>%
  as_tibble() %>%
  ggplot(aes(x = xvals, y = yvals, ymin = lower, ymax = upper)) +
```

---

[16] コマンドが長くなるので、ラベルを付ける部分は省略する。

```
  geom_ribbon(fill = "gray") +
  geom_line()

mplt4 <- cplot(model_2, x = "previous", dx = "previous", what = "effect") %>%
  as_tibble() %>%
  ggplot(aes(x = xvals, y = yvals, ymin = lower, ymax = upper)) +
  geom_ribbon(fill = "gray") +
  geom_line()
```

作った四つの図をそれぞれ print() で表示すると、図 15.11 にある四つの図が描画される。左上の図は、選挙費用が選挙費用の限界効果をどのように変化させるかを示している。右上の図は、当選回数が選挙費用の効果を変化させる様子を表す。左下には、選挙費用が当選回数の限界効果を変える様子が描かれている。最後に、右下の図は、当選回数が当選回数の限界効果に及ぼす影響を示している。これらの図からわかるとおり、各変数が当選確率に与える影響は、変数の値によって変化する。

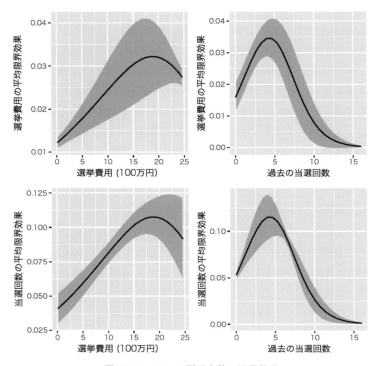

図 15.11　二つの説明変数の限界効果

最後に、説明変数の値の変化が、当選確率の予測値をどのように変化させるかを可視化しよう。

```
df_pre <- expand.grid(previous = seq(0, 16, by = 2),
                      expm = seq(0, 24, by = 0.1)) %>%
  as_data_frame()
pred <- predict(model_2, type = "response", newdata = df_pre, se.fit = TRUE)
df_pre$fit <- pred$fit
df_pre$lower <- with(pred, fit - 2 * se.fit)
df_pre$upper <- with(pred, fit + 2 * se.fit)
df_pre <- df_pre %>%
  mutate(lower = ifelse(lower < 0, 0, lower),
         upper = ifelse(upper > 1, 1, upper))
plt_prob  <- ggplot(df_pre, aes(x = expm, y = fit)) +
  geom_ribbon(aes(ymin = lower, ymax = upper), fill = "gray") +
  geom_line() +
  facet_wrap(. ~ previous) +
  labs(x = "選挙費用 (100万円) ", y = "当選確率の予測値")
print(plt_prob)
```

このコマンドを実行すると、図 15.12 が描画される。この図は、横軸が選挙費用、縦軸が当選確率の予測値である図を、九つの異なる当選回数についてそれぞれ描いている。この図を見ると、当選回数が 0 回の候補者は、選挙費用が増えても当選確率がそれほど高くならないことがわかる。当選回数が 2 回から 6 回までは、選挙費用を増やすことによって当選確率を上げられるようである。当選回数が 8 回以上になると、選挙費用にかかわらず当選確率は高い。当選回数 12 回以上では、選挙費用の影響はほぼなくなることが読み取れる。

係数の推定値と p 値を見ただけで、選挙費用が当選確率に与える影響が統計的に有意だということはわかる。しかし、それが実際に影響を与えるのは当選回数が何回の場合か、さらにその条件下で選挙費用をいくらからいくらに増やすとどの程度の効果が見込めるかについては、限界効果を計算したり、効果を可視化したりして確かめてみなければわからない。ロジスティック回帰分析を行うなら、面倒くさがらずに結果を丁寧に解釈することが必要である。

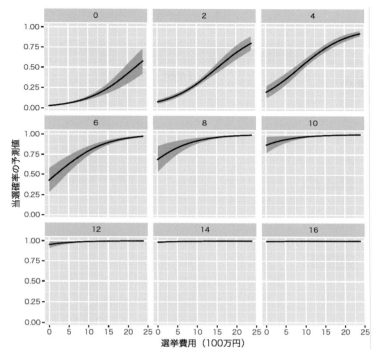

図 15.12 選挙費用が予測当選確率に与える影響を当選回数別に可視化する

まとめ

- 「ビールが売れるか売れないか」「候補者が当選するか落選するか」など、応答変数が0または1という2種類の値をとる二値変数のとき、重回帰分析ではなくロジスティック回帰分析を使う。
- ロジスティック回帰分析の結果は、応答変数が量的変数の場合に利用される通常の重回帰分析と同じようには解釈できない。
- ロジスティック回帰分析を行う際にも帰無仮説を設定し、散布図を描き、回帰式を求め、回帰係数の包括的・個別検定を行い、予測確率の可視化を行う。
- ロジスティック回帰分析の説明変数が応答変数に与える影響(限界効果)の大きさは、説明変数の値によって変化する。
- ロジスティック回帰分析の当てはまりのよさは、予測の的中率、ROC曲線、AUCなどで判断される。

第 15 章　ロジスティック回帰分析

- ロジスティック回帰分析の結果は、視覚的に解釈したほうがわかりやすい。

練習問題

Q15-1 民主党が政権交代を果たした 2009 年総選挙データを使って、立候補者が小選挙区で当選したか否か（smd）を応答変数、過去の当選回数（previous）と選挙費用（expm）を説明変数としたロジスティック回帰分析を実行し、以下の各問に答えなさい。衆院選選挙データ（hr-data.Rds）を使うこと。

Q15-1-1 当落（smd）を縦軸に、選挙費用（expm）を横軸にとった散布図を描きなさい。

Q15-1-2 当落（smd）を縦軸に、過去の当選回数（previous）を横軸にとった散布図を描きなさい。

Q15-1-3 立候補者が小選挙区で当選したか否か（smd）を応答変数、過去の当選回数（previous）と選挙費用（expm）を説明変数としたモデルに model_4 という名前を付けてロジスティック回帰分析し、その結果を解釈しなさい。

Q15-1-4 model_4 の結果から、候補者が当選する確率 $\Pr(\text{smd}=1)$ の予測値の式を書きなさい。

Q15-1-5 上の式を可視化し、「当選確率」を縦軸、「過去の当選回数（previous）」を横軸にしたグラフを描きなさい。

Q15-1-6 上の式を可視化し、「当選確率」を縦軸、「選挙費用（expm）」を横軸にしたグラフを描きなさい。

Q15-1-7 立候補者が小選挙区で当選したか否か（smd）を応答変数、過去の当選回数（previous）と選挙費用（expm）を説明変数とした交差項（previous:expm）を含むモデルに model_5 という名前を付けてロジスティック回帰分析し、その結果を解釈しなさい。

Q15-1-8 ROC 曲線と AUC を使って、model_4 と model_5 それぞれのモデルの当てはまりのよさを評価しなさい。

Q15-1-9 margins パッケージを使って、選挙費用（expm）が選挙費用（expm）の限界効果をどのように変化させるか図示しなさい。

Q15-1-10 marginsパッケージを使って、当選回数（previous）が選挙費用（expm）の限界効果をどのように変化させるか図示しなさい。

Q15-1-11 marginsパッケージを使って、選挙費用（expm）が当選回数（previous）の限界効果をどのように変化させるか図示しなさい。

Q15-1-12 marginsパッケージを使って、当選回数（previous）が当選回数（previous）の限界効果をどのように変化させるか図示しなさい。

Q15-1-13 横軸を選挙費用（expm）、縦軸を「当選確率の予測値」に指定し、当選回数（previous）が0回から16回まで増えることによって当選確率の予測値がどのように変化するか図示しなさい。

Q15-1-14 横軸を選挙費用（expm）、縦軸を「当選確率の予測値」に指定し、当選回数（previous）が増えることによって当選確率の予測値がどのように変化するかということに関して、2005年と2009年の総選挙を比較しその違いを説明しなさい。

参考文献

浅野正彦 (1998)「国政選挙における地方政治家の選挙動員：『亥年現象』の謎」,『選挙研究』, 第 13 巻, 120–129 頁.

浅野正彦・中村公亮 (2018)『はじめての RStudio』, オーム社.

浅野正彦・矢内勇生 (2013)『Stata による計量政治学』, オーム社.

浅野皙・中村二朗 (2009)『計量経済学 [第 2 版]』, 有斐閣.

Atkinson, Matthew D., Ryan D. Enos, and Seth J. Hill (2009) "Candidate Faces and Election Outcomes: Is the Face-Vote Correlation Caused by Candidate Selection?" *Quarterly Journal of Political Science*, Vol. 4, pp. 229–249.

馬場真哉 (2018)『時系列分析と状態空間モデルの基礎：R と Stan で学ぶ理論と実装』, プレアデス出版.

Boix, Carles (2003) *Democracy and Redistribution*, New York: Cambridge University Press.

Brambor, Thomas., William Roberts. Clark, and Matt. Golder (2006) "Understanding Interaction Models: Improving Empirical Analysis," *Political Analysis*, Vol. 14, pp. 63–82.

Center for Research & Innovation in Graduate Education (2003) "Career Outcomes of Political Science Ph.D. Recipients: Results from the Ph.D.s Ten Years Later Study," http://www.bsos.umd.edu/gvpt/graduate/placement/PhDs%20Ten%20Years%20Study.pdf.

Cook, R. Dennis and Sanford Weisberg (1999) *Applied Regression Includ-ing Computing and Graphics*, New York: John Wiley and Sons.

Durkheim, Émile (1897) *Le suicide: étude de sociologie*, Paris: Presses universitaires de France, (宮島喬訳,『自殺論』, 中央公論社, 1985 年).

Duverger, Maurice (1954) *Les partis politiques*, Paris: A. Colin, (岡野加穂留訳,『政党社会学：現代政党の組織と活動』, 潮出版社, 1970 年).

Fox, John (1997) *Applied Regression, Linear Models, and Related Methods*, Thousand Oaks, CA: Sage Publications.

Gelman, Andrew and Jennifer Hill (2007) *Data Analysis Using Regression and*

Multilevel/Hierarchical Models, New York: Cambridge University Press.

長谷川浩司（2004）『線型代数』，日本評論社．

廣瀬雅代・稲垣佑典・深谷肇一（2018）『サンプリングって何だろう：統計を使って全体を知る方法』，岩波書店．

Horiuchi, Yusaku (2005) *Institutions, Incentives, and Electoral Participation in Japan: Cross-level and Cross-national Perspectives*, London and New York: RoutledgeCurson.

飯田健（2013）『計量政治分析』，共立出版．

Imai, Kosuke (2011) "Multivariate Regression Analysis for the Item Count Technique," *Journal of the American Statistical Association*, Vol. 106, pp. 407–416.

今井亮佑（2009）「選挙動員と投票参加：2007年＜亥年＞の参院選の分析」，『選挙研究』，第25巻，第1号，5–23頁．

稲生勁吾（編）（1990）『新社会調査の基礎』，樹村房．

石川真澄・山口二郎（2010）『戦後政治史』，岩波書店．

石村貞夫・石村友二郎（2012）『統計学の基礎のソ：正規分布とt分布編』，東京図書．

神林博史・三輪哲（2011）『社会調査のための統計学：基礎からやさしくわかる現場の統計学』，技術評論社．

King, Gary, Robert O. Keohane, and Sidney Verba (1994) *Designing Social Inquiry: Scientific Inference in Qualitative Research*, Princeton, NJ: Princeton University Press．（真渕勝監訳，『社会科学のリサーチ・デザイン：定性的研究における科学的推論』，勁草書房，2004年）．

北川源四郎（2005）『時系列解析入門』，岩波書店．

小島寛之（2006）『完全独習統計学入門』，ダイヤモンド社．

Long, J. Scott (1997) *Regression Models for Categorical and Limited Dependent Variables*, Thousand Oaks, CA: Sage Publications.

Long, J. Scott and Jeremy Freese (2006) *Regression Models for Categorical Dependent Variables Using Stata*, College Station, TX: Stata Press.

松村優哉・湯谷啓明・紀ノ定保礼・前田和寛（2018）『RユーザのためのRStudio［実践］入門：tidyverseによるモダンな分析フローの世界』，技術評論社．

Monroe, Alan D. (2000) *Essentials of Political Research*, Boulder, CO: Westview Press.

Moore, David and George P. McCabe (2006) *Introduction to the Practice of Statistics*, New York: W. H. Freeman and Company, 5th edition．（麻生一枝・南條郁子訳，『実データで学ぶ，使うための統計入門』，日本評論社，2008年）．

森棟公夫（1999）『計量経済学』，東洋経済新報社．

森棟公夫・照井伸彦・中川満・西埜晴久・黒住英司（2008）『統計学』，有斐閣．
森田果（2014）『実証分析入門：データから「因果関係」を読み解く作法』，日本評論社．
本橋智光（2018）『前処理大全：データ分析のためのSQL/R/Python実践テクニック』，技術評論社．
永久寿夫（1995）『ゲーム理論の政治経済学：選挙制度と防衛政策』，PHP研究所．
永田靖（1996）『統計的方法のしくみ：正しく理解するための30の急所』，日科技連出版社．
中妻照雄（2007）『入門ベイズ統計学』，朝倉書店．
難波明生（2015）『計量経済学講義』，日本評論社．
大谷信介・木下栄二・後藤範章・小松洋・永野武（編）（2005）『社会調査へのアプローチ：論理と方法第2版』，ミネルヴァ書房，第2版．
Popper, Karl（1959）*The Logic of Scientific Dicscovery*, New York: Basic Books,（大内義一・森博訳，『科学的発見の論理　上・下』，恒星社厚生閣，1971, 1972年）．
Przeworski, Adam, Michael E. Alvarez, José Antonio Cheibub, and Fernando Limongi（2000）*Democracy and Development: Political Institutions and Well-Being in the World, 1950–1990*, New York: Cambridge University Press.
R Core Team（2018）*R: A Language and Environment for Statistical Computing*. R Foundation for Statistical Computing, Vienna. https://www.R-project.org/.
Rサポーターズ（2017）『パーフェクトR』，技術評論社．
Ramseyer, J. Mark and Frances McCall Rosenbluth（1993）*Japan's Political Marketplace*, Cambridge, MA: Harvard University Press.（加藤寛訳，『日本政治の経済学：政権政党の合理的選択』，弘文堂，1995年）．
Reed, Steven R.（1990）"Structure and Behaviour: Extending Duverger's Law to the Japanese Case," *British Journal of Political Science*, Vol. 20, No. 3, pp. 335-356.
Ross, Michael（2006）"Is Democracy Good for the Poor?" *American Journal of Political Science*, Vol. 50, No. 4, pp. 860-874.
Seber, G. E. F. and C. J. Wild（2003）*Nonlinear Regression*, Hoboken, NJ: Wiley.
末石直也（2015）『計量経済学：ミクロデータ分析へのいざない』，日本評論社．
高橋康介（2018）『再現可能性のすゝめ：RStudioによるデータ解析とレポート作成』，共立出版．
高橋将宜・渡辺美智子（2017）『欠測データ処理：Rによる単一代入法と多重代入法』，共立出版．
高橋信・トレンド・プロ（2004）『マンガでわかる統計学』，オーム社．
高橋信・井上いろは・トレンド・プロ（2005）『マンガでわかる統計学：回帰分析編』，

オーム社.
高根正昭（1979）『創造の方法学』，講談社.
竹村彰通（2007）『統計』，共立出版，第 2 版.
竹内啓・下平英寿・伊藤秀一・久保川達也（2004）『モデル選択』，岩波書店.
田中愛治（2000）「選挙研究におけるパラダイムの変遷」，『選挙研究』，第 15 巻，80-95 頁.
田中勝人（2006）『現代時系列分析』，岩波書店.
田中隆一（2015）『計量経済学の第一歩：実証分析のススメ』，有斐閣.
谷口将紀（2012）『政党支持の理論』，岩波書店.
Teetor, Paul (2011) *R Cookbook*, Sebastopol, CA: O'Reilly．（木下哲也訳，大橋真也監訳，『R クックブック』，オライリー・ジャパン，2011 年）．
東京大学教養学部統計学教室（編）（1991）『統計学入門』，東京大学出版会.
鳥居泰彦（1994）『はじめての統計学』，日本経済評論社.
豊田秀樹（2012）『回帰分析入門：R で学ぶ最新データ解析』，東京図書.
Treier, Shawn and Simon Jackman (2008) "Democracy as a Latent Variable," *American Journal of Political Science*, Vol. 52, No. 1, pp. 201-217.
Vigen, Tyler (2015) *Spurious Correlations: Correlation Does Not Equal Causation*, New York, NY: Hachette.
涌井良幸・涌井貞美（2012）『史上最強図解 これならわかる！ベイズ統計学』，ナツメ社.
Weber, Max (1920) *Die protestantische Ethik und der Geist des Kapitalismus*, Tübingen: Verlag von J. C. B. Mohr．（大塚久雄訳，『プロテスタンティズムの倫理と資本主義の精神』，岩波書店，1988 年）．
Wickham, Hadley (2015) *R Package*, Sebastopol, CA: O'Reilly．（瀬戸山雅人・石井弓美子・古畠敦訳，『R パッケージ開発入門：テスト、文書化、コード共存の手法を学ぶ』，オライリー・ジャパン，2016 年）．
Wickham, Hadley and Garret Grolemund (2017) *R for Data Science: Import, Tidy, Transform, Visualize, and Model Data*, Sebastopol, CA: O'Reilly．（黒川利明訳，『R ではじめるデータサイエンス』，オライリー・ジャパン，2017 年）．
Xie, Yihui, J. J. Allaire, and Garrett Grolemund (2018) *R Markdown: The Definitive Guide*, Boca Raton, FL: CRC Press.
山本勲（2015）『実証分析のための計量経済学：正しい手法と結果の読み方』，中央経済社.
山本拓（1995）『計量経済学』，新世社.

索引

[ギリシャ文字]

χ^2 検定 176

[記号]

!= 74
" 74
$ 95
%>% 76
%in% 84
' 74
- 75
. ... 78
.Rds 86
.dta 68
.xls 67
.xlsx 67
: 75
<- 50
== 73

[A]

addmargins() 174
apply() 286
arrange() 75
as.numeric() 256
AUC 315

[B]

bind_cols() 83
bind_rows() 82
binomial() 308

[C]

c() 49
chi.sq() 183
CI 130
class() 97
class 属性 97
coef() 209
colnames() 183
confint() 228
coord_fixed() 314
cor.test() 190
cplot() 319
CRAN 45
CSV 形式 65, 87

[D]

data_frame() 81
desc() 75
dev.off() 112, 113
devtools パッケージ 54
dir.create() 65
download.file() 66
dplyr パッケージ 70

[E]

ends_with() 75

Excel 形式データ 67
expand.grid() 261

[F]
facet_wrap() 328
factor() 97
filter() 73, 99
fisher.test() 185
fivenum() 107
FPR 312
full_join() 83
function() 53
F 分布 236

[G]
gather() 79
geom_abline() 251
geom_boxplot() 108
geom_histogram() 104
geom_hline() 249
geom_jitter() 306
geom_label() 262
geom_point() 102
geom_qq() 251
geom_ribbon() 262
geom_smooth() 189, 229
geom_text() 293
geom_violin() 109
ggplot() 101
ggplot2 パッケージ 90
ggsave() 110
glimpse() 70
group_by() 100
guides() 262
GitHub 54

[H]
head() 69

[I]
ifelse() 73
inner_join() 84
install.packages() 53
install_github() 54
interplot() 294
interplot パッケージ 294

[L]
labs() 102
left_join() 83
library() 54
lm() 208, 212, 248

[M]
makedummies() 258
makedummies パッケージ 256
margins() 318
margins パッケージ 318
matrix() 183
max() 53, 95
mean() 95
median() 95
min() 53, 95
mutate() 72

[N]
n() 77
nrow() 95

[P]
pdf() 113
performance() 314

png() ... 113
postscript() ... 113
predict() ... 261
prediction() ... 314
print() ... 103, 112, 113
prop.table() ... 174
pull() ... 75
p 値 ... 148

[Q]
q() ... 62
qf() ... 237
qt() ... 133
quartz() ... 112

[R]
R ... 45
Rda ファイル ... 68
Rds ファイル ... 68
read_csv() ... 65
read_dta() ... 68
read_excel() ... 67
rename() ... 76
residuals() ... 217
right_join() ... 84
rnorm() ... 192
ROCR パッケージ ... 314
ROC 曲線 ... 312
round() ... 174
row.names() ... 183
RStudio ... 45, 55
R 形式データ ... 68
R スクリプト ... 47, 56, 58
R マークダウン ... 56

[S]
sample() ... 192
saveRDS() ... 86
scale_linetype_discrete() ... 262
scale_shape_discrete() ... 262
sd() ... 95, 134
SE ... 130
select() ... 74
seq() ... 51
set.seed() ... 192
spread() ... 80
SRS ... 119
starts_with() ... 75
Stata 形式データ ... 68
summarize() ... 100
summary() ... 94

[T]
t.test() ... 138, 154
table() ... 96
tibble ... 70
TNR ... 312
TPR ... 312
tidyverse パッケージ ... 54, 91
t 分布 ... 131

[U]
unique() ... 85

[V]
View() ... 71

[W]
with() ... 96
write_csv() ... 87
write_rds() ... 86

[あ]

「誤り」の可能性 ... 27
ある観測個体のみを保持（データフレームの結合） ... 84
アローの不可能性定理 ... 10

イェーツの連続性補正 ... 184
一致推定量 ... 128
一致するかどうかを判定 ... 84
一致性 ... 128
因果関係 ... 24, 187, 191
因果法則 ... 24
引用符 ... 74

上側臨界値 ... 149

応答変数 ... 26, 34, 37
オブジェクト ... 50

[か]

カイ2乗検定 ... 176
回帰診断 ... 247
回帰直線 ... 205
回帰分析 ... 201
回帰分析の前提 ... 242
回帰モデルの妥当性 ... 242
開区間 ... 132
学術的に有意 ... 165
拡張子 ... 55
攪乱項 ... 223
確率変数 ... 223
確率密度曲線 ... 132
確率モデル ... 223
仮説 ... 19, 22, 25, 31
仮説検証 ... 4
仮説検定 ... 230, 235

片側検定 ... 146, 163
傾き ... 205
偏りのない ... 123
カテゴリ別に調べたい ... 100
カテゴリ別の分布 ... 109
カテゴリ変数 ... 91, 92, 96
カテゴリ変数間の関係 ... 99
カテゴリ変数間の関連 ... 170
加法性 ... 244
観察可能な予測 ... 28
観察個体数 ... 95
感情温度 ... 129
関数（R） ... 51
観測個体をすべて保持（データフレームの結合） ... 84
観測値 ... 206
観測度数 ... 179
感度 ... 312

棄却域 ... 150
記述統計 ... 90
期待度数 ... 179
規範的問題 ... 9, 14
帰無仮説 ... 142
境界値 ... 149
偽陽性 ... 312
行パーセント ... 173

区間推定 ... 130
具体的である ... 28
組み合わせ ... 122
クロス集計表 ... 170

係数 ... 205
欠測値 ... 67
欠測値を除外 ... 96

決定係数	218
決定的モデル	223
結論	20
限界効果	283
研究設計	7
研究論文	16
検出力	157
検証可能性	11
検定統計量	147
検定の結論	151
交互作用項	282
交差項	282
降順	75
誤差	119
誤差項	223
誤差の正規性	247
誤差の独立性	245
誤差の分散均一性	246
五数要約	107
コマンド	47, 59
コメント	59
コメントアウト	60
コンドルセのパラドックス	10
コントロール変数	37

[さ]

最小二乗法	208
最小値	53, 95
最大値	53, 95
採択域	150
最尤法	308
作業化	19, 32
作業仮説	31
作業ディレクトリ	66
作業理論	22

残差	206
残差プロット	248
残差平方和	208
算術平均	95
参照カテゴリ	264
参照枠組み	15
散布図	102, 187
サンプリング	119
サンプル	116
下側臨界値	149
悉皆調査	116
実現値	206
実証的問題	8, 14
実測値	206
質的変数	91
実用性	13
四分位数	106
四分位範囲	106
社会的厚生関数	10
重回帰分析	210
重回帰モデル	233
重相関係数	219
従属変数	26
自由度	181
自由度調整済み決定係数	218
受信者操作特性曲線	312
受容域	150
条件付き仮説	283
証拠	19
昇順	75
真陰性率	312
真陽性	312
信頼区間	130, 133, 227, 234
推定関数	118

推定値	118	ダミー変数	254
推定量	118	単回帰分析	210
数列	51	単回帰モデル	222
図の保存	110	単純対立仮説	143
スプレッドシート形式で表示	71	単純無作為抽出	119
正規 QQ プロット	251	中位値	106
政治学方法論	4	中央値	95, 106
生態学的誤謬	39	中心化	278
精度	247	中心極限定理	247
正の相関	186	重複しない部分だけを抜き出す	85
絶対パス	66		
切片	205	定性的研究	8
説明変数	26, 34, 37	定性データ	91
線形回帰	202, 205	定量的研究	8
線形性	245	定量データ	91
線形変換	276	ディレクトリ	65
先行研究	18	データセット	64
全数調査	116	データの確認	69
全体パーセント	176	データの可視化・視覚化	90
前提条件	15, 22	データの整形	72
		データの並べ替え	75
相関関係	24, 186, 191	データの保存	86
相関係数	188	データフレームを結合	82
操作化	32	データフレームを作る	74, 81
相対パス	66	デュヴェルジュの法則	30
		点推定	130
[た]			
第 1 種の過誤	155	統計的仮説検定	141
第 2 種の過誤	155	統計的推定	118
対抗仮説	19, 36, 37	統計的に有意	151, 165
対抗理論	37	統計量	117
対立仮説	142	統制変数	37
多重共線性	239	投票の逆理	10
縦長データ	78	特異度	312
縦長データを横長データに変換	80	独創性	13

独立変数 26
取り除きたい変数 75

[な]

二次データ 11
二値変数 254, 299
日本語が文字化け 91

[は]

バイアス 124
バイオリンプロット 109
パイプ演算子 76
箱ひげ図 106, 107
パズル 16
外れ値 108
パッケージ 53
パラメタ 117

引数 51
ヒストグラム 104
標準誤差 130, 283
標準偏差 95
標本 116
標本サイズ 116, 128
標本抽出 119
標本標準偏差 118, 124
標本比率 117, 118
標本不偏分散 118
標本分散 118
標本分布 122
標本平均 118, 123, 130
標本平均のばらつき 126
標本平均の標準誤差 127

ファイルのダウンロード 66
ファイルのパス 66

フィッシャーの直接確率計算法 ... 185
フォーマル理論 10
複合対立仮説 143
負の相関 186
不偏推定量 124, 125
不偏性 124
プロジェクト（R） 56
分散均一性 246
分散の逆数 247
分散不均一性 246
分析単位 33
分析的問題 10
分布のばらつき 127

平均値 95
閉区間 132
べき論 9
ベクトル 49
ベルヌーイ分布 300
変数（R） 50
変数の可視化・視覚化 101
変数の種類 91
変数の測定 38
変数変換 274
変数名を変えたい 76
変数を作る 72
変数を一つだけ取り出す 75

母集団 115, 141
母集団のばらつき 126
母数 117, 141
母標準偏差 118, 124
母比率 118
母分散 118
母平均 118, 130

[ま]

見せかけの相関 195

無相関 187

明快さ 11

文字コード 67

[や]

有意水準 145
よい研究テーマ 10
よい理論 27
横長から縦長への変換 79
横長データ 78
（データフレームを）横に結合 83
予測値 206

[ら]

リサーチクエスチョン 7, 115
リサーチデザイン 7, 22
両側検定 146, 163
量的変数 91, 93
量的変数間の関連 186
理論 19, 25, 31
理論仮説 22
理論的重要性 12
臨界値 149
リンク関数 308

列パーセント 175

ロジスティック回帰分析 302
ロジスティック関数 301
ロジット関数 308

〈著者略歴〉

浅野 正彦（あさの　まさひこ）

宮城県出身。Ph.D.（政治学）。関心領域は、比較政治学、政治学方法論。
- 1989 年　早稲田大学大学院政治学研究科 修士課程 修了
- 2000 年　カリフォルニア大学ロサンゼルス校大学院政治学部 博士課程 修了
- 2004 年　政治学博士（Ph.D. in Political Science, UCLA）
- 2004 ～ 2006 年　東京大学社会科学研究所 助手
- 2006 年～　拓殖大学政経学部 教授

主な著書

『はじめての RStudio』（共著、オーム社、2018）
『現代日本社会の権力構造』（編著、北大路書房、2018）
"Smiles, Turnout, Candidates, and the Winning of District Seats: Evidence from the 2015 Local Election in Japan". *Polotics and the Life Sciences* 37(1):16-31.（共著、2018）
『Stata による計量政治学』（共著、オーム社、2013）
『市民社会における制度改革：選挙制度と候補者リクルート』（単著、慶應義塾大学出版会、2006）

矢内 勇生（やない　ゆうき）

福島県出身。Ph.D.（政治学）。関心領域は、比較政治学、計量分析。
- 2005 年　早稲田大学政治経済学部政治学科 卒業
- 2006 年　早稲田大学大学院政治学研究科 修士課程 退学
- 2017 年　カリフォルニア大学ロサンゼルス校大学院政治学部 博士課程 修了
- 2017 年　政治学博士（Ph.D. in Political Science, UCLA）
- 2010 ～ 2013 年　早稲田大学教育・総合科学学術院 助手
- 2013 ～ 2014 年　J Prep 斉藤塾 講師
- 2014 ～ 2016 年　神戸大学大学院法学研究科 特命講師
- 2016 ～ 2018 年　国際大学大学院国際関係学研究科 講師
- 2018 ～ 2021 年　高知工科大学経済・マネジメント学群 講師
- 2021 年～　同 准教授

主な著書

"Political Reformation of Social Coalitions for Elections." In Hideko Magara and Bruno Amable, eds. *Growth, Crisis, and Democracy: The Political Economy of Social Coalitions and Policy Regime Change.* (Routledge, 2017)
"Bicameralism vs. Parliamentarism: Lessons from Japan's Twisted Diet."『選挙研究』30(2): 60-74.（共著、2014）
『Stata による計量政治学』（共著、オーム社、2013）

- 本書の内容に関する質問は、オーム社ホームページの「サポート」から、「お問合せ」の「書籍に関するお問合せ」をご参照いただくか、または書状にてオーム社編集局宛にお願いします。お受けできる質問は本書で紹介した内容に限らせていただきます。なお、電話での質問にはお答えできませんので、あらかじめご了承ください。
- 万一、落丁・乱丁の場合は、送料当社負担でお取替えいたします。当社販売課宛にお送りください。
- 本書の一部の複写複製を希望される場合は、本書扉裏を参照してください。

JCOPY ＜出版者著作権管理機構 委託出版物＞

Rによる計量政治学

2018 年 12 月 20 日　第 1 版第 1 刷発行
2024 年 4 月 10 日　第 1 版第 7 刷発行

著　者　浅野正彦・矢内勇生
発行者　村上和夫
発行所　株式会社 オーム社
　　　　郵便番号　101-8460
　　　　東京都千代田区神田錦町 3-1
　　　　電話　03(3233)0641(代表)
　　　　URL　https://www.ohmsha.co.jp/

© 浅野正彦・矢内勇生 2018

印刷・製本　三美印刷

ISBN978-4-274-22313-6　Printed in Japan